循序渐进学 AI 系列丛书

U0180252

深度学习之模型优化

核心算法与案例实践

言有三　著

电子工业出版社
Publishing House of Electronics Industry
北京·BEIJING

内 容 简 介

本书由浅入深、系统性地介绍了深度学习模型压缩与优化的核心技术。本书共 9 章，主要内容有：深度学习模型性能评估、模型可视化、轻量级模型设计、模型剪枝、模型量化、迁移学习与知识蒸馏、自动化模型设计、模型优化与部署工具。本书理论知识体系完备，同时提供了大量实例，供读者实战演练。

本书适合深度学习相关领域的算法技术人员、教职员工，以及人工智能方向的本科生、研究生阅读。读者既可以将本书作为核心算法书籍学习理论知识，也可以将其作为工程参考手册查阅相关技术。

图书在版编目（CIP）数据

深度学习之模型优化 ： 核心算法与案例实践 / 言有三著. -- 北京 ：电子工业出版社，2024. 7. --（循序渐进学 AI 系列丛书）. -- ISBN 978-7-121-48152-9

Ⅰ. TP181

中国国家版本馆 CIP 数据核字第 20245B4S35 号

责任编辑：米俊萍
印　　刷：三河市良远印务有限公司
装　　订：三河市良远印务有限公司
出版发行：电子工业出版社
　　　　　北京市海淀区万寿路 173 信箱　　邮编：100036
开　　本：787×1092　1/16　印张：15.25　字数：351 千字
版　　次：2024 年 7 月第 1 版
印　　次：2024 年 7 月第 1 次印刷
定　　价：89.00 元

凡所购买电子工业出版社图书有缺损问题，请向购买书店调换。若书店售缺，请与本社发行部联系，联系及邮购电话：（010）88254888，88258888。

质量投诉请发邮件至 zlts@phei.com.cn，盗版侵权举报请发邮件至 dbqq@phei.com.cn。

本书咨询联系方式：mijp@phei.com.cn。

前言

为什么要写这本书

近十年来，以深度学习为代表的机器学习技术在图像处理、语音识别、自然语言处理等领域取得了非常多的突破，其背后的核心技术离不开模型的结构设计，尤其是深度卷积神经网络与 Transformer 等模型的发展。

一般来说，随着模型参数量的增加，其表达能力也会增强，经典的 CNN 模型 VGGNet 有 130MB 以上的参数量，而大语言模型如 GPT3 更是有 1750 亿个参数。尽管我们需要大型模型去完成复杂的任务，但也需要更小的模型去完成计算资源、存储资源非常有限，但对时效性要求非常高的任务，比如在各类嵌入式设备上进行实时视频目标检测与抠图，就需要模型能在手机 GPU 甚至 CPU 上以超过 30fps 的速度来运行，并且要满足场景的精度要求。因此，我们需要对模型进行压缩和优化，使其拥有更小的参数量和更快的运行速度。

笔者在 2020 年出版了《深度学习之模型设计：核心算法与案例实践》一书，通过理论与实践结合，首次介绍了数十年来主流卷积神经网络模型的设计思想，得到了业界的广泛关注。在当时，笔者其实已经规划好了深度学习模型使用方向的系列图书，包含三本循序渐进的图书，它们对应在深度学习项目中使用模型的基本流程，具体如下。

第一步，我们需要针对目标任务选定一个合适的模型架构，然后训练出满足精度的模型，这就是模型设计；第二步，我们需要基于第一步训练好的模型，在不显著降低其精度的前提下，对模型的冗余参数进行精简，对高精度计算进行低精度近似，这就是模型压缩；第三步，将模型运用于实际的生产环境，即实现面向用户的产品，这就是模型部署。

本书是该系列图书的第二本，专门介绍针对模型进行精简的技术，包括紧凑模型设计、模型剪枝、模型量化、模型蒸馏、自动化模型设计等内容，这是模型能够在各类嵌入式平台使用的关键技术。

本书作者

本书的作者龙鹏，笔名言有三，毕业于中国科学院大学，先后就职于奇虎 360 人工智能研究院与陌陌科技深度学习实验室，拥有超过八年的深度学习领域从业经验、超过五年的一线企业与高校培训经验，创办了微信公众号"有三 AI"和知识星球"有三 AI"等知识生态，著有六本人工智能与深度学习领域的书籍。

本书聚焦于深度学习模型压缩与优化问题，在本书出版之前，笔者在所维护的微信公众号、知乎、知识星球账号，以及"有三 AI"课程平台做了很多分享，本书可以作为这些分享的一个更加系统的总结。读者也可以持续关注笔者以上平台，获取更新的知识。

因受笔者水平和成书时间所限，本书难免存有疏漏和错误之处，敬请大家关注我的内容生态，欢迎沟通并指正。

本书特色

1．循序渐进

本书是深度学习模型使用方向系列图书中的第二本，内容承前启后。本书在该系列图书第一本书《深度学习之模型设计：核心算法与案例实践》的基础上介绍更深入的模型设计与压缩方法。本书的第 4 章介绍了轻量级模型设计方法，第 8 章介绍了自动化模型设计方法，它们都可以看作对《深度学习之模型设计：核心算法与案例实践》内容的补充。而模型剪枝、模型量化、模型蒸馏，则是模型压缩与优化最核心的技术。除此之外，本书还补充了模型可视化的内容，以便读者增加对模型的理解。本书第 9 章简单介绍了一些常用的开源模型优化和部署工具，这也是为下一本书，即模型部署相关的书籍提前做铺垫。

2．理论与实践紧密结合

本书完整剖析了深度学习模型压缩与优化的核心技术，对应章节不停留于理论的阐述，而是增加了经典的实战案例，让读者从夯实理论到完成实战一气呵成。跟随本书进行学习，读者可以快速掌握卷积神经网络的模型压缩与优化技术，并进一步推广到其他模型。

3．内容全面

本书共 9 章，其中，第 2 章和第 3 章介绍了模型性能评估和理解相关的内容，是本书的前置基础知识；第 4~8 章，分主题介绍了当前工业界在实际项目落地中使用的模型压缩与优化技术，本书已经囊括了该技术相关的大部分知识；第 9 章介绍了一些常用的开源模型优化和部署工具，使读者可以快速掌握模型部署的流程。虽然本书的主题是深度学习模型压缩与优化，但实际上囊括了从设计到优化，再到部署的内容，这也使本书内容更加系统与全面。

本书内容及体系结构

第 1 章　引言

本章对人工智能技术发展的要素，即数据、模型、框架、硬件进行了介绍。充足的数据配合优秀的模型才能学习到复杂的知识，框架和硬件则是完成模型学习不可或缺的软硬件设施。希望读者能够在阅读本章内容后，充分认识到人工智能本质上是一门综合性的工程技术。

第 2 章　模型性能评估

本章介绍了常用的模型性能评估指标，包括参数量、计算量、内存访问代价、计算速度等，最后介绍了工业界的一个与模型压缩相关的竞赛。

第3章　模型可视化

本章系统性地介绍了模型可视化的内容，包括模型结构可视化、模型参数与特征可视化、输入区域重要性可视化及输入激活模式可视化，通过掌握相关原理和三个典型的实践案例，我们可以更深入地理解模型的性能表现及参数细节，从而为设计和改进模型结构提供指导思想。

第4章　轻量级模型设计

本章系统地介绍了当下轻量级模型设计的方法，包括卷积核的使用和设计、卷积拆分与分组、特征与参数重用设计、动态自适应模型设计、卷积乘法操作优化和设计、重参数化技巧、新颖算子设计、低秩稀疏化设计。在一开始就使用轻量级的基础模型架构，可以大大减少后续对其进一步进行模型压缩与优化的工作量，因此这也是本书中非常核心的内容。

第5章　模型剪枝

本章介绍了模型剪枝的主要算法理论与实践，主要包括模型稀疏学习、非结构化剪枝与结构化剪枝等算法，最后通过案例实践让读者掌握模型结构化剪枝中原始模型的训练与训练后的稀疏裁剪方法。

第6章　模型量化

本章介绍了模型量化的主要算法理论与实践，主要包括二值量化、对称与非对称的 8bit 量化、混合精度量化等，最后通过案例实践让读者掌握对称的 8bit 量化算法代码实现及基于 NCNN 框架的 8bit 模型量化流程。

第7章　迁移学习与知识蒸馏

本章介绍了迁移学习与知识蒸馏的主要算法理论与实践，主要包括基于优化目标驱动与特征匹配的知识蒸馏算法，最后通过案例实践让读者掌握经典的知识蒸馏框架的模型训练方法，并比较学生模型在蒸馏前后的性能变化。

第8章　自动化模型设计

本章介绍了自动化模型设计中的神经网络结构搜索技术，主要包括基于栅格搜索的神经网络结构搜索方法、基于强化学习的神经网络结构搜索方法、基于进化算法的神经网络结构搜索方法、可微分神经网络结构搜索方法。自动化模型设计是难度较高的工程技术，也是模型设计与压缩的最终发展形态。

第9章　模型优化与部署工具

本章介绍了当下工业界常用的开源模型优化和部署工具，主要包括 TensorFlow、PaddlePaddle、PyTorch 生态相关的模型优化工具，各类通用的移动端模型推理框架，以及 ONNX 标准与 NVIDIA GPU 推理框架 TensorRT，并基于 NCNN 框架在嵌入式硬件上进行了部署实战。熟练掌握模型优化与部署工具，是深度学习算法工程师的必修课。本章内容可供读者作为入门参考，更加系统的模型部署的相关内容，将在本系列图书的下一本书中介绍。

本书读者对象

本书是一本专门介绍深度学习模型压缩与优化技术，尤其是针对深度卷积神经网络的图书，本书内容属于深度学习领域的高级内容，对读者的基础有一定的要求：

首先，必须熟悉深度学习理论知识，包括但不限于神经网络、卷积神经网络、计算机视觉基础等；

其次，要有深度学习模型设计基础，了解主流的卷积神经网络设计思想，最好掌握了本系列书籍的第一本《深度学习之模型设计》的内容；

最后，熟练运用 Python 等编程语言，掌握 PyTorch 等主流的深度学习框架。

本书适合以下读者：

- 学习深度学习相关技术的学生。
- 讲授深度学习模型设计、压缩与优化相关课程的教师、培训机构。
- 从事或即将从事深度学习相关工作的研究人员和工程师。
- 对深度学习模型的优化思想感兴趣，想系统了解和学习的各行业人员。

致谢

虽然笔者独立完成了本书的写作，但是在这个过程中也得到了一些帮助。

感谢电子工业出版社的米俊萍编辑的信任，联系我写作了本书，并在后续的编辑校稿中完成了巨大的工作量。

感谢"有三 AI"公众号和"有三 AI"知识星球的忠实读者们，是你们的阅读和付费支持让我有了继续前行的力量。

感谢本书中 GitHub 开源项目的贡献者，是你们无私的技术分享，让更多人因此受益匪浅，这是这个技术时代里最伟大的事情。感谢前赴后继提出了书中所列方法的研究人员，得益于你们的辛苦原创，才有了本书的内容。

感谢我的家人的宽容，因为事业，给你们的时间很少，希望以后会做得更好。

于长沙

2024 年 4 月

目录

第 1 章 引言

在当前的人工智能时代，数据呈爆发式增长，计算硬件的算力水平不断提升，加上不断改进的优良算法，各行各业不断基于深度学习技术推出新的应用场景，进而深刻地改变了人类的生活方式。作为一个综合性的工程技术，深度学习的快速发展及其在工业界和学术界的迅速流行，离不开四个要素：数据、模型、框架、硬件。数据是模型的输入，充足的数据配合优秀的模型才能学习到复杂的知识，框架和硬件则是完成模型学习不可或缺的软硬件。

1.1 人工智能时代背景

人类文明经历了几次大的技术革命。18 世纪末，人类从农耕时代进入机械化时代，蒸汽机等工业设备开始出现，极大地提升了人们的生产效率。

到了 20 世纪初，电力被广泛使用，人类开始进入电气化时代，流水线工厂模式改变了人们的工作方式，标准化的工业生产流程逐渐发展成熟。

到了 20 世纪末，电子信息技术与自动化技术得到了进一步的发展，互联网诞生，人类进入了信息化时代，足不出户即可了解世界。

如今，机器人与智能系统技术的快速发展，使得人类进入人工智能时代。与十年前相比，商品推荐、智能出行、新闻与短视频推荐、金融风控、自动驾驶等技术，使我们的生活变得更加便利和丰富，人们开始真正领略智能技术给生活带来的改变。

总体来说，人工智能技术经历了三次浪潮，如图 1.1 所示。

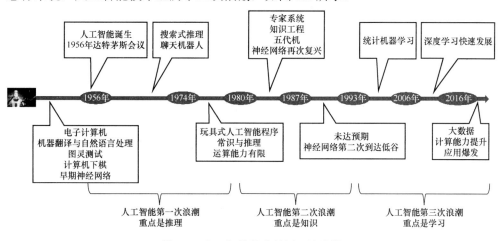

图 1.1 人工智能技术经历三次浪潮

第一次浪潮中涌现了一系列以逻辑推理为代表的方法，第二次浪潮中涌现了一系列以专家系统为代表的方法，第三次浪潮中涌现了一系列以机器学习为代表的方法，其中，当下最典型的技术是深度学习。不过人工智能系统的发展不仅得益于算法的进步，还需要大数据及软硬件计算平台的支持，这就是本章要介绍的主要内容。

首先我们引入一个图像识别任务，这个任务在本书中会出现多次。图 1.2 中展示了一些微笑表情样本和无表情样本，我们想要通过模型来判断一张图片中的人脸是不是在微笑，如何完成这个任务呢？

微笑表情   无表情

图 1.2　微笑表情样本和无表情样本（由 AI 工具生成）

对于已经掌握了大量深度学习项目经验的读者来说，这是一个很简单的问题，而如果读者还是新手，那就应该先清楚一个深度学习项目开发的标准流程，如图 1.3 所示。

图 1.3　深度学习项目开发的标准流程

每一个完整的项目都需要经过上述流程，下面介绍以上各环节的一些基础知识，以及如何使用典型的训练框架来完成上述任务。

1.2　数据处理

每一个深度学习任务都是从数据处理环节开始的。在数据处理环节，我们要完成数据的获取、数据的整理、数据的分析。

1.2.1　大数据时代背景

在互联网诞生之前，人类存储信息主要以文字与图片为主，图 1.4 展示了这个时期信息存储方式的演变。这个时期信息存储的主要特点是个人被动地接收中心节点整理好的信息，数据量有限，更新频率低。

互联网诞生之后，我们从数据类型和数据量都有限的传统媒体时代，过渡到数据类型丰富、数据量爆炸的多媒体时代。我们每天打开 App、拍照上传、发帖评论、浏览网页、播放视频、点击广告、搜索信息、收藏购买、在线支付、即时通信，都在主动制造新的数据，并且这些数据会被记录并传送到中心节点，数据量庞大，更新频率高。

| 上古结绳而治
夏朝以前 | 甲骨文
商朝 | 模拟照片
1826年前后 | 留声机
1877年前后 | 巴特兰电缆图片传输系统
1921年 | 阿帕网
1969年 |

图 1.4　信息存储方式的演变

《大数据时代：生活、工作与思维的大变革》一书中指出，在 2000 年，数字存储信息仍只占全球数据量的 1/4，另外 3/4 的信息都存储在报纸、胶片、黑胶唱片和盒式磁带这类媒介上。但是，随着互联网的迅速扩张，数字信息的增加速度越来越快。该书中举了几个对比非常强烈的例子。

以天文学为例，2000 年斯隆数字巡天（Sloan Digital Sky Survey）项目启动时，位于新墨西哥州的望远镜在短短几周内收集的数据，已经比天文学历史上总共收集的数据还要多。

谷歌公司在 2012 年每天要处理超过 24PB 的数据，这意味着其每天的数据处理量是美国国家图书馆所有纸质出版物所含数据量的上千倍。

杰姆·格雷（Jim Gray）基于这个规律，提出了数据领域的"新摩尔定律"，即人类有史以来的数据总量，每 18 个月就会翻一番。

大数据时代给我们带来的最大改变是我们不再热衷于寻找因果关系，很多决策开始基于数据和分析做出，而非基于经验和直觉。

图像识别领域早期的 MNIST 数据集和 CIFAR 数据集，都只有 60000 个样本，发展到 ImageNet 数据集，其包括 1000 万个以上的样本，数据集规模增长了三个数量级。大型数据集的诞生，使得很多机器学习模型有了足够多的数据来训练泛化性能足够好的模型。

因此，我们在训练机器学习模型时，有很大一部分工作都与数据有关，包括数据的获取、整理和标注等。接下来我们通过数据获取和整理来介绍典型的工作流程。

1.2.2　数据获取

优质数据集的建立是深度学习成功的关键，数据的形式通常包括图片、文本、语音、视频及一些结构化数据。

虽然有很多的公开数据集，但在实际项目中，开发人员常常需要进行专门的数据收集和标注工作。所谓数据收集，就是针对所需要的任务尽可能从多个渠道收集相关的数据，而数据标注就是对收集的数据进行标注。一般对于图像任务来说，标注包括分类标注、边框标注、点标注和区域标注等。只有经过标注和清洗后的数据才能真正产生价值，才能用于训练网络。

以前述的图像分类任务为例，我们需要通过各种渠道获取两类数据：一类是微笑的人脸，另一类是没有微笑的人脸，大多数时候只需要关注嘴唇部位的状态就行。

下面介绍常用的数据收集和标注平台。

1．数据收集平台

通过第三方的数据收集平台进行数据收集，对于企业来说是比较高效的方式，目前已经有一些这样的平台。

阿里众包是基于阿里巴巴平台的大数据众筹平台（见图 1.5），提供了从数据收集到数据标注的完整链条。由于用户基数大，其收集效率高，可在 72 小时内收集 2 万人的声音、图片、文本语料和视频等数据。同时，任务结果提交后，其会同步进行质量检测，不合格的结果即时自动重新投放。人像照片、采集自拍、特定表情和特定动作等都是非常简单的，一条数据价格为 1～3 元，适合大公司与小团队的数据收集工作。

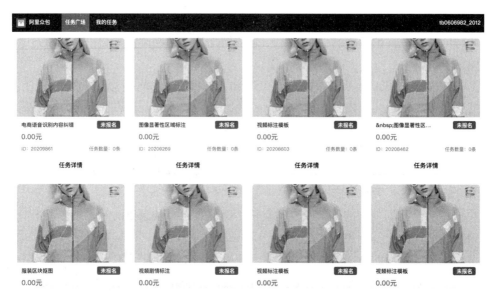

图 1.5　阿里众包平台示意

国内还有其他类似的众包平台，如百度众包、京东微工等。

阿里众包提供了一个众包平台，服务对象包括千万个提供数据的个体和需要收集数据的个人或组织，如果需要收集数据的一方并不想关注数据收集的过程而只想要最终结果，则可以直接找一些数据收集机构来完成任务。比较典型的如 Basic Finder，其服务范围覆盖金融行业、医疗行业、家居行业和安防行业等，同时提供标注服务。

2．爬虫

爬虫是建立大数据集必须使用的方法，ImageNet 等数据集的建立，就是通过 WordNet 中的树形组织结构的关键词来搜索并爬取数据的。

爬虫工具足够满足小型项目第一批数据集的积累要求，在实际项目中，善用爬虫工具可以大大提高工作效率，获得丰富的多媒体数据资源。例如，当项目中需要的是图片或语音数据时，我们不仅可以直接爬取语音或图片，还可以在各网站上寻找视频，然后将其按时间帧切分成图片或提取语音，最后进行清洗等工作。

1.2.3 数据清洗与整理

数据在收集后，往往包含噪声、数据缺失和数据不规则等问题，因此需要对其进行清洗和整理工作，主要包括以下内容。

1．数据规范化管理

规范化管理后的数据才有可能形成一个标准的数据集。数据规范化管理的第一步是统一数据命名。通常爬取和收集的数据没有统一、连续的命名，因此需要制定统一的格式，而命名通常不要含中文字符和不合法字符等，在后续使用过程中不能对数据集进行重命名，否则会造成数据无法回溯的问题，进而导致数据丢失。

另外，图像等数据还需要统一格式，如把一批图片数据统一为 JPG 格式，防止在某些平台或批量脚本处理中不能正常处理。

2．数据集划分

数据集一般包括训练集和验证集，有的也包括测试集。

训练集用于模型训练，验证集用于对训练参数进行调优，因此我们通常关注验证集的精度等指标。测试集用于评估模型的泛化能力。我们一般要求训练集和验证集满足同分布，测试集则可以不同。

3．数据分级

在不同场景下收集的数据往往具有较大的差异性，对应任务的难度也不同。

以图 1.6 中的图片为例，有的样本目标大、图片清晰、角度小，识别难度低；有的样本目标小、图片模糊、角度大，或者存在遮挡，识别难度高，因此我们通常在标注的时候进行分级。

容易样本　　　　　　　　　　　　　　困难样本

图 1.6　容易样本和困难样本

在许多开源数据集的评测中，都能看到将完整的数据集划分为困难（Hard）、中等难度（Medium）和容易（Easy）三个子数据集，因此模型也可以针对这三个子数据集分别统计指标，并各自侧重不同的问题。如容易的样本用于快速验证模型，中等难度的样本用于评估模型的泛化能力，困难的样本用于评估模型的先进性。

4．数据去噪

收集数据时通常无法严格控制来源，比如爬虫爬取的数据可能存在很多噪声。例如，用搜索引擎收集猫的图片，收集的数据可能存在非猫的图片，这时就需要人工或者使用相关检测算法来去除不符合要求的图片。数据的去噪一般对数据的标注工作有很大的帮助，能提高标注的效率。

5．数据去重

收集的数据重复或者高度相似是数据收集经常遇到的问题，这会影响数据集的多样性，从而降低数据集的质量。比如在各大搜索引擎爬取同一类图片时就会有重复数据，其中许多下载后的图片仅文件名字或分辨率不同，或者只有微小的差异。又如从视频中获取图片时，帧之间的相似度很高。大量的重复数据对提高模型精度意义不大，甚至可能造成模型过拟合，因此需要进行数据去重。

对于图像任务来说，较简单的数据去重方案为逐像素比较，去掉完全相同的图片，或者利用各种图像相似度算法去除相似图片。

6．数据存储与备份

在整理完所有数据之后，一定要及时完成数据存储与备份。备份应该一式多份且在多个地方存储，一般存储在本机、服务器、移动硬盘等处，并定时更新，减小数据丢失的可能性。数据无价，希望读者能够重视数据备份问题。

7．数据预处理

对于 1.1 节的图像识别任务来说，我们需要准备两类数据：一类是微笑的人脸，另一类是没有微笑的人脸。但实际上进行模型训练时，我们只需要关注嘴唇部位的状态就行，因此需要对收集的人脸图像进行预处理。图 1.7 所示是本次数据预处理的流程，包括人脸检测、人脸关键点检测、嘴唇区域提取等步骤。

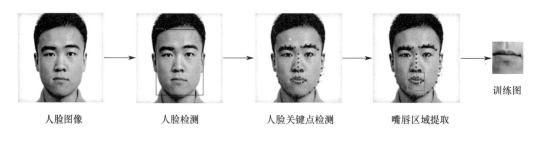

人脸图像　　　　　人脸检测　　　　人脸关键点检测　　　嘴唇区域提取

图 1.7　数据预处理流程

基于该流程，我们获得了一个基本的数据集，包含 500 张微笑表情的图片和 500 张非微笑表情的图片，存放在 data 目录下。图 1.8 中展示了一些非微笑表情样本与微笑表情样本。

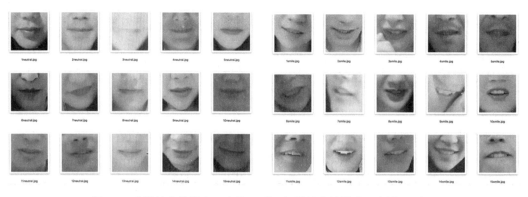

图 1.8　非微笑表情样本（左边 5 列）与微笑表情样本（右边 5 列）

1.3　算法基础

在传统的模式识别模型中，特征提取器从图像中提取相关特征，再通过分类器对这些特征进行分类。使用梯度下降法的前馈全连接网络可以从大量数据中学习复杂的高维且非线性的特征映射，因此，传统的前馈全连接网络（BP 神经网络）被广泛用于图像识别任务。虽然可以直接将图像中的像素特征（向量）作为输入信号输入网络，但基于全连接网络的识别还存在以下一些问题。

首先，隐藏层神经元数量越多的全连接网络包含的连接权重越多，这极大地增加了内存参数，并且需要更大的训练集来确定连接权重。

其次，图像或音频不具备平移、旋转和拉伸的不变性，其输入神经网络前必须经过预处理。

最后，全连接网络忽略了输入的拓扑结构。在一幅图像中，相关性较高的相邻像素可以归为一个区域，相关性较低的相邻像素则可视为图像中的不同区域，利用这个特性进行局部特征的提取有巨大的优势。但如何充分利用这些局部信息呢？

20 世纪 60 年代，Hubel 和 Wiesel 在研究猫脑皮层中负责处理局部敏感与方向选择的神经元时，发现了一种特别的网络结构，该结构显著降低了反馈神经网络的复杂性。两人随即提出了卷积神经网络（Convolutional Neural Networks，CNN）的概念。

在 CNN 中，不需要对图像进行复杂的预处理，可以直接输入原始图像，因此其在计算机视觉方面得到了广泛的应用。下面对其做简单介绍。

1.3.1　卷积的概念

从数学概念上讲，卷积是一种运算，令 $(x \cdot w)(t)$ 为 x、w 的卷积，其连续的定义为

$$(x \cdot w)(t) = \int_{-\infty}^{\infty} f(\tau)g(t-\tau)\mathrm{d}\tau \tag{1.1}$$

离散的定义为

$$(x \cdot w)(t) = \sum_{\tau=-\infty}^{\infty} f(\tau)g(t-\tau) \tag{1.2}$$

如果将一个二维图像 x 作为输入，使用一个二维的卷积核 w，则输出可表示为

$$(x \cdot w)(i, j) = \sum_{m}\sum_{n} x(m,n)w(i-m, j-n) \tag{1.3}$$

在这里，卷积就是内积，根据多个确定的权重（卷积核），对某一范围内的像素进行内积运算，输出就是提取的特征，具体可视化的卷积操作将在 1.3.2 节中介绍。

在传统的 BP 神经网络中，前后层之间的神经元是"全连接"的，即每个神经元都与前一层的所有神经元相连，而 CNN 中的神经元只与前一层的部分神经元相连。从仿生的角度来说，CNN 在处理图像矩阵问题时会更加高效。例如，人的单个视觉神经元并不需要对全部图像进行感知，只需要对局部信息进行感知即可，距离较远、相关性较弱的元素不在计算范围内。从计算的角度来说，卷积使参数量与计算量大幅度减少。

1.3.2　CNN 基础

下面介绍 CNN 的基本概念，包括图像卷积、步长、填充、特征图、多通道卷积、权重共享、感受野和池化等。

1. 图像卷积、步长与填充

假设原始图像大小是 5×5，卷积核大小是 3×3。首先将卷积核与原始图像左上角 3×3 对应位置的元素相乘求和，将得到的数值作为结果矩阵第 1 行第 1 列的元素值，然后将卷积核向右移动一个单位（步长为1），并与原始图像前三行第 2、3、4 列对应位置的元素分别相乘求和，将得到的数值作为结果矩阵第 1 行第 2 列的元素值，以此类推。

图像卷积就是卷积核矩阵在一个原始图像矩阵上从上往下、从左往右滑动窗口进行卷积计算，然后将所有结果组合到一起得到一个新矩阵的过程。二维卷积示意如图 1.9 所示。

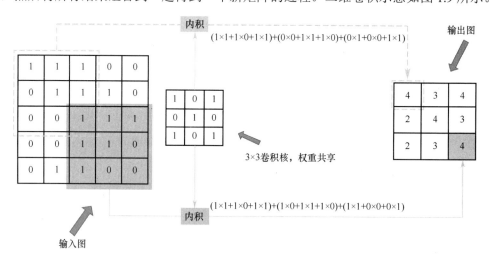

图 1.9　二维卷积示意

严格来说，这里的卷积应该是互相关操作，其与内积操作的区别只在于权重算子互为 180°翻转，由于不影响模型的学习，因此在这里我们不做区分。

用一个相同的卷积核对整幅图像进行卷积操作，相当于对图像做一次全图滤波，符合卷积核特征的部分得到的结果比较大，不符合卷积核特征的部分得到的结果比较小，因此，卷积操作后的结果可以较好地表征该区域符合卷积核所描述特征的程度，一次完整的卷积会选出图片上所有符合这个卷积核特征的部分。如果将大量图片作为训练集，则卷积核最终会被训练成有意义的特征，如当识别飞机时，卷积核可以是机身或飞机机翼的形状等。

步长，指的是卷积核在图像上移动的步子，不同的步长会影响输出图的尺寸。

如图 1.10 所示，输入图大小都是 5×5，卷积核大小都是 3×3。当步长为 1 时，卷积后的输出图大小为 3×3；当步长为 2 时，卷积后的输出图大小为 2×2。更大的步长意味着空间分辨率的快速下降。

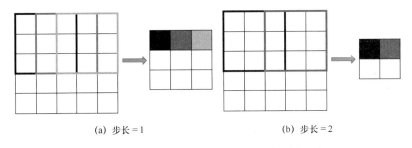

(a) 步长 = 1　　　　　　　(b) 步长 = 2

图 1.10　步长为 1 和 2 的输入图与输出图示意

为了更好地控制输入图和输出图的大小，一般会对输入进行填充（Padding）操作。

填充操作就是在原来输入图的边界外进行扩充，使其变得更大，卷积后的结果也会更大。

图 1.11 展示了无填充卷积和填充为 1 的卷积对比。当没有填充时，输入图大小为 3×3，输出图大小为 2×2，分辨率降低。当给输入图的四个边界各填充 1 行或者 1 列 0 元素时，卷积后输出图大小为 4×4，分辨率没有降低。通常会在设计卷积网络层时小心地填允，从而精确控制输入图和输出图的大小关系。

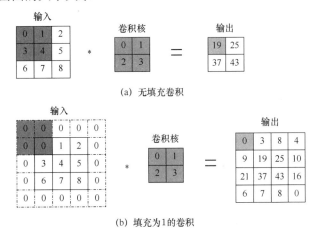

图 1.11　无填充卷积与填充为 1 的卷积对比

2．特征图与多通道卷积

图 1.9 展示的是单个图像的卷积，而对于一个 CNN 来说，其每一层都由多个图组成，我们称之为特征图或者特征平面，如图 1.12 所示。

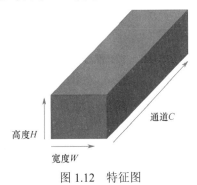

图 1.12　特征图

特征图（Feature Map）包含了高度、宽度、通道三个维度，大小为 $C \times H \times W$。

在 CNN 中，要实现的是多通道卷积，假设输入特征图大小是 $C_i \times H_i \times W_i$，输出特征图大小是 $C_o \times H_o \times W_o$，则多通道卷积如图 1.13 所示。其中，每一个输出特征图都由 C_i 个卷积核与通道数为 C_i 的输入特征图进行逐通道卷积，然后将结果相加，一共需要 $C_i \times C_o$ 个卷积核，每 C_i 个为一组，共 C_o 组。

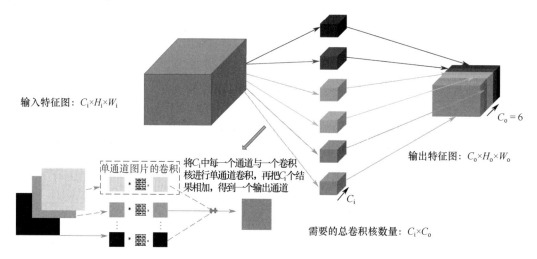

图 1.13　多通道卷积

3．权重共享

当对每组进行卷积时，不同的通道使用不同的卷积核。但是，当卷积核在同一幅图的不同空间位置进行卷积时，采取的是权重共享的模式，这是 CNN 中非常重要的概念。

局部连接的思想来自生理学的感受野机制和图像的局部统计特性，而权重共享则使图像一个局部区域学习的信息可以应用到其他区域，使同样的目标在不同的位置能提取同样的特征。局部连接和权重共享结构大大减少了参数量，将局部连接与全连接网络进行比较可知，局部连接相比全连接网络有明显的计算优势，具体如下。

全连接网络计算量巨大，假设图像尺寸是 1000×1000，隐藏层有 1000×1000 个神经元，参数量为 1000×1000×1000×1000=10^{12}。而对于局部连接，假如每个神经元只和 10×10 的输入图像区域相连接，并且卷积核移动步长为 10，则参数量为 1000×1000×100，相比全连接网络降低了 4 个数量级。

通常来说，CNN 中某一层的参数量由输入通道数 N、输出通道数 M 和卷积核的大小 r 决定，一层连接的参数量等于 $N \times M \times r \times r$。

4．感受野

感受野（Receptive Field）是 CNN 中的重要概念之一，可以将感受野理解为视觉感受区域的大小。在 CNN 中，感受野是特征图上的一个点（神经元）在输入图上所对应的区域，如图 1.14 所示。如果一个神经元的大小受输入层 $N \times N$ 大小的神经元区域的影响，那么就可以说该神经元的感受野是 $N \times N$，因为它反映了 $N \times N$ 区域的信息。

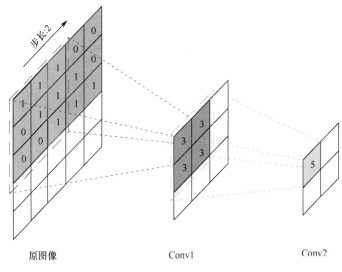

图 1.14 感受野示例

在图 1.14 中，Conv2 中的像素点为 5，是由 Conv1 的 2×2 区域计算得来的，而该 2×2 的区域又由原图像中 5×5 的区域计算而来，因此该像素的感受野是 5×5。可以看出，感受野越大，得到的全局信息越多。

5．池化

有了感受野再来解释池化（Pooling）就很简单了，在图 1.14 中，从原图像到 Conv1 再到 Conv2，图像越来越小，每过一级就相当于一次降采样，这就是池化。池化可以通过步长不为 1 的卷积实现，也可以通过插值采样实现，本质上没有区别，只是权重不同。

最常见的池化操作为平均池化（Mean Pooling）和最大池化（Max Pooling）。平均池化是计算池化区域内所有元素的平均值作为该区域池化后的值；最大池化则选池化区域内元素的最大值作为该区域池化后的值，如图 1.15 所示。

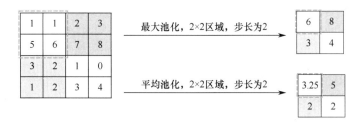

图 1.15 最大池化与平均池化操作示意

在池化操作提取信息的过程中，如果选取区域均值，往往能保留整体数据的特征，较好地突出背景信息；如果选取区域最大值，则能更好地保留纹理特征。池化操作会使特征图缩小，有可能影响网络的准确度，对此可以通过增加特征图的深度来弥补精度的缺失。

通过卷积获得特征之后，下一步则是对这些特征分类。从理论上讲，人们可以把所有解析出来的特征关联到一个分类器上，如 Softmax 分类器，但计算量非常大，并且极易出现过拟合（Over-fitting）。而池化层则可以对输入的特征图进行压缩，一方面使特征图变小，简化网络计算的复杂度；另一方面进行特征压缩与抽象，提取主要特征，有利于降低过拟合的风险。

池化层可以在一定程度上保持尺度不变性。例如，一辆车的图像被缩小了 50%后，我们仍能认出这是一辆车，这说明处理后的图像仍包含原始图片里最重要的特征。图像压缩时去掉的只是一些冗余信息，留下的信息则是具有尺度不变性的特征，其最能表达图像的特征。

6. 卷积层输出尺寸计算公式

假设卷积层输入尺寸即分辨率大小为 F_{in}，填充大小为 p，卷积核大小为 k，步长为 s，则卷积层输出尺寸的计算公式为

$$F_{out} = \left[\frac{F_{in} - k + 2p}{s} + 1 \right] \tag{1.4}$$

式中，[]表示向下取整。例如，常见的卷积核大小为 3×3，填充为 1，步长为 2，通过式（1.4）可以实现将卷积层输出分辨率变为输入的 1/2。

1.4 计算芯片

数据是深度学习系统的输入，提供学习需要的养料；算法是深度学习系统的核心，提供学习需要的方法；除此之外，还需要能支持大规模系统学习的算力及在顶层进行执行的框架，本节将介绍主流的计算芯片。

1.4.1 GPU

计算机最重要的处理器就是中央处理单元（Central Processing Unit，CPU），它是计算机的控制核心。CPU 需要很强的通用性来处理各种不同的数据类型，同时在大量的逻辑判断中包含了大量的分支跳转和中断处理，使得 CPU 的内部结构异常复杂，不适用于快速计算。为了能够更加高效率地执行计算任务，工程师们研发了专门的处理器，即图形处理器（Graphics Processing Unit，GPU），这是当下最主流的计算芯片，下面简单对其进行介绍。

1. GPU 架构与软件平台

GPU 是用于处理图形信号的单芯片处理器，在独立显卡中，一般位于 PCB（印刷电路板）的中心。GPU 是专为图像处理设计的处理器，它的存储系统实际上是二维的分段存储空间，包括区段号（从中读取图像）和二维地址（图像中的 X、Y 坐标）。GPU 采用了数量众多的计算单元和超长的流水线，但只有非常简单的控制逻辑，并且省去了缓存。

图 1.16 GeForce256 显卡

第一款真正意义上的显卡 GeForce256（见图 1.16）由 NVIDIA 于 1999 年推出，其具有完整的顶点变换、光照计算、参数设置及渲染四种 3D 计算引擎，极大地加快了计算机 3D 程序的运行速度，减轻了 CPU 的负担。

尽管 GeForce256 中的固定管线能实现完整的 3D 图形计算，但其处理算法固定，弊端日渐凸显，因此人们开始考虑一种可编程的 GPU。于是，NVIDIA 推出了 GeForce3，ATI 推出了 Radeon8500，这就是第二代 GPU。从 1999 年到 2002 年，GPU 都是以这种独立的可编程架构设计发展的。但此时的 GPU 编程能力有限，直到 2003 年第三代 GPU 被推出后，这一问题才得到改善。特别是 2006 年 NVIDIA 与 ATI 分别推出了 CUDA（Computer Unified Device Architecture，统一计算架构）编程环境和 CTM（Close To Metal）编程环境，使得 GPU 通用计算编程的复杂性大幅度降低。

GPU 的发展历程可以从并行体系结构的角度划分为以下三个时代。

（1）固定功能架构时代。这个时代是 1995—2000 年，期间各硬件单元形成一条图形处理流水线，每个流水线功能固定，硬化了一些给定的函数，其计算模型是流式计算（Stream Computing）。GPU 卸去了 CPU 的计算负担，聚焦于图形绘制功能，促进了图形学的发展。

（2）分离渲染架构时代。这个时代是 2001—2005 年，此时 GPU 用可编程的顶点渲染器（Vertex Shader）替换了与变换和光照相关的固定单元，用可编程的像素渲染器（Pixel Shader）替换了纹理采样与混合相关的固定单元。这两部分是实现图形特效最密集的部分，使用渲染器大大加强了图形处理的灵活性与表现力。

但是，分离渲染架构有不均衡的渲染负担缺陷，如图 1.17 所示。

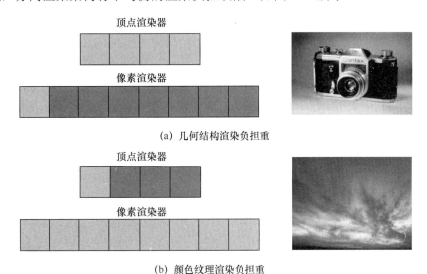

图 1.17 分离渲染架构中不均衡的渲染负担

图 1.17（a）中，图片有比较复杂的几何结构，但颜色并不丰富，因此与几何结构渲染相关的顶点渲染器远比与颜色相关的像素渲染器负担重；而图 1.17（b）中则相反，与颜色纹理渲染相关的像素渲染器远比与几何结构渲染相关的顶点渲染器负担重，因此需要更先进的架构来提高硬件使用效率。

（3）统一渲染架构时代。从 2006 年开始到现在，GPU 技术一直处于统一渲染架构时代。在这一时代，GPU 首次提供几何渲染程序（Geometry Shader Program）功能，并动态调度统一的渲染硬件来执行顶点、几何和像素程序，在体系结构上不再是流水线的形式，而呈现并行机的特征。

统一渲染架构可以自适应调整渲染负担，从而解决分离渲染架构中不均衡的渲染负担的问题，如图 1.18 所示。

统一渲染硬件

(a) 几何结构渲染负担重

统一渲染硬件

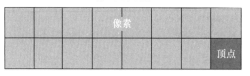

(b) 颜色纹理渲染负担重

图 1.18　统一渲染架构解决不均衡的渲染负担问题

在图 1.18（a）中，可以给顶点渲染器更多计算资源；而在图 1.18（b）中，可以给像素渲染器更多计算资源。

如今 GPU 厂商们开始从硬件和 API 上对 GPU 提供专门的支持，且推出专门做通用计算的 GPU（如 AMD FireStream 和 NVIDIA Tesla）。GPU 的服务对象也从以图形为主发展为图形和高性能计算并重。

2. GPU 与 CPU 的运算能力对比

我们知道，GPU 有着高速的浮点运算能力，那么其计算能力到底有多强呢？CPU 的浮点运算能力一般在 10 GFLOPs（每秒可进行 10 亿次浮点运算）以下，而目前的 TITAN V 峰值浮点性能（特指深度学习）为 110 TFLOPs，可以看出 GPU 的浮点运算能力远超 CPU。

GPU 特殊的硬件架构突出了其对 CPU 的优势：拥有高带宽的独立显存；浮点运算性能高；几何处理能力强；适合处理并行计算任务；适合进行重复计算；适合图像或视频处理任务；能够大幅度降低系统成本。

GPU 非常适合做并行计算和密集型计算，随着 NVIDIA 等企业 GPU 产品线的成熟，面向个人和企业的 GPU 相继面世，并快速迭代。

虽然 GPU 的运算能力远远强于 CPU，但并不能以这个作为唯一指标来比较，我们把 CPU 称为 Compute-bound Computation Platforms，对于这类设备来说，算力是它们的瓶颈；而 GPU 被称为 Memory-bound Computation Platforms，对于这类设备来说，内存数据的移动等是它们的瓶颈。在硬件平台上运行模型时，不仅包括模型推理计算，还包括输入/输出数据的处理，因此运行效率并不只依赖算力，第 2 章会介绍更多与性能相关的指标。

1.4.2 ARM

相比于 GPU，ARM 是大多数嵌入式硬件平台使用的芯片。一种典型的开发模式是，在运行 Intel X86 架构的服务器上，使用 NVIDIA 的 GPU 进行模型训练，最后将其部署到使用 ARM 芯片的嵌入式设备中。

1. 什么是 ARM

ARM 是 Acorn 公司提供的 32 位 CPU，迄今已经发展到 v8 型号。越靠后的 ARM 内核，初始频率越高，架构越先进。

ARM 的体系结构是一种精简指令集计算（RISC），这与基于复杂指令集计算（CISC）的 X86 差异很大，ARM 充分考虑了实现规模、架构性能和低功耗，具有 RISC 的特性，包括：

（1）具有大量通用寄存器；

（2）结构采用加载/存储模型，即数据在寄存器中完成处理，无法直接处理内存数据；

（3）寻址模式简单，所有地址来自寄存器内容和指令字段。

2. Neon 指令集

Neon 是 ARM 推出的压缩 SIMD（单指令流多数据流）技术，它将寄存器看成相同数据类型的向量，且支持多种数据类型。

在移动设备中使用的媒体处理器经常将完整的数据寄存器划分为多个子寄存器，且并行完成多个子寄存器的计算。对于多次简单可重复的操作，使用 SIMD 会带来非常大的性能提升。

可通过以下几种方式使用 Neon 指令。

（1）使用支持 Neon 优化的库，比如 OpenBLAS，它是一个跨平台的开源线性代数库；或者 Ne10，它是 ARM 官方开源的一个 C 函数库。

（2）使用编译器的自动向量化特性，只需要在编译器开启相关选项，便会自动将一些操作转换为 Neon 指令。

（3）Compiler Intrinsics，即 ARM 编译器内联函数，每个内联函数都对应了多条汇编指令。

（4）直接编译汇编代码。

3. ARM 编译环境

我们的开发平台往往是 X86，但运行平台是 ARM，因此需要在 X86 的环境中调用编译套件来编译出可以在 ARM 平台上运行的程序，这需要特殊的工具来完成，这种编译方式被称为交叉编译。

由于 ARM 硬件产品很多，不同硬件产品的系统内核、ABI（Application Binary Interface）和运行环境都不相同，因此往往需要针对平台编译自己的工具链，此时最好直接使用硬件厂商提供的工具链，通常有以下两种情况。

（1）移动应用程序，比如 iOS 和 Android 平台的应用程序。对于 iOS，需要使用 Xcode 开发环境；对于 Android，需要使用 NDK 及其工具链。

（2）开发套件，一般的 ARM 如树莓派等自带 Linux 或 Android 系统，可以找到厂商提供的工具链。对于一些高端开发套件如 NVIDIA TX 系列，则预装 Linux，提供 GCC 或者 NVCC 包。

一般桌面 Linux 环境自带 ARM 工具链 gcc-arm-linux-gnueabi，安装后可直接使用。

1.5 深度学习框架

深度学习框架是深度学习的工具，其简单来说就是开源的库。深度学习框架的出现降低了深度学习的入门门槛，使用框架的工程师不需要进行底层的算法编码，可以快速搭建与训练模型。

目前已有大量深度学习框架被推出，可免费使用。下面简单介绍三个最常见的框架：Caffe、TensorFlow、PyTorch。

表 1.1 从框架的发布时间、主要开发维护者及核心语言三方面对比了常用的深度学习框架。

表 1.1　深度学习框架对比

特性	Caffe	TensorFlow	PyTorch
发布时间	2013 年	2015 年	2017 年
主要开发维护者	BVLC	Google	Facebook
核心语言	C++	C++ Python	C++ Python

没有什么框架是完美的，不同的框架适用的领域不完全一致，所以选择合适的框架是一个需要探索的过程。总体而言，对于通用的算法，深度学习框架提供的深度学习组件是非常容易上手的。

1.5.1 Caffe

Caffe 是基于 C++语言及 CUDA 开发的框架，支持 MATLAB、Python 接口和命令行，可直接在 GPU 与 CPU 中切换，训练效率有保障，在工业中应用较为广泛。

在 Caffe 中，网络层通过 C++定义，网络配置使用 protobuf 定义，可以较方便地进行深度网络的训练与测试。Caffe 官方提供了大量实例，它的训练过程、梯度下降法等模块都被封装，开发者学习 prototxt 语法后，基本能自己构造深度卷积神经网络。其代码易懂好理解，高效实用，上手简单，比较成熟和完善，实现基础算法方便快捷，适合工业快速应用与部署。

Caffe 通过 Blob 以四维数组的方式存储和传递数据。Blob 提供了一个统一的内存接口，用于批量图像（或其他数据）的操作与参数更新。Model 以 Google Protocol Buffers 的方式存储在磁盘上，大型数据存储在 LevelDB 中。

Caffe 提供了一套完整的层类型。一个层（Layer）采用一个或多个 Blob 作为输入，并产生一个或多个 Blob 作为输出。Caffe 保留所有的有向无环层图，确保正确地进行前向传播和反向传播。模型是终端到终端的机器学习系统。一个典型的网络开始于数据层，结束于损失层。通过一个单一的开关，网络运行在 CPU 或 GPU 上。

Caffe 相对于 TensorFlow 等使用 pip 一键安装的方式来说，编译安装稍微麻烦一些。以Ubuntu16.04 为例，首先需要安装一些依赖库；然后去 Git 上复制源代码到本地，配置好相关库的路径就可以进行编译安装了。对于 GPU，还需要安装 CUDA 及 NVIDIA 驱动。

1.5.2　TensorFlow

TensorFlow 是 Google 大脑推出的开源机器学习库，与 Caffe 一样，主要用作深度学习相关的任务。与 Caffe 相比，TensorFlow 的安装简单很多，可以使用 pip 命令安装。

TensorFlow 中的 Tensor 是张量，代表 N 维数组，与 Caffe 中的 Blob 类似；Flow 即流，代表基于数据流图的计算。神经网络的运算过程就是数据从一层流动到下一层，TensorFlow 更直接强调了这个过程。

TensorFlow 最大的特点是计算图机制，即需要先定义好图，然后进行运算，所以所有的 TensorFlow 代码都包含以下两部分。第一部分，创建计算图。这是用于表示计算的数据流，实际上就是定义好一些操作，可以将它看作 Caffe 中的 prototxt 的定义过程。第二部分，运行会话，执行图中的运算，可以看作 Caffe 中的训练过程。只是 TensorFlow 的会话比 Caffe 灵活很多，由于是 Python 接口，取中间结果分析和调试非常方便。

TensorFlow 也有内置的 TF.Learn 和 TF.Slim 等上层组件，可以帮助快速地设计新网络，并且兼容 Scikit-learn estimator 接口，可以方便地实现 evaluate、grid search、cross validation 等功能。同时 TensorFlow 不只局限于神经网络，其数据流图支持非常自由的算法表达，可以轻松实现深度学习以外的机器学习算法。

用户可以通过写内层循环代码控制计算图分支的计算，TensorFlow 会自动将相关的分支转为子图并执行迭代运算。TensorFlow 也可以将计算图中的各节点分配到不同的设备执行，充分利用硬件资源。定义新的节点只需要写一个 Python 函数，如果没有对应的底层运算核，那么可能需要写 C++或者 CUDA 代码实现运算操作。

1.5.3　PyTorch

Torch 是纽约大学的一个机器学习开源框架，几年前在学术界非常流行。但是，由于其初始只支持小众的 Lua 语言，因此没有普及。后来随着 Python 的生态越来越完善，Facebook 人工智能研究院推出了 PyTorch 并开源。

PyTorch 不是简单地封装 Torch 并提供 PyTorch 接口，而是对 Tensor 以上的所有代码进行重构，同 TensorFlow 一样，增加了自动求导功能。PyTorch 入门简单，上手快，堪比 Keras；代码清晰，设计直观，符合人类直觉。其定位就是快速实验研究，所以可以直接用 Python 写新的网络层。后来 Caffe2 全部并入 PyTorch，如今 PyTorch 已经成为非常流行的框架。很多新的研究如风格化、GAN 等大多采用 PyTorch 源码。

PyTorch 的特点如下。

第一，动态图计算。TensorFlow 采用静态图，先定义好图，然后在会话中运算。图一旦定义好后，是不能随意修改的。现在 TensorFlow 虽引入了动态图机制 Eager Execution，但不如 PyTorch 直观。TensorFlow 要查看变量结果，必须在会话中，会话的角色仿佛是 C 语言的执行，而之前的图定义是编译。相比之下，PyTorch 就好像脚本语言，可以随时随地修改和调试，没有类似编译的过程，这比 TensorFlow 要灵活很多。

第二，简单。TensorFlow 的学习成本不低，对于新手来说，Tensor、Variable、Session 等概念充斥，数据读取接口更新频繁，tf.nn、tf.layers、tf.contrib 各自重复；PyTorch 则从 Tensor 到 Variable 再到 nn.Module，分别就是从数据张量到网络的抽象层次的递进。

上述几大框架都有基本的数据结构，Caffe 是 Blob，TensorFlow 和 PyTorch 是 Tensor，都是高维数组。PyTorch 中的 Tensor 使用与 Numpy 中的数组非常相似，两者可以互转且共享内存。PyTorch 也为张量和 Autograd 库提供 CUDA 接口。使用 CUDA GPU，不仅可以加速神经网络训练和推断，还可以加速任何映射至 PyTorch 张量的工作负载。通过调用 torch.cuda.is_available()函数，可检查 PyTorch 中是否有可用 CUDA。

第 2 章　模型性能评估

模型结构不仅是非常重要的学术研究方向，在工业界实践中也是模型能否上线的关键，好的模型结构是深度学习成功的关键因素之一。本书主要聚焦如何对深度学习模型进行优化与压缩，使其在部署时拥有更高的运行效率。在正式介绍相关技术之前，我们首先介绍模型相关的性能指标及相关学术竞赛。

2.1　性能指标

为了评估、比较各类模型的优化与压缩方法，我们需要客观的性能指标。下面介绍与模型使用效率相关的性能指标，包括参数量、计算量、内存访问代价、计算速度、并行化程度和能耗等。

2.1.1　基准模型

为了方便对模型的各种基本参数进行统计介绍，首先定义一个三层的基准模型，命名为 simpleconv3。它由三个卷积层、三个 BN（Batch Normalization）层、三个 ReLU 激活层和三个全连接层组成，模型定义的代码如下。

```
#三层卷积神经网络 simpleconv3 定义
#包括三个卷积层，三个 BN 层，三个 ReLU 激活层，三个全连接层

class simpleconv3(nn.Module):
    #初始化函数
    def __init__(self,nclass):
        super(simpleconv3,self).__init__()
        self.conv1 = nn.Conv2d(3, 12, 3, 2)
        #输入图片大小为 3×48×48，输出特征图大小为 12×23×23，卷积核大小为 3×3，步长为 2
        self.bn1 = nn.BatchNorm2d(12)
        self.conv2 = nn.Conv2d(12, 24, 3, 2)
        #输入图片大小为 12×23×23，输出特征图大小为 24×11×11，卷积核大小为 3×3，步长为 2
        self.bn2 = nn.BatchNorm2d(24)
        self.conv3 = nn.Conv2d(24, 48, 3, 2)
        #输入图片大小为 24×11×11，输出特征图大小为 48×5×5，卷积核大小为 3×3，步长为 2
        self.bn3 = nn.BatchNorm2d(48)
        self.fc1 = nn.Linear(48 * 5 * 5 , 1200)#输入向量长为 48×5×5=1200，输出向量长为 1200
        self.fc2 = nn.Linear(1200 , 128)#输入向量长为 1200，输出向量长为 128
        self.fc3 = nn.Linear(128 , nclass)#输入向量长为 128，输出向量长为 nclass，等于类别数

    #前向函数
```

```
def forward(self, x):
    # relu 函数，不需要进行实例化，直接调用
    # conv 层和 fc 层需要调用 nn.Module 进行实例化
    x = F.relu(self.bn1(self.conv1(x)))
    x = F.relu(self.bn2(self.conv2(x)))
    x = F.relu(self.bn3(self.conv3(x)))
    x = x.view(-1 , 48 * 5 * 5)
    x = F.relu(self.fc1(x))
    x = F.relu(self.fc2(x))
    x = self.fc3(x)
    return x
```

该模型结构可视化如图 2.1 所示。

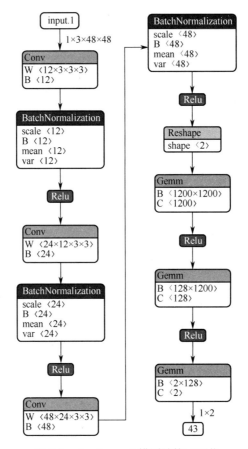

图 2.1　simpleconv3 模型结构可视化

下面基于 simpleconv3 来介绍模型性能的相关指标。

2.1.2　参数量

参数量，泛指模型中可以训练与不能训练的所有参数的数量。例如，AlexNet 模型包含了

约 60MB 参数，如果使用 32bit 浮点数进行存储，则实际占用的存储空间为 240MB。

对于一个正常的卷积层，假如输入特征图大小为 $H_{in} \times W_{in}$，通道数为 C_{in}，输出特征图大小为 $H_{out} \times W_{out}$，通道数为 C_{out}，卷积核大小为 $K \times K$，则参数量为 $C_{out} \times C_{in} \times K \times K$。

参数量小，则占用内存小，移动端使用的模型对参数量大小比较敏感。可以使用一些工具来统计模型的参数量，这里以 PyTorch summary 工具为例。它不仅可以统计模型的参数量，还可以统计输入数据及模型在前向运行过程中需要的参数量，使用方法如下。

```
from torchsummary import summary
from net import simpleconv3
net = simpleconv3(2)
summary(net, input_size=(3,48,48))
```

表 2.1 是 simpleconv3 模型参数量统计结果。

表 2.1　simpleconv3 模型参数量统计结果

统计的参数	大小/MB
输入数据参数量	0.03
前向与反向计算内存参数量	0.17
模型参数量	6.14

2.1.3　计算量与内存访问代价

计算量指的是参数与特征进行乘、加等一系列操作的计算次数总和，因为四则运算都可以转为乘法操作与加法操作，所以一般只统计乘、加操作。

计算量的主要指标是 FLOPs（Floating Point Operations），即浮点操作数。

一次多通道卷积的乘法操作数为 $(C_{out} \times H_{out} \times W_{out}) \times (K \times K \times C_{in})$，每得到输出特征图中的一个元素，需要 $(K \times K \times C_{in} - 1)$ 次加法，得到整个特征图的操作数为 $(C_{out} \times H_{out} \times W_{out}) \times (K \times K \times C_{in} - 1)$，如果再考虑偏置，总的加法操作数为 $(C_{out} \times H_{out} \times W_{out}) \times (K \times K \times C_{in})$。

因为乘法的计算量远远大于加法，所以一般用乘法操作数作为 FLOPs。

对于全连接层，假设输入神经元数量为 I，输出神经元数量为 O，则乘法操作数为 $I \times O$，乘法与加法总操作数为 $(I + I - 1) \times O + O$。

各个研究者的论文与具体代码实现中，计算方法可能会有些许差异，但相差不大。

另一个与 FLOPs 相关的指标为内存访问代价（Memory Access Cost，MAC），它用于计算输入特征图读取、输出特征图写入及特征权重的存储所需要的内存大小，一次多通道卷积的 MAC 计算如式（2.1）。

$$\text{MAC} = (C_{in} \times H_{in} \times W_{in}) + (C_{out} \times H_{out} \times W_{out}) + C_{out} \times C_{in} \times K \times K + C_{out} \qquad (2.1)$$

下面使用 torchstat 工具来统计 FLOPs。

```
from torchstat import stat
net = simpleconv3(2)
stat(net,(3,48,48))
```

表 2.2 所示为 simpleconv3 模型的计算量统计结果。

表 2.2　simpleconv3 模型计算量统计结果

网络层	参数量	操作总数（Madd）	FLOPs	读取内存（MemRead）	写入内存（MemWrite）
conv1	336	342792	177744	28992	25392
bn1	24	25392	12696	25488	25392
conv2	2616	627264	316536	35856	11616
bn2	48	11616	5808	11808	11616
conv3	10416	518400	260400	53280	4800
bn3	96	4800	2400	5184	4800
fc1	1441200	2878800	1440000	5769600	4800
fc2	153728	307072	153600	619712	512
fc3	258	510	256	1544	8
总计	1608722	4716646	2369440	1544	8

从表 2.2 可以看出，计算量和参数量并不完全线性相关，如 conv1 的参数量占比不到 1%（336/1608722），但计算量远超过 1%（等于 342792/4716646）。

以第 1 个卷积层为例，输入为 3 个通道，输出为 23 个通道，输出特征图大小为 23×23，下面计算其中的一些指标：FLOPs $= (12\times23\times23)\times(3\times3\times3)+12\times23\times23 = 177744$（$12\times23\times23$ 对应偏置的乘法操作，其占比与卷积乘法部分相比可忽略不计）；所有的乘法与加法操作总数为 Madd $= (12\times23\times23)\times(3\times3\times3+3\times3\times3-1)+12\times23\times23 = 342792$。

基于 FLOPs 和 MAC，还可以得到计算量/访存比（Computation/Memory Access），这个值为模型计算量与内存大小的比值。比值越大，代表我们把更多的资源倾向于计算，而不是内存访问；比值越小，则代表我们把更多的资源倾向于内存访问，这个过程相比计算可能要耗费更多的时间。如果时间主要消耗在等待读写数据上，导致 CPU 利用率很低，那么该任务就是 I/O 密集型的。I/O 密集型设备（I/O-bound Device）将无法实现最高的计算效率，导致模型时延增加，一般希望计算量/访存比要尽量大，以更高效地利用硬件资源。

2.1.4　计算速度

参数量可以在理论上衡量模型的复杂程度，FLOPs 可以在理论上衡量模型的计算时间，但拥有较小的参数量或计算量并不总意味着神经网络推理时间的减少，因为这些最先进的紧凑架构引入的许多核心操作不能有效地在基于 GPU 的机器上实现，模型的真实性能需要在设备上体现。因此，模型的实际计算速度是更重要的指标，可以通过一些时间函数在设备上直接进行统计。

以 PyTorch 框架为例，torch.profiler 是其自带的性能分析工具，可分析模型速度、内存等，其完整的接口如下。

```
torch.profiler.profile(*, activities=None, schedule=None, on_trace_ready=None, record_shapes=False, profile_
memory=False, with_stack=False, with_flops=False, with_modules=False, use_cuda=None)
```

其中，activities 参数用于配置是否在 CPU 或 GPU 上运行，分别使用参数 torch. profiler. ProfilerActivity. CPU 和 torch. profiler. ProfilerActivity. CUDA；schedule 参数用于配置是否收集每个步骤的信息，on_trace_ready 参数与 schedule 参数配合使用；record_shapes 参数用于配置是否收集形状信息；profile_memory 参数用于配置是否追踪内存使用情况；with_stack 参数用于配置是否收集其他信息，如文件与行数；with_flops 参数用于配置是否统计 FLOPs；with_modules 参数用于配置是否分层统计模块信息，可以细化到函数调用；use_cuda 参数用于配置是否使用 GPU。

下面是用来预测平均时间的一段代码。

```
with torch.profiler.profile(activities=[torch.profiler.ProfilerActivity.CPU], record_shapes=True, with_stack=True,
profile_memory=True, with_flops=True) as prof:
    for imagepath in imagepaths:
        imagepath = os.path.join(imgdir,imagepath)
        image = Image.open(imagepath)
        imgblob = data_transforms(image).unsqueeze(0)
        #获得预测结果
        predict = net(imgblob)
    print(prof.key_averages().table(sort_by="cpu_time_total", row_limit=10))  ##打印统计信息
```

2.1.5　并行化程度

当前 GPU 设备已经普及，通过 GPU 可以进行并行计算，因此模型的并行化程度（Degree of Parallelism）也是衡量模型运行效率的重要指标。

以 VGG 为代表的串行模型（见图 2.2），是并行化程度较低的模型，实际的推理速度往往比较慢。

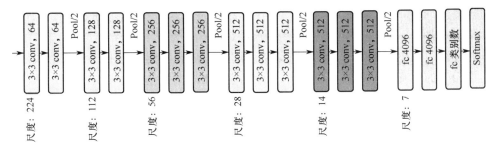

图 2.2　并行化程度低的 VGG 模型

而以 Xception 为代表的分组模型（见图 2.3），是并行化程度较高的模型，其基于通道分

组的卷积来实现较高程度的并行化。

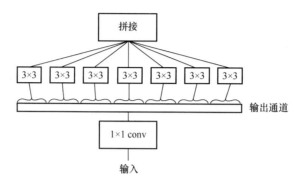

图 2.3　并行化程度高的 Xception 模型

2.1.6　能耗

能耗是衡量设备实际运行情况的一个重要指标，一般以 pJ 为单位。能耗过大，会影响硬件的使用寿命，也会影响用户体验。如今手机是生活必需品，其中许多 App 背后都有人工智能算法的加持，因此模型的能耗会直接影响手机的续航时间，以及能同时运行的 App 数量。相比于参数量、计算量及计算速度，能耗的计算更加困难。

当将深度学习模型部署到实际产品中时，不仅要关注模型的精度，即是否能实现功能，还要关注效率。只有当模型的参数量、计算量、计算速度与能耗都在可接受的范围，才能够推出面向消费者的产品，从而发挥模型的价值。

2.2　学术与产业竞赛

在机器学习领域，模型算法的发展往往归功于学术界与产业界的相关竞赛。以计算机视觉任务为例，在 2009 年的 CVPR 会议上，李飞飞实验室正式发布了 ImageNet 数据集。此后，从 2010 年到 2017 年，共举办了 8 届 ILSVRC（ImageNet Large Scale Visual Recognition Challenge）比赛，包括图像分类、目标检测和目标定位单元。它见证了 AlexNet、ResNet 等当前应用极为广泛的经典模型的诞生。当前在 ImageNet 这样具有超过 1000 万张图片、超过 2 万个类的数据集中，计算机的图像分类水平已经超过了人类。

本书关注的是模型优化与压缩，在这方面，随着近几年学术界和产业界的关注，业界也推出了相关的竞赛，供参赛者验证自己的模型优化方案，与同行进行竞赛，从而推动技术进步。

最为典型的竞赛是低功耗计算机视觉竞赛。它始于 2015 年，早期名为 Low Power Image Recognition Challenge（LPIRC），2020 年被更名为 Low Power Computer Vision Challenge（LPCVC），旨在推动低功耗计算机视觉模型技术的发展，涵盖计算机视觉中的图像分类、目标检测、图像分割等常用领域。

2015—2017 年的竞赛赛道不限定硬件平台，且参赛队伍较少，从 2018 年开始，出现了在特定硬件平台上的赛道，即 Online Track。

在 2018 年的 Online Track 图像分类赛道中，参赛者被要求在 Google Pixel 2 智能手机的 CPU 单核模式下实时运行 ImageNet 图像分类模型，处理速度需要达到 30ms/image。

在 2019 年的 Online Track 图像分类赛道中，参赛者被要求在 Google Pixel 2 智能手机的 CPU 单核模式下实时运行 ImageNet 图像分类模型，处理速度需要达到 10ms/image，检测模型则要求达到 100ms/image。

在 2020 年的 Online Track 图像分类赛道中，参赛者被要求在 Google Pixel 4 智能手机的 CPU 单核模式下实时运行 ImageNet 图像分类模型，处理速度需要达到 10ms/image。目标检测赛道的参赛方被要求在 Google Pixel 4 智能手机的 CPU 单核模式下实时运行 COCO 检测模型，处理速度需要达到 30ms/image。

比赛组委会根据往年比赛的最优结果和 Google MobileNet 系列模型来确定帕累托边界，用于评价和比较不同的参赛方案。2018—2023 年比赛赛题如表 2.3 所示。

表 2.3　2018—2023 年比赛赛题

年份	硬件平台	算法赛道
2018 年	Google Pixel 2	ImageNet 图像分类与 ImageNet 目标检测
2019 年	Google Pixel 2	ImageNet 图像分类与 COCO 目标检测
2020 年	Google Pixel 4	ImageNet 图像分类与 COCO 目标检测
2021 年	Ultra96V2	Unmanned Aerial Vehicle 多目标跟踪
2023 年	NVIDIA Jetson Nano 2GB Developer Kit	Disaster Scene 语义分割

注：2022 年没有举办该比赛。

第 3 章　模型可视化

虽然 CNN、RNN 等深度学习模型的使用门槛低，但模型参数多，网络结构复杂。输出如何关联模型的参数，在数学上没有很直观的解释，导致模型网络结构的设计及训练过程中超参数的调试，都非常依赖经验。为了更科学地进行研究，对模型的相关内容进行可视化是非常重要的渠道。

结果不理想，是数据的问题还是模型的问题，往往分析起来很困难。如果是数据问题，那么到底是什么问题？如果只凭经验，没有很科学的分析工具，仍然会有盲人摸象的感觉。因此，现在有很多研究致力于可视化深度学习模型。

3.1　模型可视化基础

深度学习模型在很多领域都得到了广泛应用，但对其可解释性相关的研究并未停止。对于一些敏感领域，如金融行业，不仅需要可靠的模型，而且需要可以解释的模型——它为什么有效及为什么失效，这样才能更加安全地使用模型，并在必要时给用户一个合理的解释。

3.1.1　为什么要研究模型可视化

模型可解释性的本质，是用通俗易懂的语言描述模型的能力和逻辑。许多传统的机器学习方法具有非常好的可解释性，比如决策树，如图 3.1 所示。通过查看决策树每个分支节点的决策过程，可以了解模型产生结果的细节。

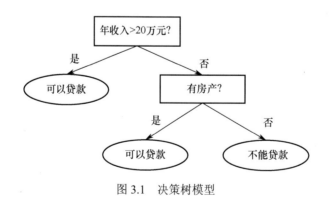

图 3.1　决策树模型

在模型可解释性的研究领域，可视化是非常直观的方向，其便于直观了解数据的分布情况、模型的结构、特征的分布等。本章重点介绍模型结构可视化及模型可视化分析相关的内容。

3.1.2 模型可视化的研究方向

神经网络模型具有非常大的参数量，在进行前向传播时也有很高的特征维度，因此可以可视化的对象包括参数与特征。对不同的目标进行可视化，可以从不同角度获得分析结果。

模型结构可视化：神经网络模型通过各层的连接，构成一个复杂的有向图，通过对模型的结构进行可视化，可以获得模型的完整拓扑结构，从而对层与层之间的关系有更多直观的理解，为后续模型的改进与瓶颈分析提供参考，这一点对于包含较多分支的模型尤其关键。

模型特征可视化：当前主流的神经网络都是前向模型，输入经过多层传播后输出结果，每一层的特征直接反映了计算过程，对模型特征进行可视化，可以观察数据在各层的分布情况，辅助分析是否提取了有效的信息，从而对结果做出最直观的解释。

模型参数可视化：当前在以 CNN 为代表的模型中，绝大部分参数都集中在卷积核，而卷积核组类似于传统图像处理中的滤波器，不同的卷积核代表了不同的滤波模式，单一的卷积核及多个卷积核的组合，实现的就是特征提取的功能，其可以反映模型学习到什么特征，这是对模型最本质的解释。

输入模式可视化：当将输入无差别地输入模型时，不同的像素值会有不同的响应，模型应该学会处理前景目标等重要内容，丢弃背景等无关内容。通过对输入模式进行可视化，可以评估模型是否真正学到高层的语义信息。

3.2 模型结构可视化

所谓模型结构的可视化，就是为了更直观地看到模型的结构。下面对主流的深度学习框架的模型可视化方法进行介绍。

3.2.1 Netscope 可视化工具

早期许多开源框架都有自己的可视化方法，比如 Caffe 的在线可视化工具 Netscope。
定义一个包含三个卷积层的神经网络模型，代码如下。

```
name: "mouth"
#训练数据输入层
layer {
  name: "data"
  type: "ImageData"
  top: "data"
  top: "clc-label"
  image_data_param {
    source: "all_shuffle_train.txt"
    batch_size: 96
    shuffle: true
  }
  transform_param {
```

```
      mean_value: 104.008
      mean_value: 116.669
      mean_value: 122.675
      crop_size: 48
      mirror: true
    }
    include: { phase: TRAIN}
}
#测试数据输入层
layer {
  name: "data"
  type: "ImageData"
  top: "data"
  top: "clc-label"
  image_data_param {
    source: "all_shuffle_val.txt"
    batch_size: 30
    shuffle: false
  }
  transform_param {
    mean_value: 104.008
    mean_value: 116.669
    mean_value: 122.675
    crop_size: 48
    mirror: false
  }
  include: { phase: TEST}
}
#第一个卷积层
layer {
  name: "conv1"
  type: "Convolution"
  bottom: "data"
  top: "conv1"
  param {
    lr_mult: 1
    decay_mult: 1
  }
  param {
    lr_mult: 2
    decay_mult: 0
  }
  convolution_param {
    num_output: 12
    pad: 1
    kernel_size: 3
    stride: 2
    weight_filler {
      type: "xavier"
      std: 0.01
```

```
    }
    bias_filler {
      type: "constant"
      value: 0.2
    }
  }
}
#第一个激活层
layer {
  name: "relu1"
  type: "ReLU"
  bottom: "conv1"
  top: "conv1"
}
#第二个卷积层
layer {
  name: "conv2"
  type: "Convolution"
  bottom: "conv1"
  top: "conv2"
  param {
    lr_mult: 1
    decay_mult: 1
  }
  param {
    lr_mult: 2
    decay_mult: 0
  }
  convolution_param {
    num_output: 20
    kernel_size: 3
    stride: 2
    pad: 1
    weight_filler {
      type: "xavier"
      std: 0.1
    }
    bias_filler {
      type: "constant"
      value: 0.2
    }
  }
}
#第二个激活层
layer {
  name: "relu2"
  type: "ReLU"
  bottom: "conv2"
  top: "conv2"
}
```

```
#第三个卷积层
layer {
    name: "conv3"
    type: "Convolution"
    bottom: "conv2"
    top: "conv3"
    param {
        lr_mult: 1
        decay_mult: 1
    }
    param {
        lr_mult: 2
        decay_mult: 0
    }
    convolution_param {
        num_output: 40
        kernel_size: 3
        stride: 2
        pad: 1
        weight_filler {
            type: "xavier"
            std: 0.1
        }
        bias_filler {
            type: "constant"
            value: 0.2
        }
    }
}
#第三个激活层
layer {
    name: "relu3"
    type: "ReLU"
    bottom: "conv3"
    top: "conv3"
}
layer {
    name: "ip1-mouth"
    type: "InnerProduct"
    bottom: "conv3"
    top: "pool-mouth"
    param {
        lr_mult: 1
        decay_mult: 1
    }
    param {
        lr_mult: 2
        decay_mult: 0
    }
    inner_product_param {
```

```
            num_output: 128
            weight_filler {
                type: "xavier"
            }
            bias_filler {
                type: "constant"
                value: 0
            }
        }
    }
#全连接层
layer {
        bottom: "pool-mouth"
        top: "fc-mouth"
        name: "fc-mouth"
        type: "InnerProduct"
        param {
            lr_mult: 1
            decay_mult: 1
        }
        param {
            lr_mult: 2
            decay_mult: 1
        }
        inner_product_param {
            num_output: 2
            weight_filler {
                type: "xavier"
            }
            bias_filler {
                type: "constant"
                value: 0
            }
        }
    }
# Softmax 损失层
layer {
        bottom: "fc-mouth"
        bottom: "clc-label"
        name: "loss"
        type: "SoftmaxWithLoss"
        top: "loss"
    }
#精度层
layer {
        bottom: "fc-mouth"
        bottom: "clc-label"
        top: "acc"
        name: "acc"
        type: "Accuracy"
```

```
    include {
        phase: TRAIN
    }
    include {
        phase: TEST
    }
}
```

上述是一个比较简单的模型，可以采用如下几种方案进行可视化。

第一种，利用 Caffe 自带的可视化脚本，在 Caffe 根目录下的 Python 目录下有 draw_net.py 脚本。draw_net.py 执行时带三个参数：第一个参数是网络模型的 prototxt 文件；第二个参数是保存的图片路径及名字；第三个参数是 rankdirx，有四种选项，即 LR、RL、TB 和 BT，用来表示网络的方向，分别对应从左到右、从右到左、从上到下和从下到上，默认为 LR。

第二种，利用开源项目 Netscope，它的可视化效果更好。上述模型结构可视化的结果如图 3.2 所示，可以看到模型采用了卷积和激活函数的堆叠，同时模型的数据输入层和最后的全连接层作为损失层与精度层的输入。

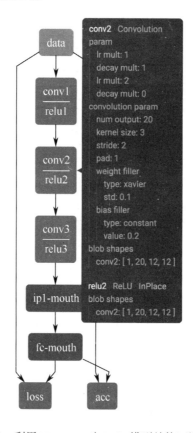

图 3.2　利用 Netscope 对 Caffe 模型结构可视化的结果

当想要看每一层的参数时，就可以将鼠标放在相应的结构块上，图 3.2 右侧的框内展示的就是第二个卷积层 conv2 的完整配置。

利用 Netscope 进行可视化的结果非常直观,其非常适用于对网络的结构进行调试和设计。

3.2.2　TensorBoard 可视化工具

Caffe 是早期的框架,采用 Protobuf 格式通过配置的方式来定义模型结构,而目前绝大部分框架都使用 Python 语言创建模型,最主流的框架是 TensorFlow 和 PyTorch。

以 TensorFlow 为例,官方配套 TensorBoard 工具,专门用于可视化,不仅可以可视化模型,还可以可视化自定义的各种变量。在定义模型时,必须使用 name scope 来确定模块的作用范围,添加部分名称和作用域,否则网络图会非常复杂。

与 Caffe 模型类似,这里同样可视化一个包含三个卷积层的卷积网络,其结构定义如下。

```python
import tensorflow as tf
debug=True
def simpleconv3net(x):
    x_shape = tf.shape(x)
    #添加第一个卷积层
    with tf.name_scope("conv1"):
        conv1 = tf.layers.conv2d(x, name="conv1", filters=12,kernel_size=[3,3], strides=(2,2), activation=
tf.nn.relu,kernel_initializer=tf.contrib.layers.xavier_initializer(),bias_initializer=tf.contrib.layers.xavier_initializer())
    #添加第一个 BN 层
    with tf.name_scope("bn1"):
        bn1 = tf.layers.batch_normalization(conv1, training=True, name='bn1')

    #添加第二个卷积层
    with tf.name_scope("conv2"):
        conv2 = tf.layers.conv2d(bn1, name="conv2", filters=24,kernel_size=[3,3], strides=(2,2), activation=
tf.nn.relu, kernel_initializer=tf.contrib.layers.xavier_initializer(),bias_initializer=tf.contrib. layers.xavier_ initializer())
    #添加第二个 BN 层
    with tf.name_scope("bn2"):
        bn2 = tf.layers.batch_normalization(conv2, training=True, name='bn2')

    ##添加第三个卷积层
    with tf.name_scope("conv3"):
        conv3 = tf.layers.conv2d(bn2, name="conv3", filters=48,kernel_size=[3,3], strides=(2,2), activation=
tf.nn.relu, kernel_initializer=tf.contrib.layers.xavier_initializer(),bias_initializer=tf.contrib.layers.xavier_initializer())
    #添加第三个 BN 层
    with tf.name_scope("bn3"):
        bn3 = tf.layers.batch_normalization(conv3, training=True, name='bn3')

    #添加 reshape 层
    with tf.name_scope("conv3_flat"):
        conv3_flat = tf.reshape(bn3, [-1, 5 * 5 * 48])

    #添加第一个全连接层
    with tf.name_scope("dense"):
        dense = tf.layers.dense(inputs=conv3_flat, units=128, activation=tf.nn.relu,name="dense",kernel_initializer
= tf.contrib. layers.xavier_initializer())
```

```
#添加第二个全连接层
with tf.name_scope("logits"):
    logits= tf.layers.dense(inputs=dense, units=2, activation=tf.nn.relu,name="logits",kernel_initializer=
tf.contrib.layers.xavier_initializer())
    return logits
```

要想利用 TensorBoard 进行可视化，必须在会话中通过 summary 存储网络图，命令为 summary = tf.summary.FileWriter("output", sess.graph)，最后利用 TensorBoard 在浏览器中查看可视化结果，如图 3.3 所示。

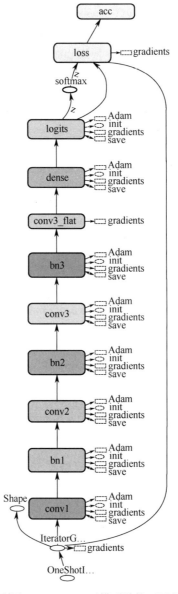

图 3.3　利用 TensorBoard 对模型结构可视化的结果

可以看出，上述模型结构的可视化方法和 Caffe 的差不多，除了 Caffe 模型结构的可视化需要输入模型配置文件。大部分深度学习框架都使用 Python 进行开发，其模型结构的可视化方法与 TensorFlow 相差不大。相比较来说，Caffe 的模型可视化方法更加简单直接，独立于代码，可以更便捷地看到每一层的参数配置。

开源框架众多，如果对每一种框架都需要学习一种工具进行可视化，不但学习成本较高，而且可迁移性差。下面介绍一些通用的可视化工具。

3.2.3　Graphiz 可视化工具

Graphiz 是一个由 AT&T 实验室启动的开源工具包，用于绘制 DOT 语言脚本描述的图形，使用它可以非常方便地对任何图形进行可视化。

Graphiz 的使用步骤包括创建图、添加节点与边和渲染图，下面是一个简单的案例。

```python
import graphviz

##创建图
dot = graphviz.Digraph(comment='example')

##添加节点与边
dot.node('A', 'leader')
dot.node('B', 'chargeman')
dot.node('C', 'member')
dot.node('D', 'member')

dot.edges(['AB', 'AC', 'AD', 'BC', 'BD'])

##渲染图
dot.render('test-output/team.gv', view=True)
```

其可视化结果如图 3.4 所示。

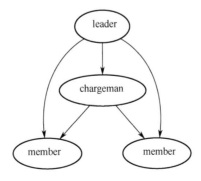

图 3.4　Graphiz 可视化结果

PyTorch 是当前学术界的主流训练框架，下面使用 Graphiz 来进行模型结构的可视化，核心代码如下。

```
# coding:utf8
import torch
import torch.nn as nn
import torch.nn.functional as F
from torch.autograd import Variable
import numpy as np

#使用 Graphiz 进行 PyTorch 模型结构的可视化
def make_dot(var, params=None):
    #将 PyTorch autograd graph 生成 Graphiz 图，蓝色节点是需要求导的变量，橙色节点是反向传播中
存储的变量
    # var: 输出变量
    # params: 用于添加节点的字典

    if params is not None:
        assert isinstance(params.values()[0], Variable)
        param_map = {id(v): k for k, v in params.items()}

    #设置属性
    node_attr = dict(style='filled',
                     shape='box',
                     align='left',
                     fontsize='12',
                     ranksep='0.1',
                     height='0.2')

    #创建图
    dot = Digraph(node_attr=node_attr, graph_attr=dict(size="12,12"))
    seen = set()

    def size_to_str(size):
        return '('+(', ').join(['%d' % v for v in size])+')'

    #添加节点
    def add_nodes(var):
        if var not in seen:
            if torch.is_tensor(var):
                dot.node(str(id(var)), size_to_str(var.size()), fillcolor='orange')
            elif hasattr(var, 'variable'):
                u = var.variable
                name = param_map[id(u)] if params is not None else "
                node_name = '%s\n %s' % (name, size_to_str(u.size()))
                dot.node(str(id(var)), node_name, fillcolor='lightblue')
            else:
                dot.node(str(id(var)), str(type(var).__name__))
```

```
                seen.add(var)
                if hasattr(var, 'next_functions'):
                    for u in var.next_functions:
                        if u[0] is not None:
                            dot.edge(str(id(u[0])), str(id(var)))
                            add_nodes(u[0])
                if hasattr(var, 'saved_tensors'):
                    for t in var.saved_tensors:
                        dot.edge(str(id(t)), str(id(var)))
                        add_nodes(t)
        add_nodes(var.grad_fn)
        return dot


#三层卷积+BN 层+全连接层的模型
class simpleconv3(nn.Module):
    def __init__(self):
        super(simpleconv3,self).__init__()
        self.conv1 = nn.Conv2d(3, 12, 3, 2)
        self.bn1 = nn.BatchNorm2d(12)
        self.conv2 = nn.Conv2d(12, 24, 3, 2)
        self.bn2 = nn.BatchNorm2d(24)
        self.conv3 = nn.Conv2d(24, 48, 3, 2)
        self.bn3 = nn.BatchNorm2d(48)
        self.fc1 = nn.Linear(48 * 5 * 5 , 1200)
        self.fc2 = nn.Linear(1200 , 128)
        self.fc3 = nn.Linear(128 , 2)

    def forward(self , x):
        x = F.relu(self.bn1(self.conv1(x)))
        #print "bn1 shape",x.shape
        x = F.relu(self.bn2(self.conv2(x)))
        x = F.relu(self.bn3(self.conv3(x)))
        x = x.view(-1 , 48 * 5 * 5)
        x = F.relu(self.fc1(x))
        x = F.relu(self.fc2(x))
        x = self.fc3(x)
        return x

if __name__ == '__main__':
    x = Variable(torch.randn(1,3,48,48))
    model = simpleconv3()
    y = model(x)
    g = make_dot(y)
    g.view()
```

PyTorch 模型结构可视化结果如图 3.5 所示。

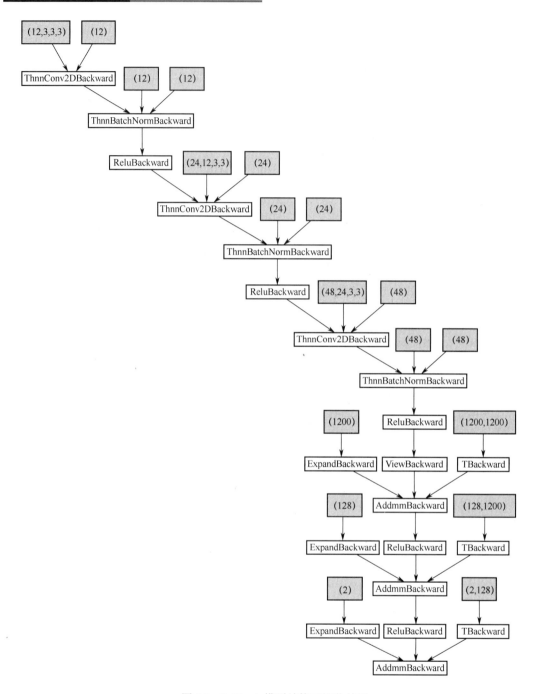

图 3.5　PyTorch 模型结构可视化结果

3.2.4　Netron 可视化工具

由于开源框架众多，因此有研究者开发了可以可视化各大深度学习开源框架模型结构和权重的项目，其中以 Netron 为代表。

目前 Netron 支持大部分主流深度学习框架的模型格式，包括：ONNX (.onnx, .pb, .pbtxt)，Keras (.h5, .keras)，Core ML (.mlmodel)，Caffe (.caffemodel, .prototxt)，Caffe2 (predict_net.pb, predict_net.pbtxt)，MXNet (.model, -symbol.json)，TorchScript (.pt, .pth)，NCNN (.param)，TensorFlow Lite (.tflite)，PyTorch (.pt, .pth)，Torch (.t7)，CNTK (.model, .cntk)，Deeplearning4j (.zip)，PaddlePaddle (.zip, __model__)，Darknet (.cfg)，Scikit-learn (.pkl)，TensorFlow.js (model.json, .pb)，TensorFlow (.pb, .meta, .pbtxt)。其支持常见平台，包括 macOS、Linux、Windows 本地端及 Web 端。

其可视化的方法非常简单：找到对应的模型，然后双击就可以。图 3.6～图 3.11 展示了一些主流框架的模型结构可视化结果。

对 Caffe 模型结构可视化的输入可以是 prototxt 文件或 caffemodel 文件，分别可视化训练网络配置文件 train.prototxt 和测试网络配置文件 deploy.prototxt，结果对比如图 3.6 所示。

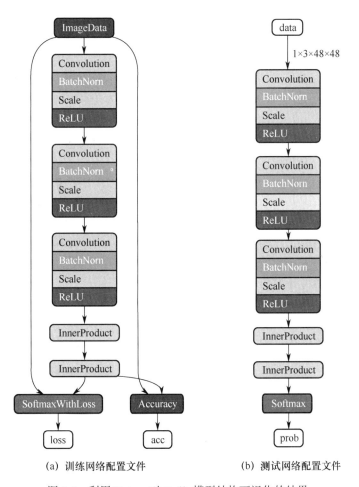

（a）训练网络配置文件　　　　　　（b）测试网络配置文件

图 3.6　利用 Netron 对 Caffe 模型结构可视化的结果

图 3.6（a）是训练网络配置文件的可视化结果，图 3.6（b）是测试网络配置文件的可视化结果。Netron 的可视化结果与 Netscope 相差不大，从测试网络可以直观看到输入图像的大

小为 48×48。如果想要查看某一个网络层的细节，可以单击该网络层，直接查看网络配置参数的细节，如图 3.7 所示。

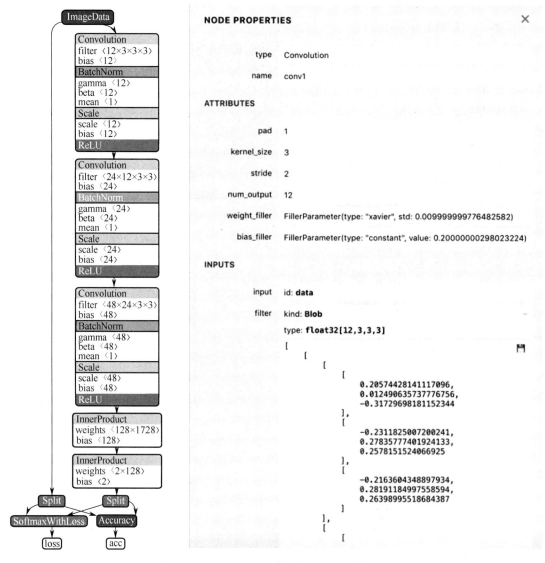

图 3.7　Netron 对 Caffe 模型权重可视化的细节

假如输入的是训练好的 caffemodel 权重文件，就可以直接查看每一个网络层的权重，通过将参数一键导出为 npy 文件，可以简单统计权重的分布。

如图 3.8 展示了该简单模型的权重统计结果，总共 100 个统计区间，统计范围为−2～2。可以看出，大部分值都非常接近 0，说明模型有很好的稀疏性。

其他框架的可视化结果也差不多，图 3.9 是对 Keras 模型结构可视化的细节。对 Keras 模型结构进行可视化，需要读入 json 格式的模型文件，可以通过 model.to_json()将模型存储为 json 文件。

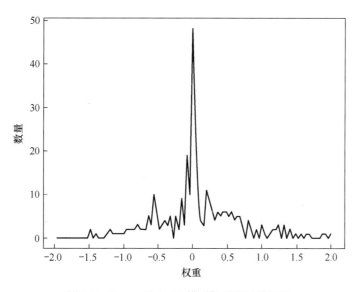

图 3.8　Netron 对 Caffe 模型权重统计的细节

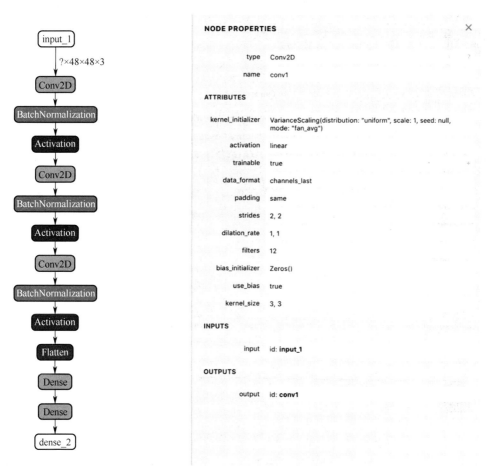

图 3.9　Netron 对 Keras 模型结构可视化的细节

要想可视化 TensorFlow 的模型结构，就必须先将模型存储为 pb 格式，同时保存好模型结构和参数。Netron 对 TensorFlow 模型结构可视化的细节如图 3.10 所示。

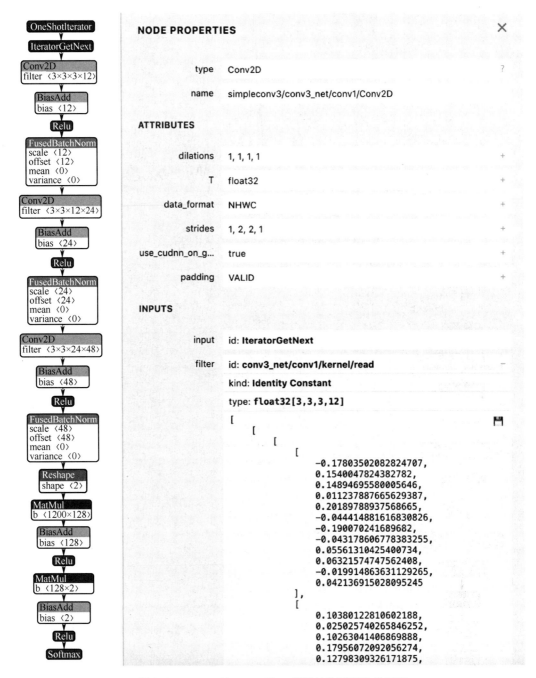

图 3.10　Netron 对 TensorFlow 模型结构可视化的细节

MxNet 通过 symbol 接口定义模型，模型结构一般存在后缀为 symbol.json 的文件中，因此载入该文件即可进行可视化。Netron 对 MxNet 模型结构可视化的细节如图 3.11 所示。

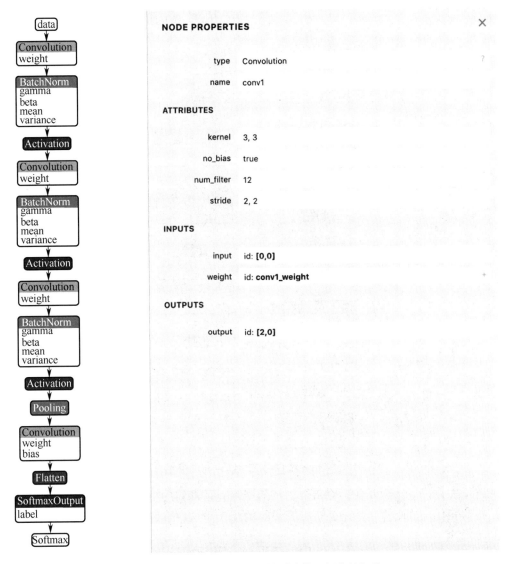

图 3.11 Netron 对 MxNet 模型结构可视化的细节

对于 PyTorch 模型，可以直接载入 pt 格式的权重文件进行可视化，但更好的做法是先将其转换为 ONNX 格式，在转换过程中会对一些网络层进行合并，以减小模型的体积和加快推理速度。另外，需要指定网络的输入尺寸。代码如下。

```
import torch
from net import simpleconv3
mynet = simpleconv3(2)
mynet.load_state_dict(torch.load('model.pt',map_location=lambda storage,loc: storage))
mynet.train(False)
dummy_input = torch.randn((1,3,48,48))
torch.onnx.export(mynet, dummy_input, "model.onnx", verbose=False)
```

Netron 对 ONNX 模型结构可视化的细节如图 3.12 所示。

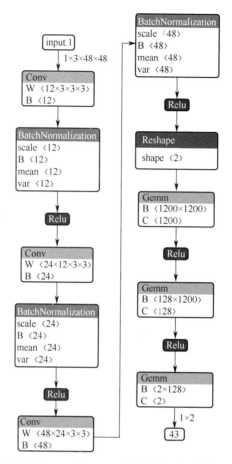

图 3.12　Netron 对 ONNX 模型结构可视化的细节

　　通过可视化模型结构，我们对需要训练的网络有了整体的把握，在修改代码后可以查看模型结构的变化，从而检查模型是否符合设计的初衷，这在训练大模型与小模型时都是非常实用的。

3.3　模型参数与特征可视化

　　一个模型常有百万个甚至千万个参数，能否通过可视化的方法来直观评判模型的好坏呢？本节介绍如何通过可视化模型参数与激活值来增进对模型的理解。

3.3.1　参数可视化

　　CNN 与人脑的分层学习机制类似，从网络的底层到高层，所学习的知识抽象层次不断增加。其在网络底层学习的特征是边缘，随着网络加深，逐渐学习目标形状，最后学习语义级别的目标。越是在网络浅层，卷积核的感受野越小，看到的越是局部的信息，而越是在网络深层，感受野越大，看到的越是全局的信息，因此学习的知识越抽象。

假设某一层输入通道数是 N，输出通道数是 M，我们称之为 M 个特征。对于正常的多通道卷积，需要的卷积核数量是 $N×M$，每 N 个为一组，对应 M 个特征中的一个。当需要可视化某一组卷积核学习的知识时，可以单独对每个卷积核进行可视化，如图 3.13 所示。

图 3.13　单个卷积核可视化

但是，在多通道卷积中，卷积核实际上是有分组关系的，每组卷积核会与输入的所有通道进行卷积。由于大部分网络的输入都是 RGB 彩色图，所以数据层的通道数为 3，即第一个卷积的输入通道数为 3。假设第一个卷积的输出通道数为 C，卷积核大小为 $K×K$，卷积参数量就是 $C×3×K×K$。每三个卷积核实际上为一组，包括三个 $K×K$ 大小的卷积核，它分别与输入 RGB 彩色图的三个通道进行卷积来提取特征，所以一次对一组卷积核进行可视化更有意义。

不过，除了第一个卷积层，输入特征图的通道数一般远大于 3，因此，对于卷积参数的可视化，我们一般可视化第一个卷积层。可以将每组卷积核直接转换为一个彩色图，从而很直观地可视化第一层的卷积参数。对于任意的卷积网络，只要其输入层的图片通道数为 3，该方法都是通用的。

通常情况下，我们希望第一个卷积层学习的权重模式足够丰富，这样就表明模型有强大的底层特征提取能力。

图 3.14 从左到右分别展示了 AlexNet、VGGNet 和 MobileNet 的第一层卷积参数可视化的结果，它们的输出通道数分别是 96、64 和 32。

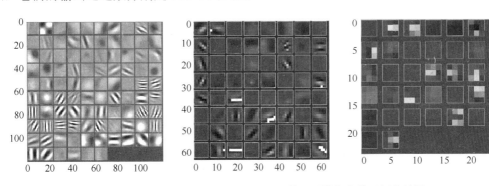

图 3.14　AlexNet、VGGNet 和 MobileNet 第一层卷积参数可视化结果

以 AlexNet 模型为例，对第一层卷积 96 个通道进行彩色图可视化后发现，其中有一些卷积核为灰度图，说明其三个通道的对应参数数值相近，学习的是与颜色无关的特征；有一些卷积核为彩色图，说明其三个通道的特征差异大，学习的是与颜色有关的特征；有一些卷积

核是不同方向的滤波器，与 Gabor 滤波器非常像，说明学习的是与边缘和梯度相关的特征。

3.3.2 激活值可视化

对每层的激活值进行可视化，也是一种非常直观的方法，通过这种方法可以直接观测各层的特征值，判断其是否学习到足够具有表达能力的特征。

图 3.15 展示了一个 RGB 图像，以及 AlexNet、VGGNet 和 MobileNet 第一层卷积的输出特征图。

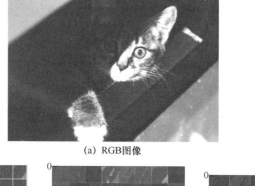

(a) RGB图像

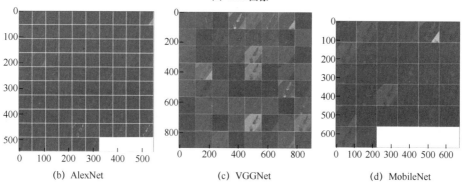

(b) AlexNet (c) VGGNet (d) MobileNet

图 3.15　RGB 图像，以及 AlexNet、VGGNet 和 MobileNet 第一层卷积的输出特征图

从图 3.15 中可以看出，经过第一层卷积后，模型提取了各类边缘与颜色特征，而且特征图有一定的冗余性。可以继续对高层的特征进行可视化，查看模型是否学习了足够抽象的特征。

3.3.3 工具

为了方便查看模型的参数及特征，许多研究者都开发过相关的工具[1]，下面介绍一个功能比较完善的工具——加拿大蒙特利尔一家公司开发的 3D 可视化工具 Zetane Engine。通过上传一个模型和数据，该工具可以可视化网络中任何一层的特征图，特征图的展示方式比较丰富，支持二维图、三维图和数值直方图。

以 3.2 节的 ONNX 模型为例，图 3.16 是 Zetane Engine 对输入数据的可视化结果，UserInput 表示输入。可以看到，图 3.16 左侧图像原始大小为 60×60，RGB 的三个通道分别用灰度图展示，而模型的输入张量大小为 1×3×48×48。图 3.16 右上方展示了对所有灰度值的直方图统计，最大像素灰度值为 250，最小像素灰度值为 24.3，平均像素灰度值为 155，右下方则通过伪彩色的方式显示了输入的一个通道。

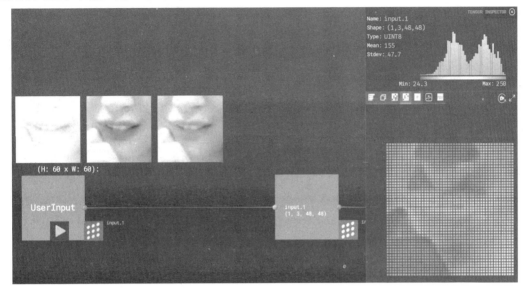

图 3.16　Zetane Engine 对输入数据的可视化结果

图 3.17 所示为 Zetane Engine 对卷积层特征的可视化结果，输出特征图大小为 1×12×23×23，图中左侧展示了平铺的一些特征图，右下方则展示了 3D 视角的结果。

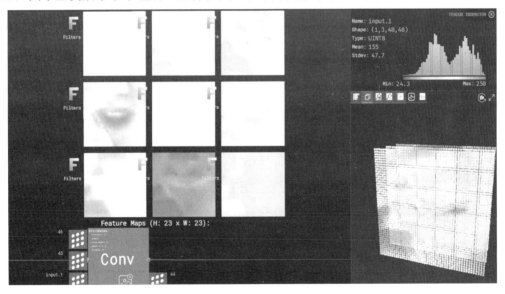

图 3.17　Zetane Engine 对卷积层特征的可视化结果

图 3.18 所示为 Zetane Engine 对输出预测结果的可视化结果，输出向量大小为 1×2，右下角展示了 Top 2 分类结果，即 2 个类别的未经过 Softmax 映射的原始结果，通过值的大小可以获得最大通道的索引值，即分类的结果。

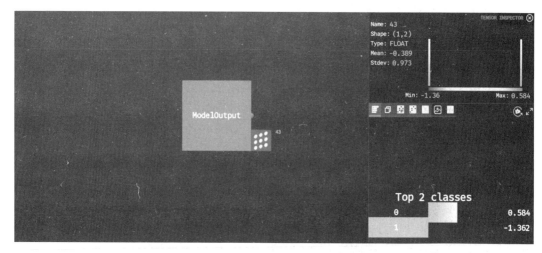

图 3.18　Zetane Engine 对输出预测结果的可视化结果

3.4　输入区域重要性可视化

　　输入图片中包含了很多像素，但前景和背景对神经网络的重要性显然是不一样的，即使前景的各个像素，其重要性也不一样。通过对输入中各元素的重要性进行量化和分析，读者能够理解什么内容会影响模型的输出。一个很常见的相关研究领域就是目标显著性（Saliency Detection）检测，所得的结果可以称为敏感图（Sensitivity Map）或显著图（Saliency Map）。本节将介绍对输入区域重要性的可视化方法，从输入图像的角度解释 CNN 关注图片中的什么目标。

3.4.1　基本原理

　　最大激活区域可视化，即对不同的图片，找到能够使特定卷积核获得最大激活值对应的图片样本中的有效区域，一般的流程包含以下几个步骤。

　　第一步，准备一个比较大的测试数据集，把所有图片送入网络后，记录激活响应图，得到每一层的激活特征图。

　　第二步，假如需要观测某一个卷积核的激活区域模式，则只需要对所有激活特征图根据最大激活值进行排序，记录对应的图像样本。

　　第三步，将激活特征图上采样到图像空间中，根据激活值进行二值化，根据结果掩模就可以在图像中分割出语义区域。越是高层的特征图，越可以定位到图像中完整的语义目标，这反映了高层的卷积核已经学习到目标检测的能力。

　　后来研究者将该思想进行拓展，提出"网络解剖"（Network Dissection）方法，使网络可以自动标定每个卷积核对应的语义概念，并且通过图像分割掩模的准确性来对语义检测概念，或者检测能力进行量化，其原理如图 3.19 所示。

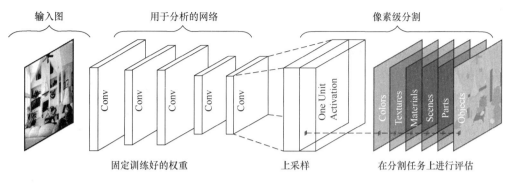

图 3.19　网络解剖可视化原理

网络解剖方法的基本原理是将每个卷积核对应的最大激活特征图上采样到图像空间中，根据激活值进行二值化，得到掩模，将其与图片的所有真实语义标签进行 IoU 计算，假如其最大的 IoU 值超过 0.04，即认为该卷积核学习到有效的语义信息，即 IoU 重叠度最大的语义类别。

3.4.2　基于反向传播的输入可视化

前述方法通过对最大激活值进行统计来直接推断激活神经元的像素区域，而更加直观的方法是直接基于反向传播的思路来进行计算，它通过计算像素的梯度来作为重要性因子，在进行可视化时，通常使用图像乘以梯度作为结果图。这类方法称为基于反向传播的输入可视化方法，或者简称梯度计算法。

梯度计算法包括标准的梯度计算法及它的一些改进版本，如平滑梯度（Smooth Grad）法、导向反向传播（Guided Backprop）法和积分梯度（Integrated Gradients）法等。

图 3.20 展示了梯度计算法可视化的典型结果。

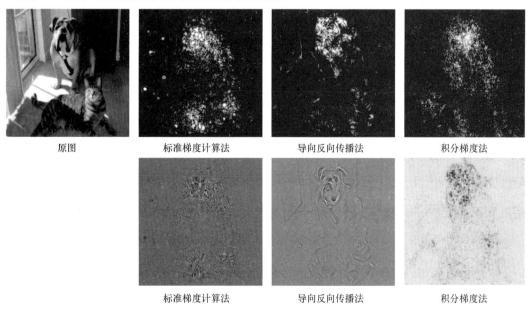

图 3.20　梯度计算法可视化的典型结果

1．平滑梯度法

基于反向传播的输入可视化方法得到的结果往往是图像边缘像素获得大的响应，因为这些像素的梯度较大，但带来的一个主要问题是结果图中噪声过多。

一个比较典型的改进方法是在原图的基础上，添加随机高斯噪声，得到多幅图，然后对这些图像的结果图进行平均，这实际上相当于对局部梯度进行了平滑，从而减少了结果图中的噪声。

2．导向反向传播法

在导向反向传播法中，除了 ReLU 层，卷积层和池化层都采用正常的反向传播算法，而对于 ReLU 层，小于 0 的梯度被置为 0，然后继续进行传播，这与 ReLU 层在正向传播中的计算方法一致。导向反向传播法通过去掉无效的梯度，同样减少了结果图中的噪声。

3．积分梯度法

积分梯度法是对标准梯度计算法的一个典型改进，它的核心思路是考虑当输入像素只有部分信息能够输入网络时，对各部分输入能够得到梯度，然后基于这些梯度来计算重要性。积分梯度法可以估计像素的全局重要性，而不仅仅是局部重要性。

首先我们需要一个线性采样，它从空的输入到完整的图片都可采样，可充分考虑在不同上下文环境中，输入单元对神经网络输出的重要性。其连续积分形式的定义如下：

$$\phi_{\text{IG}}(i) = (x_i - x_i') \int_{\alpha=0}^{1} \frac{\partial f(x' + \alpha(x - x'))}{\partial x_i} \mathrm{d}\alpha \tag{3.1}$$

具体实现时采用离散积分的形式，如下：

$$\phi_{\text{IG}}(i) = (x_i - x_i') \sum_{k=1}^{m} \frac{\partial f\left(x' + \frac{k}{m}(x - x')\right)}{\partial x_i} \times \frac{1}{m} \tag{3.2}$$

3.4.3 类激活映射可视化

前述方法通过对最大激活特征图进行二值化，可以找到图像中的有效激活区域，但是其计算量较大，要想获得比较准确的区域定位结果，必须要有足够多的样本来进行最大激活值统计。

假如我们只关注最终任务，即从输入图像中找出对最终高层语义任务有较大贡献的区域，比如分类为某个类别的区域，则可以采用类激活映射（Class Activation Mapping，CAM）。它可以反映网络到底在学习图像中的什么信息、是否学习到对任务真正有用的信息，其结果为敏感图。

1．CAM

图 3.21 展示了 CAM 可视化的原理。

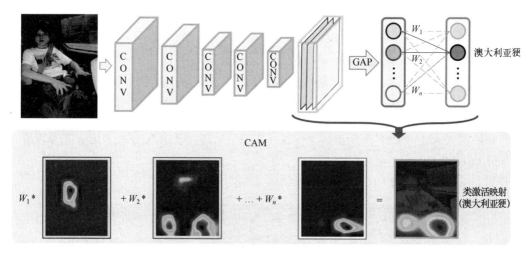

图 3.21　CAM 可视化原埋

对于一个深层的卷积神经网络，通过多次卷积和池化之后，最丰富的空间与语义信息被包含在最后一个卷积层中，这也是人眼可以理解的最深层的信息，之后就是以全连接层和 Softmax 层为代表的分类层。

对于一个图像分类任务，CAM 框架首先利用全局平均池化（Global Average Pooling，GAP）对最后一个卷积特征层进行池化，替换经典模型中的全连接层。

假设特征图为 f，通道数为 N，分类类别数为 C，需要使用 $N×C$ 大小的矩阵 $\boldsymbol{w}$ 获得 Softmax 映射层的输入 S，从而获得各个类的输出概率，则某个类别 c 对应的 S_c 的计算如下：

$$S_c = \sum_k \boldsymbol{w}_k^c \sum_{x,y} f_k(x,y) = \sum_{x,y} \sum_k \boldsymbol{w}_k^c f_k(x,y) \qquad (3.3)$$

式中，x 和 y 对应图像的高与宽。

如果不考虑式（3.3）中的求和操作，可以定义对应类别 c 的类激活映射热图 M_c，如下：

$$M_c = \sum_k \boldsymbol{w}_k^c f_k(x,y) \qquad (3.4)$$

S_c 实际上就是 M_c 对空间位置的求和，在不同的空间位置有不同的值，其中越重要的区域值越大。将 M_c 直接上采样到原图中，就能观察在原图中对应的激活区域，查看模型是否定位到了重要语义区域，从而实现对模型有效性的分析。

2．Grad-CAM

原始的 CAM 无法直接对现有的一些基于全连接的分类模型进行可视化，因为它需要利用 GAP 层进行改造，所以后来研究者对它进行改进，提出了 Grad-CAM。

Grad-CAM 的核心思想就是不再需要修改已有的模型结构，而且不再局限于图像分类任务。

假设 A 表示特征图，K 表示通道数，C 表示类别数，y 表示预测值，可以是多种任务的预测值，常见的如图像分类的类别和回归任务的数值。我们定义第 k 个特征图对第 c 类预测值的重要性如下：

$$\alpha_k^c = \sum_{x,y} \partial y^c / \partial A_{i,j}^k \qquad (3.5)$$

类激活图就可以采用式（3.6）进行计算。

$$M_c = \sum_k \alpha_k^c A^k \qquad (3.6)$$

与原始的 CAM 相比，基于梯度来定义重要性，比基于直接的连接来定义重要性更加通用，因此 Grad-CAM 应用更加广泛。

使用 Grad-CAM 对分类结果进行解释的效果如图 3.22 所示。

原图　　　　　　　　　分类为猫的依据　　　　　　　分类为狗的依据

图 3.22　使用 Grad-CAM 对分类结果进行解释的效果

除了直接生成热力图对分类结果进行解释，Grad-CAM 还可以与其他经典的模型解释方法如导向反向传播法相结合，得到更细致的解释，如图 3.23 所示。

原图　　　　　　　　　分类为猫的依据　　　　　　　分类为狗的依据

图 3.23　Grad-CAM 与导向反向传播法结合对分类结果进行解释的效果

3.5　输入激活模式可视化

对于深层卷积，由于输入的通道数不再为 3，所以无法像第一层那样直接将卷积核本身投射到三维的图像空间进行直观的可视化。大多数时候，我们对深层卷积的可视化不再关心卷积核，而是关心激活值较大的特征图，因为它们会对模型的输出有较大影响。可视化的目标是可视化模型感兴趣的输入模式，即什么样的图片可以使模型有最大的激活值，获得想要的结果，这类方法可以归为激活模式最大化可视化方法。

3.5.1　概述

具体考虑最大化激活模式时，有很多种选择，是单个神经元、某个通道、某个网络层、Softmax 前的激活值还是 Softmax 之后的概率，不同的选择自然会带来不同的可视化结果，如图 3.24 展示了不同最大化激活模式的输入可视化结果。

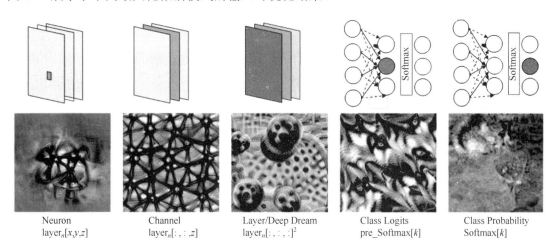

Neuron	Channel	Layer/Deep Dream	Class Logits	Class Probability
layer$_n$[x,y,z]	layer$_n$[$:, :, z$]	layer$_n$[$:, :, :$]^2	pre_Softmax[k]	Softmax[k]

图 3.24　不同最大化激活模式的输入可视化结果

图 3.24 中以不同的网络结构为目标，可以找到不同的最大化输入图像。其中，n 为层序号，x 和 y 为空间位置，z 为通道序号，k 为类别序号。

要理解网络中的特征，比如特定位置的某个神经元，或者整个通道甚至整个网络层，可以找让这个特征产生很大值的样本，大多数的研究方法都是以通道作为目标来研究的。

假如要从分类器的阶段出发找到输入样本，会遇到两个选择：优化 Softmax 前的激活值；优化 Softmax 后的类别概率。Softmax 前的激活值其实可以看作每个类别出现的证据确凿程度，Softmax 后的类别概率就是在给定的证据确凿程度上的似然值。不过遗憾的是，增大 Softmax 后的某类类别概率最简单的办法不是增加这一类的概率，而是降低别的类的概率。

3.5.2　梯度计算法

Dumitru Erhan 等人在 2009 年提出从深度信念网络（Deep Belief Network，DBN）的输出进行从顶到底的计算来得到输入样本，用于可视化激活模式。2013 年，Karen Simonyan 等人首次将其应用到深层图像分类网络的可视化中。这是一种基于网络的激活模式最大化可视化方法，它不依赖真实的图像数据，通过最大化某个神经元的激活模式，采用梯度计算法来对输入进行优化求解。其基本原理如下：

$$\arg\max(a_{i,l}(\theta,x) - \lambda(x)) \tag{3.7}$$

式中，l 表示网络的第 l 层；x 表示要优化的输入；i 表示第 i 个神经元；θ 表示要优化的参数；

$\lambda(x)$表示一个正则项，用于约束x有真实图像时的一些分布特性，比如局部平滑性。

以最大化分类网络的某个类别的输出概率为例，一个实际的优化目标如下：

$$\arg\max S_c(I) - \lambda |I|^2 \tag{3.8}$$

式中，c是类别；S_c是该类别的分数（Score），它是没有归一化的 Softmax 层的输出。之所以不进行归一化，是因为如果归一化，有可能优化式（3.8）变成了最小化其他类别的分数，而我们想要的是最大化本类别的分数。资料显示，以 Softmax 前的激活值作为优化目标可以带来更高的图像质量。

式（3.8）优化的目标，是通过求解I，使式（3.8）最大化，其中$|I|^2$是一个二阶正则项。在反向传播的过程中，网络的权重是不会变化的。初始化的输入图I，通常采用训练集的平均值。

式（3.8）可以通过当前的反向传播机制进行学习，只是需要学习的是输入图像而不是模型权重。

我们考虑线性近似模型，有

$$S_c(I) = w_c^T I + b_c \tag{3.9}$$

计算S_c对I的偏导数，可以得到w，它反映的是每个图像像素对输出结果的敏感程度，因此w也可以被当作显著目标图。

图 3.25 展示了一些基于梯度计算法的可视化结果。

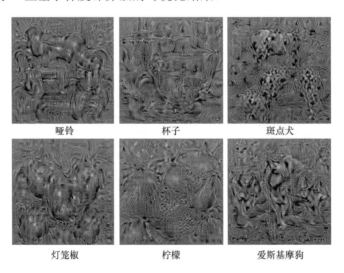

哑铃　　　　　　杯子　　　　　　斑点犬

灯笼椒　　　　　柠檬　　　　　　爱斯基摩狗

图 3.25　基于梯度计算法的可视化结果

由于卷积神经网络的底层滤波器提取的主要是高频纹理信息而不是低频颜色信息，这会使原生的基于梯度计算法的可视化结果存在较多的噪声，与真实的图片差异较大。一些研究者致力于能够获得更加真实的激活模式，通过添加一些约束来使生成的图片更接近自然图像，常见的操作包括权重衰减、梯度约束、全变分约束、图像去模糊、图像抖动、图像块约束、生成对抗网络应用等，下面介绍较为通用的一些方法。

1. 权重衰减与梯度约束

权重衰减和梯度约束方法是常用的机器学习正则化技巧，它们可以约束参数的范数，获得更加稳定的模型。我们可以将其应用于生成的图片，使其具有越小的灰度值范围，获得更加简单的背景。

可以使用 α 范数约束，如式（3.10）。其中 x 是减去均值后的图像向量。越大的 α 范数，要求 x 具有越小的灰度值范围。

$$\mathcal{R}_\alpha(I) = \|x\|_\alpha^\alpha \tag{3.10}$$

2. 全变分约束与图像去模糊

经典的图像降噪方法可以被用于减少生成图像中的噪声，其中采用全变分损失函数和基于邻域的图像滤波操作都是非常通用的技巧。

全变分约束是二阶平滑项，用于约束生成的图片，使图像的相邻像素灰度更加平滑，减少噪声。也可以通过图像去模糊的方式进行约束，直接采用高斯模糊核来滤除噪声。

3. 图像抖动（Image Jittering）

Google Brain 团队的 Deep Dream 工作在梯度计算法的基础上采用图像抖动的方式进行改进，通过输入随机噪声和想让网络学习某一类图像的先验知识，对 Inception 网络进行逐层的特征可视化，如图 3.26 展示了其中一个案例。

图 3.26　Deep Dream 生成的某一层的图像

Deep Dream 的主要原理是从一张大图中随机裁剪子区域进行更新，每个像素值都由不同位置的多个子区域进行更新学习，因此其实际上是一种邻域平均方法，与全变分约束和图像去模糊类似。由于不同位置共享信息，需要有较大的感受野，因此该方法对于更加深层的神经元可视化更合适。图 3.26 中由深层神经元可视化的结果生成的图片，如同人类梦境中生成的不真实却又有辨识度的场景一样。

4. 图像块约束

我们不仅要求生成的图片具有平滑的灰度分布，还希望其颜色能和自然图像的分布接近，因此可以使用图像的先验灰度分布进行约束。

有人对同一类别的训练集图片和验证集图片，经过特征提取后得到 256 维的特征，构建了 100 万个成对的向量对，以及对应的 67×67×3 大小的图像对作为数据集。另外，在损失函数中添加了基于图像块的像素灰度欧式距离作为正则项。具体来说，给定一个需要重建的向量，在数据集中匹配到最近邻的特征向量，就可以获得对应的真实 RGB 图片，将其作为需要学习的颜色约束。

5．生成对抗网络应用

从随机的噪声开始基于梯度进行迭代的方法生成的图片总会存在一些不真实和难以理解的结果，因为没有更高层次的语义级约束。当前生成对抗网络可以生成质量非常高的图片，它的特点是可以生成非常接近自然图像的结果，纹理真实且丰富，因此有研究者利用生成器来进行图片生成，替代了基于梯度计算法的图像迭代更新过程，通过直接优化生成器的输入向量，显著改善了生成结果。

图 3.27 展示了基于生成器的输入可视化。

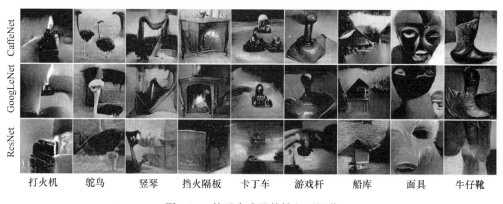

图 3.27　基于生成器的输入可视化

3.5.3　反卷积法

反卷积法与梯度计算法不同，它的核心思想是利用上采样从特征空间逐步恢复到图像空间，必须使用真实的输入数据进行前向传播和反向传播。

假设要可视化某一个特征图的一个神经元，即特征图的一个像素的激活，则首先从数据集中计算多个输入图像各自经过前向传播后在这个神经元上产生的激活，取出激活值最大的一些图像，这些图像是真实的输入图；然后将这些图在这个神经元上产生的激活进行反向传播，直到回到图像空间。

反向传播的模型结构和前向传播的模型结构是对应的，其中与池化对应的就是反池化（Uppooling），它通过在卷积过程中的最大池化处记录下最大激活值位置，在反卷积时进行恢复。与卷积对应的就是转置卷积，激活函数则仍然不变。

图 3.28 是反卷积可视化原理示意。

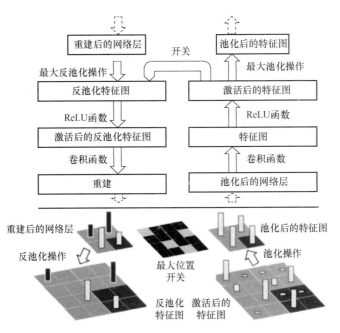

图 3.28　反卷积可视化原理示意

完整的可视化流程包括如下几个步骤。

（1）从样本集中选择 N 个样本输入网络，进行前向传播，统计各个通道特征图的激活值。

（2）当想对某一层进行可视化分析时，对该层的特征通道的激活值进行排序，选择激活值最大的特征通道，将其作为该层最显著的特征。

（3）保留激活值最大的特征通道，将其他通道置为 0，进行反向计算，往图像空间进行上采样，每次反向计算都可以与样本的前向计算过程对应上。

（4）反向计算结束，得到图像空间中的图，它是一个重建图（见图 3.29 中的左图），类似特征图，但并不是实际样本经过网络前向传播后计算出来的特征图，而是经过反向计算后的重建图。虽然它的语义特征与对应前向计算的 RGB 图相似（见图 3.29 中的右图），但纹理与颜色细节明显不同，这是因为卷积和池化过程可逆，但激活函数不可逆。

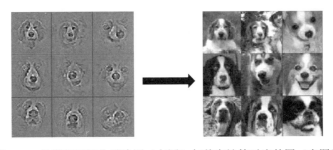

图 3.29　反卷积可视化重建图（左图）与前向计算对应的图（右图）

无论是不依赖真实样本优化的梯度计算法，还是依赖真实样本的反卷积法，都通过激活特征的最大化可视化，反映了什么样的模式可以让神经元激活，也就反映了模型所学习的特征，可以作为对高维卷积权重可视化分析的重要工具。

3.5.4 网络反转法

无论是基于梯度计算法的激活特征最大化，还是基于反卷积法的最大化，本质上都是间接寻找能最大限度激活特定神经元的输入，优化的目标是神经元。我们也可以采用更加直接的方法来重建输入可视化，以整个网络层为研究对象，这就是网络反转（Network Inversion）法。

网络反转法直接从某层的特征图开始，通过最小化重建图像 I_{re} 与输入图像 I 在该层的特征距离来对原始图像进行重建，目标是希望重建图像 I_{re} 与输入图像 I 之间的特征越相似越好。对于分类任务来说，这意味着它们应该在聚类后的特征空间中处于相同的簇，可以反映到底什么信息被保存在网络层中。

典型的优化目标如式（3.11）。

$$\arg\min(\mathcal{L}(A(x), A(x_0)) - \lambda(x)) \tag{3.11}$$

式中，A 表示某一层的激活函数；x_0 表示原图；x 表示重建图；$\mathcal{L}$ 是一个距离函数，常见的为 L1 距离和 L2 距离。

完整的流程包括如下几个步骤。

（1）选择需要研究的目标层，根据输入真实图片 x_0 计算特征图 $A(x_0)$。

（2）初始化需要重建的图 x，计算特征图 $A(x)$。

（3）计算损失函数及梯度，反向传播更新图 x。

3.5.5 小结

从可视化的结果可以看出，卷积核（滤波器）学会了检测一些重要的语义信息。不同层的可视化结果验证了卷积神经网络的分层学习特性，从低层到高层，学习到的语义信息越来越抽象。

基于梯度计算法的激活模式最大化方法，没有借助卷积等网络层的可逆特性，直接从头优化出一幅完整的图像，过程比较复杂，需要较多的先验知识和正则化技巧才能获得比较平滑的图像。梯度计算法的分析对象并不直接是某一个神经元，而是某个激活的特定模式，比如最大化某个分类的输出概率。而反卷积法借助卷积等网络层的可逆特性，从一张真实图像的输出开始反向传播，它的分析对象就是能够最大化某个特定神经元的输入图像模式。网络反转法则直接以整个网络层为目标，重建特定的输入图像，以此来研究在网络层传播过程中被保留的信息。

这一类方法都以输入图像为学习目标，通过神经元的激活模式来间接对高层的神经元进行理解，了解网络学习到了什么"知识"，即学会了提取什么样的特征。许多经典算子，如 SIFT 特征和 HOG 特征，因为都是人为设计来提取特定的颜色、纹理和形状特征的，具有非常直接的语义可解释性，而本节介绍的方法使更高维的神经网络的特征算子（卷积核）也具有了语义可解释性，是理解神经网络非常重要的方法。

尽管输入重建的图像和人类可以理解的真实图片还有很大的差异，但可以使网络得到最大化激活，反映了当前神经网络容易遭受的攻击，这样的输入也被称为对抗样本（Adversarial Examples），在神经网络的鲁棒性研究中是非常重要的概念。

3.6　模型可视化分析实践

前面介绍了模型可视化的内容，下面对基于梯度计算法的可视化、反卷积可视化及 CAM 可视化方法进行实践，以加深读者对方法原理的理解和应用。本节实验的部分代码参考了 GitHub 上的开源项目 pytorch-cnn-visualizations。

3.6.1　基于梯度计算法的可视化

基于梯度计算法的可视化方法的原理参考式（3.7）。在训练好一个模型之后，我们通过优化输入图，获得某一层的最大激活值对应的输入，从而查看特定的网络层学习到的激活模式。

我们使用 VGG16 模型进行实验，核心代码如下。

```
#生成图片，最小化特征层的损失
class CNNLayerVisualization():
import os
import cv2
import numpy as np

import torch
from torch.optim import Adam
from torchvision import models
from PIL import Image

#预处理函数
def preprocess_image(cv2im, resize_im=True):
    #  ImageNet 数据集各个通道的均值与方差
    mean = [0.485, 0.456, 0.406]
    std = [0.229, 0.224, 0.225]

    #图像缩放
    if resize_im:
        cv2im = cv2.resize(cv2im, (224, 224))
    im_as_arr = np.float32(cv2im)
    im_as_arr = np.ascontiguousarray(im_as_arr[..., ::-1])
    im_as_arr = im_as_arr.transpose(2, 0, 1)   ##从 HWC 转成 CHW 格式

    #标准化
    for channel, _ in enumerate(im_as_arr):
        im_as_arr[channel] /= 255
```

```
            im_as_arr[channel] -= mean[channel]
            im_as_arr[channel] /= std[channel]

        #转成浮点型
        im_as_ten = torch.from_numpy(im_as_arr).float()

        #维度填充
        im_as_ten.unsqueeze_(0)

        #转成 PyTorch 变量
        im_as_var = Variable(im_as_ten, requires_grad=True)
        return im_as_var

#从 tensor 转成图像
def recreate_image(im_as_var):
    mean = [0.485, 0.456, 0.406]
    std = [0.229, 0.224, 0.225]
    recreated_im = copy.copy(im_as_var.data.numpy()[0])
    for c in range(3):
        recreated_im[c] *= std[c]
        recreated_im[c] += mean[c]
    recreated_im[recreated_im > 1] = 1
    recreated_im[recreated_im < 0] = 0
    recreated_im = np.round(recreated_im * 255)

    recreated_im = np.uint8(recreated_im).transpose(1, 2, 0)

return recreated_im

#生成图片，最小化特征层的损失
class CNNLayerVisualization():
    def __init__(self, model, selected_layer, selected_filter):
        self.model = model
        self.model.eval()
        self.selected_layer = selected_layer
        self.selected_filter = selected_filter
        self.conv_output = 0

        #随机初始化图片
        self.created_image = np.uint8(np.random.uniform(150, 180, (224, 224, 3)))
        if not os.path.exists('../generated'):
            os.makedirs('../generated')

    def visualise_layer_without_hooks(self):
        self.processed_image = preprocess_image(self.created_image)
```

```
        optimizer = Adam([self.processed_image], lr=0.1, weight_decay=1e-6)
        for i in range(1, 50):
            optimizer.zero_grad()

            x = self.processed_image
            for index, layer in enumerate(self.model):

                x = layer(x)
                if index == self.selected_layer:
                    break

            self.conv_output = x[0, self.selected_filter]
            loss = -torch.mean(self.conv_output)
            print('Iteration:', str(i), 'Loss:', "{0:.2f}".format(loss.data.numpy()))

            #反向传播，更新图片
            loss.backward()
            optimizer.step()
            #重新构建输入图
            self.created_image = recreate_image(self.processed_image)

            #存储结果
            if i % 10 == 0:
                cv2.imwrite('../generated/layer_vis_l' + str(self.selected_layer) +
                            '_f' + str(self.selected_filter) + '_iter'+str(i)+'.jpg',
                            self.created_image)

if __name__ == '__main__':
    # VGG 的卷积层索引值=0,2,  5,7,  10,12,14,  17,19,21,  24,26,28
    layers = [28,26,24,21,19,17,14,12,10,7,5,2,0]
    pretrained_model = models.vgg16(pretrained=True).features

    #可视化各层第 5 个通道的结果
    for layer in layers:
        cnn_layer = layer
        filter_pos = 5
        layer_vis = CNNLayerVisualization(pretrained_model, cnn_layer, filter_pos)
        layer_vis.visualise_layer_without_hooks()

    #可视化第 17 层的 10 个通道的结果
    channels = [10,20,30,40,50,60,70,80,90,100]
    for channel in channels:
        cnn_layer = 17
        filter_pos = channel
        layer_vis = CNNLayerVisualization(pretrained_model, cnn_layer, filter_pos)
        layer_vis.visualise_layer_without_hooks()
```

图 3.30 展示了最大化 VGG16 模型的一些网络层的第 5 个通道激活值的生成图像。

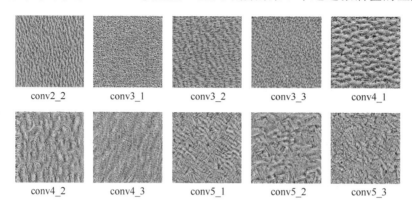

conv2_2   conv3_1   conv3_2   conv3_3   conv4_1

conv4_2   conv4_3   conv5_1   conv5_2   conv5_3

图 3.30　最大化 VGG16 模型的一些网络层的第 5 个通道激活值的生成图像

从图 3.30 中可以看出，从 conv2_2 到 conv5_3，越到网络的深层，学习到的生成图像抽象层级越高。

图 3.31 展示了最大化 VGG16 模型的 conv4_1 层中 10 个通道激活值的生成图像。

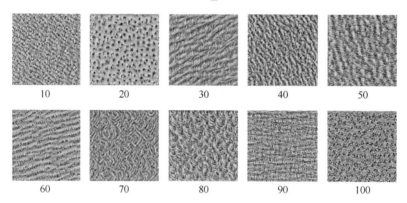

10   20   30   40   50

60   70   80   90   100

图 3.31　最大化 VGG16 模型的 conv4_1 层中 10 个通道激活值的生成图像

从图 3.31 中可以看出，同一个网络层图像抽象层级相同，不同通道学习到了丰富的模式。

3.6.2　反卷积可视化

下面进行反卷积可视化实践，其算法原理参考 3.5.3 节，同样使用 VGG16 模型进行实验。

1. 模型定义

首先来创建模型，包括 VGG16 模型与 VGG16 反卷积模型，其各自的定义如下。

```
##VGG16 模型
class Vgg16Conv(nn.Module):
    def __init__(self, num_cls=1000):
        super(Vgg16Conv, self).__init__()
        self.features = nn.Sequential(
```

```
            # conv1
            nn.Conv2d(3, 64, 3, padding=1),
            nn.ReLU(),
            nn.Conv2d(64, 64, 3, padding=1),
            nn.ReLU(),
            nn.MaxPool2d(2, stride=2, return_indices=True),

            # conv2
            nn.Conv2d(64, 128, 3, padding=1),
            nn.ReLU(),
            nn.Conv2d(128, 128, 3, padding=1),
            nn.ReLU(),
            nn.MaxPool2d(2, stride=2, return_indices=True),

            # conv3
            nn.Conv2d(128, 256, 3, padding=1),
            nn.ReLU(),
            nn.Conv2d(256, 256, 3, padding=1),
            nn.ReLU(),
            nn.Conv2d(256, 256, 3, padding=1),
            nn.ReLU(),
            nn.MaxPool2d(2, stride=2, return_indices=True),

            # conv4
            nn.Conv2d(256, 512, 3, padding=1),
            nn.ReLU(),
            nn.Conv2d(512, 512, 3, padding=1),
            nn.ReLU(),
            nn.Conv2d(512, 512, 3, padding=1),
            nn.ReLU(),
            nn.MaxPool2d(2, stride=2, return_indices=True),

            # conv5
            nn.Conv2d(512, 512, 3, padding=1),
            nn.ReLU(),
            nn.Conv2d(512, 512, 3, padding=1),
            nn.ReLU(),
            nn.Conv2d(512, 512, 3, padding=1),
            nn.ReLU(),
            nn.MaxPool2d(2, stride=2, return_indices=True)
        )

self.classifier = nn.Sequential(
        nn.Linear(512 * 7 * 7, 4096),
        nn.ReLU(),
        nn.Dropout(),
        nn.Linear(4096, 4096),
```

```
                nn.ReLU(),
                nn.Dropout(),
                nn.Linear(4096, num_cls),
                nn.Softmax(dim=1)
            )

            #卷积层的索引
            self.conv_layer_indices = [0, 2, 5, 7, 10, 12, 14, 17, 19, 21, 24, 26, 28]
            #特征图
            self.feature_maps = OrderedDict()
            #池化位置
            self.pool_locs = OrderedDict()
            #初始化权重
            self.init_weights()

        #模型初始化
        def init_weights(self):
            vgg16_pretrained = models.vgg16(pretrained=True)
            for idx, layer in enumerate(vgg16_pretrained.features):
                if isinstance(layer, nn.Conv2d):
                    self.features[idx].weight.data = layer.weight.data
                    self.features[idx].bias.data = layer.bias.data
            for idx, layer in enumerate(vgg16_pretrained.classifier):
                if isinstance(layer, nn.Linear):
                    self.classifier[idx].weight.data = layer.weight.data
                    self.classifier[idx].bias.data = layer.bias.data

        def check(self):
            model = models.vgg16(pretrained=True)
            return model

        def forward(self, x):
            for idx, layer in enumerate(self.features):
                if isinstance(layer, nn.MaxPool2d):
                    x, location = layer(x)
                else:
                    x = layer(x)

            #变换为(1, 512 * 7 * 7)
            x = x.view(x.size()[0], -1)
            output = self.classifier(x)
            return output
```

在定义 VGG16 模型时，我们创建了一些变量用于记录信息，包括卷积层的索引 conv_layer_indices 和池化位置 pool_locs。

```
# VGG16 反卷积模型
class Vgg16Deconv(nn.Module):
```

```python
def __init__(self):
    super(Vgg16Deconv, self).__init__()

    self.features = nn.Sequential(
        # deconv1
        nn.MaxUnpool2d(2, stride=2),
        nn.ReLU(),
        nn.ConvTranspose2d(512, 512, 3, padding=1),
        nn.ReLU(),
        nn.ConvTranspose2d(512, 512, 3, padding=1),
        nn.ReLU(),
        nn.ConvTranspose2d(512, 512, 3, padding=1),

        # deconv2
        nn.MaxUnpool2d(2, stride=2),
        nn.ReLU(),
        nn.ConvTranspose2d(512, 512, 3, padding=1),
        nn.ReLU(),
        nn.ConvTranspose2d(512, 512, 3, padding=1),
        nn.ReLU(),
        nn.ConvTranspose2d(512, 256, 3, padding=1),

        # deconv3
        nn.MaxUnpool2d(2, stride=2),
        nn.ReLU(),
        nn.ConvTranspose2d(256, 256, 3, padding=1),
        nn.ReLU(),
        nn.ConvTranspose2d(256, 256, 3, padding=1),
        nn.ReLU(),
        nn.ConvTranspose2d(256, 128, 3, padding=1),

        # deconv4
        nn.MaxUnpool2d(2, stride=2),
        nn.ReLU(),
        nn.ConvTranspose2d(128, 128, 3, padding=1),
        nn.ReLU(),
        nn.ConvTranspose2d(128, 64, 3, padding=1),

        # deconv5
        nn.MaxUnpool2d(2, stride=2),
        nn.ReLU(),
        nn.ConvTranspose2d(64, 64, 3, padding=1),
        nn.ReLU(),
        nn.ConvTranspose2d(64, 3, 3, padding=1)
    )

    self.conv2deconv_indices = {
```

```
                        0:30, 2:28, 5:25, 7:23,
                        10:20, 12:18, 14:16, 17:13,
                        19:11, 21:9, 24:6, 26:4, 28:2
                        }

            self.unpool2pool_indices = {
                        26:4, 21:9, 14:16, 7:23, 0:30
                        }

            self.init_weight()

    def init_weight(self):
        vgg16_pretrained = models.vgg16(pretrained=True)
        for idx, layer in enumerate(vgg16_pretrained.features):
            if isinstance(layer, nn.Conv2d):
                self.features[self.conv2deconv_indices[idx]].weight.data = layer.weight.data

    def forward(self, x, layer, pool_locs):
        if layer in self.conv2deconv_indices:
            start_idx = self.conv2deconv_indices[layer] #初始反卷积位置
        else:
            raise ValueError('layer is not a conv feature map')

        for idx in range(start_idx, len(self.features)):
            if isinstance(self.features[idx], nn.MaxUnpool2d):
                x = self.features[idx](x, pool_locs[self.unpool2pool_indices[idx]])
            else:
                x = self.features[idx](x)
        return x
```

在定义 VGG16 反卷积模型 Vgg16Deconv 时，我们创建了一些变量用于记录信息，包括卷积层与反卷积层的对应索引 conv2deconv_indices、池化层与反池化层的对应索引 unpool2pool_indices。

另外，为了获取模型的中间变量，定义钩子函数如下。

```
#创建钩子，获取特征图
def store(model):
    def hook(module, input, output, key):
        if isinstance(module, nn.MaxPool2d):
            model.feature_maps[key] = output[0]
            model.pool_locs[key] = output[1]
        else:
            model.feature_maps[key] = output

    for idx, layer in enumerate(model._modules.get('features')):
        layer.register_forward_hook(partial(hook, key=idx))
```

2．主函数

接下来就是主函数，包括将图片输入模型进行前向传播，获得某一层的最大激活特征图，以及反卷积计算得到图像空间的可视化结果。

可视化函数如下，它输入的是开始计算的卷积层、VGG 模型与 VGG 反卷积模型，输出的是图像空间的激活结果。

```python
#可视化 deconv 的结果
def vis_layer(layer, vgg16_conv, vgg16_deconv):
    num_feat = vgg16_conv.feature_maps[layer].shape[1]
    new_feat_map = vgg16_conv.feature_maps[layer].clone()

    #选择激活值最大的
    act_lst = []
    for i in range(0, num_feat):
        choose_map = new_feat_map[0, i, :, :]
        activation = torch.max(choose_map)   #所有图中最大的激活值
        act_lst.append(activation.item())

    act_lst = np.array(act_lst)
    mark = np.argmax(act_lst)
    choose_map = new_feat_map[0, mark, :, :]
    max_activation = torch.max(choose_map)

    print("mark="+str(mark))
    print("max activation="+str(max_activation))

    #非最大激活通道置为 0
    if mark == 0:
        new_feat_map[:, 1:, :, :] = 0
    else:
        new_feat_map[:, :mark, :, :] = 0
        if mark != vgg16_conv.feature_maps[layer].shape[1] - 1:
            new_feat_map[:, mark + 1:, :, :] = 0

    #非极大值抑制，只保留最大激活值，其他值置为 0
    choose_map = torch.where(choose_map==max_activation,choose_map,torch.zeros(choose_map.shape))

    new_feat_map[0, mark, :, :] = choose_map
    print("new_feat_map max="+str(torch.max(new_feat_map[0, mark, :, :])))

    #进行反卷积，直到输入图像层
    deconv_output = vgg16_deconv(new_feat_map, layer, vgg16_conv.pool_locs)

    new_img = deconv_output.data.numpy()[0].transpose(1, 2, 0)   # (H, W, C)
    new_img = (new_img - new_img.min()) / (new_img.max() - new_img.min()) * 255
```

```
new_img = new_img.astype(np.uint8)
return new_img, int(max_activation)
```

在上述代码中，deconv_output 是经过反卷积计算在图像空间中得到的图片，它反映了模型学习到的模式，即什么样的图片可以激活某一个特征图，这里对每层只选择了一个激活值最大的通道（最大激活通道）。

得到最大激活通道后，将其他通道设置为 0。另外，我们也可以将最大激活通道中不等于最大激活值的特征值置为 0，即采取非极大值抑制的方法。

vis_layer 函数可以用于获取从某个特征层开始反向传播到图像空间中的激活模式。下面分别从 VGG16 模型的 conv3_3、conv4_3、conv5_3 层（14、21、28 层）开始往后进行反向传播，结果如图 3.32 所示。

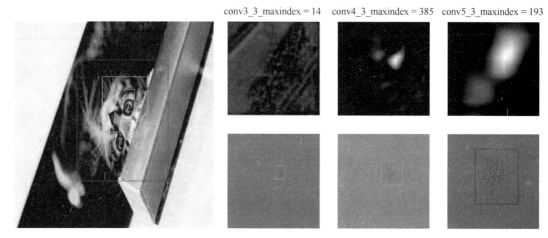

图 3.32　反卷积可视化结果

图 3.32 中最左边的大图是在 ImageNet 数据集中存在的类别，即 Tabby Cat（虎斑猫），其右侧第一排 3 个小图是选择的某层的最大激活通道特征，第二排 3 个小图是对应最大激活通道的反卷积结果图，其中 3 个框分别是基于反卷积结果的图中有效语义区域，对应到原图为眼睛、头部的区域。

conv3_3_maxindex=14，表示当前网络层是 conv3_3，激活值最大的通道是第 14 个通道。

3.6.3　CAM 可视化

本节进行 CAM 可视化实践，使用的方法是 Grad-CAM。

下面为核心代码，主要是将图片输入模型进行前向计算，获得某层的最大激活特征图，然后进行反向传播计算梯度，得到权重值，再与特征图进行计算，得到 CAM。

```
#提取 CAM 特征
class CamExtractor():
    def __init__(self, model, target_layer):
        self.model = model
        self.target_layer = target_layer
```

```python
        self.gradients = None

    def save_gradient(self, grad):
        self.gradients = grad

    def forward_pass_on_convolutions(self, x):
        conv_output = None
        for module_pos, module in self.model.features._modules.items():
            x = module(x)    # Forward
            if int(module_pos) == self.target_layer:
                x.register_hook(self.save_gradient)
                conv_output = x    #某个卷积层的输出
        return conv_output, x

    def forward_pass(self, x):
        conv_output, x = self.forward_pass_on_convolutions(x)
        x = x.view(x.size(0), -1)
        x = self.model.classifier(x)
        return conv_output, x

# GradCam 主类
class GradCam():
    def __init__(self, model, target_layer):
        self.model = model
        self.model.eval()
        self.extractor = CamExtractor(self.model, target_layer)

    def generate_cam(self, input_image, target_class=None):
        # conv_output is the output of convolutions at specified layer
        # model_output is the final output of the model (1, 1000)
        conv_output, model_output = self.extractor.forward_pass(input_image)
        if target_class is None:
            target_class = np.argmax(model_output.data.numpy())

        #需要可视化的类
        one_hot_output = torch.FloatTensor(1, model_output.size()[-1]).zero_()
        one_hot_output[0][target_class] = 1

        #清空梯度，反向传播
        self.model.features.zero_grad()
        self.model.classifier.zero_grad()
        model_output.backward(gradient=one_hot_output, retain_graph=True)

        #获得 hooked gradients
        guided_gradients = self.extractor.gradients.data.numpy()[0]
```

```
            #获得卷积输出
            target = conv_output.data.numpy()[0]
            #计算梯度的平均值作为权重
            weights = np.mean(guided_gradients, axis=(1, 2))
            #创建空图
            cam = np.ones(target.shape[1:], dtype=np.float32)

            #加权计算 CAM
            for i, w in enumerate(weights):
                cam += w * target[i, :, :]
            cam = cv2.resize(cam, (224, 224))
            cam = np.maximum(cam, 0)
            cam = (cam - np.min(cam)) / (np.max(cam) - np.min(cam))    # Normalize between 0-1
            cam = np.uint8(cam * 255)    # Scale between 0-255 to visualize
            return cam


if __name__ == '__main__':
    target_example = 2 #第 1 个样本
    img_path = '../input_images/cat1.jpg'
    original_image = cv2.imread(img_path, 1)
    prep_img = preprocess_image(original_image)
    target_class = 282
    file_name_to_export = img_path[img_path.rfind('/')+1:img_path.rfind('.')]
    pretrained_model = models.alexnet(pretrained=True)

    #计算 grad_cam，获得掩模及结果
    grad_cam = GradCam(pretrained_model, target_layer=11)
    cam = grad_cam.generate_cam(prep_img, target_class)
    save_class_activation_on_image(original_image, cam, file_name_to_export)
    print('Grad cam completed')
```

其中，存储函数定义如下。

```
def save_class_activation_on_image(org_img, activation_map, file_name):
    path_to_file = os.path.join('../results', file_name+'_Cam_Grayscale.jpg')
    cv2.imwrite(path_to_file, activation_map)
    activation_heatmap = cv2.applyColorMap(activation_map, cv2.COLORMAP_HSV)
    path_to_file = os.path.join('../results', file_name+'_Cam_Heatmap.jpg')
    cv2.imwrite(path_to_file, activation_heatmap)
    org_img = cv2.resize(org_img, (224, 224))
    img_with_heatmap = np.float32(activation_heatmap) + np.float32(org_img)
    img_with_heatmap = img_with_heatmap / np.max(img_with_heatmap)
    path_to_file = os.path.join('../results', file_name+'_Cam_On_Image.jpg')
    cv2.imwrite(path_to_file, np.uint8(255 * img_with_heatmap))
```

实验结果如图 3.33 所示。

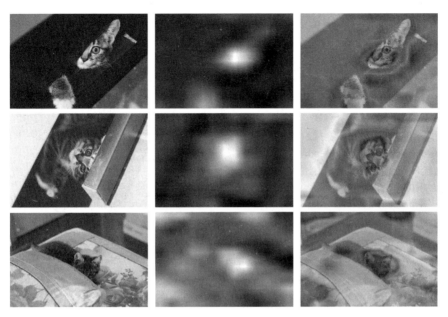

图 3.33　CAM 可视化结果

在图 3.33 中，第 1 列展示了原图，第 2 列展示了 CAM 的灰度图，第 3 列展示了将 CAM 热图叠加到原图上的效果。

3.6.4　小结

由于深度学习模型具有很高的复杂度，模型的可解释性是一个非常重要的研究领域，其中重要的方法就是可视化。通过可视化，我们可以用更加直观的方式理解模型，并且在模型表现得很好或者不好的时候进行解释，这不仅有助于进一步改进模型，而且提高了模型的可控性。

本节我们对其中几个典型的方向进行了实践，读者可以参考开源项目中更多的相关方法并进行实践。

第4章 轻量级模型设计

好的模型结构是深度学习成功的关键因素之一。模型结构不仅是非常重要的学术研究方向，在工业实践中也是模型能否上线的关键。深度学习模型经历了从精度优先到速度优先，从结构优化到软硬件优化的发展历程。模型压缩与优化是专门针对模型进行精简的技术，其中如何设计本身就轻量级的深度学习模型，是研究人员最开始研究的重点，也是模型压缩与优化的基础。本章介绍其中的核心技术。

4.1 卷积核的使用和设计

本节主要介绍轻量级模型设计的早期经典思路，包括全连接层的压缩、小卷积核的使用等。通过回顾经典的模型设计路线，可以看出研究人员在不断提高模型精度的同时，也在探索更加轻量级的模型设计。

4.1.1 全连接层的压缩

在卷积神经网络被大规模应用之前，神经网络特指全连接神经网络，其相邻两层的神经元之间采取全连接的结构，具有很高的参数复杂度。最早期的模型精简工作就从优化全连接层参数开始。

1. 从全连接神经网络到卷积神经网络

从全连接神经网络到卷积神经网络的演变本身就是一场大的参数压缩革命。

按照全连接神经网络的原理，对于输入大小为 1000×1000 的图像，如果隐藏层也包含同样数量（1000×1000）的神经元，那么由于输出神经元和输入的每个神经元连接，参数量为 1000×1000×1000×1000。仅仅是连接这两层的参数，就已经有 10^{12} 个。

如果采用卷积神经网络，由于权重共享，对于同样多的隐藏层，假如每个神经元只与输入大小为 10×10 的局部块相连接，且卷积核移动步长为 10，参数量为 1000×1000×100，相比于全连接的结构，参数量降低了 4 个数量级。

我们之所以可以使用局部连接的卷积获得不弱于甚至强于全连接的模型表达能力，一方面在于图像的局部块可以与全图有类似的统计特性；另一方面在于图像像素本身的空间相关性，即越相近的像素语义相关性越高。而且，为了让模型有一定的平移不变性，对不同位置的相同目标有相同的激活，权重需要共享。

因此，卷积相对于全连接不仅有更少的参数量，还有更好的性能，这是走向更优模型结构设计的必经之路。

2．全局池化

AlexNet 是一个八层的卷积神经网络，有约 60MB 参数，如果采用 32bit 浮点型数据存储，参数实际存储大小为 240MB。值得一提的是，AlexNet 中仍然有三个全连接层，其参数量在参数总量中的占比超过了 90%，可见，如果想要压缩 AlexNet 模型的体积，首先要压缩的就是全连接层的参数量，其中最简单的办法就是减少全连接层的输入特征维度，但究竟减少到多少，需要反复进行实验验证。

Network in Network（NiN）使用了全局池化来对全连接层的输入维度进行降维，它有不弱于 AlexNet 的性能，但参数量只有 AlexNet 的 1/10，全局池化如图 4.1 所示。

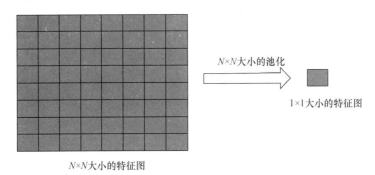

图 4.1　全局池化

AlexNet 最后一个卷积层的输出特征维度是 256×7×7，经过变形后输入神经元数量为 4096 的全连接层，两层之间的参数量为 256×7×7×4096=51380224，约为 49MB。

假如使用全局池化来替换全连接层，即首先将 256×7×7 的输出特征经过 7×7 的池化变为 256×1×1 的特征向量，再输入同等大小的全连接层，则参数量减少为原来的 1/49，从而实现了参数量的迅速减少。

另外，NiN 为了保持模型的性能，额外添加了 1×1 的卷积来增加模型的深度，这也是接下来要介绍的技术。

4.1.2　小卷积核的应用

卷积核的设计也是轻量级模型设计的核心技术，只需要通过调整卷积核的大小，就可以获得非常高效且通用的模型结构。

1．用小卷积核替换大卷积核

AlexNet 的第一个卷积层使用了 11×11 大小的卷积核，Zeiler 等人在 ZFNet 中对其进行了改进，将卷积核大小变为了 7×7，获得了更好的性能。

DC Ciresan 等人在论文 Flexible, high performance convolutional neural networks for image classification 中的研究表明，使用更小的卷积核有利于性能提升。在 CIFAR 数据集的实验中，卷积层全部使用了 3×3 的卷积，池化则使用了 3×3 和 2×2 两种，其以较小的计算量取得了不错的性能。

2014 年，牛津大学视觉组在论文 Very deep convolutional networks for large-scale image recognition 中提出了 VGGNet，其分别在 ImageNet 的定位和分类任务中获得第一名和第二名，被称为 VGG 模型。

VGG 模型中卷积核的大小都为 3×3，深度可达 19 层，错误率比 AlexNet 低 7%以上。

VGG 模型使用了更小的卷积核和更小的步长，不仅可以增强网络的非线性表达能力，还可以减少计算量。如图 4.2 所示，以 5×5 的卷积为例，一个输入通道数为 N、输出通道数为 N 的结构，需要的参数量为 5×5×N×N；而两个 3×3 的卷积串联，所需要的参数量为 2×3×3×N×N。它们拥有相同的感受野，但是后者的计算量只为前者的 2×3×3/(5×5)=0.72。

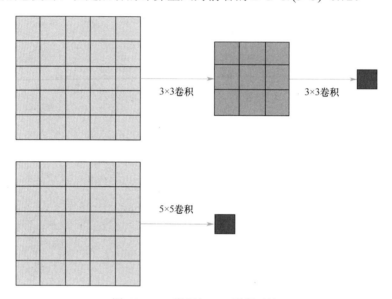

图 4.2   3×3 卷积与 5×5 卷积对比

同样的道理，如果用三个 3×3 的卷积替换具有同样感受野的 7×7 的卷积，参数压缩比为 3×3×3/(7×7)=0.55，参数压缩更明显。卷积核越大的卷积，压缩效率就越高，这是非常有效而简单的技巧。后来的主流模型结构 ResNet 中就以 3×3 卷积为主。

2．1×1 卷积

在深度神经网络中，同一个卷积核提取通道内的特征，不同的卷积核提取不同通道间的特征，然后进行融合。如果只想进行通道间的信息提取，就可以使用 1×1 卷积技术，其实就是普通的卷积核的半径等于 1。它在论文 Network in Network 中被用于增加网络的深度，从而增强网络的非线性表达能力，但相比普通卷积有更少的参数量。

如果一个输入特征图的大小为 $N_1×H×W$，使用 $N_1×N_2$ 个 1×1 卷积，就可以将其映射为 $N_2×H×W$ 大小的特征图。当 $N_1<N_2$ 时，就实现了通道升维；当 $N_1>N_2$ 时，就实现了通道降维。

1×1 卷积经常被用于设计瓶颈结构，对特征维度进行压缩，从而减少卷积的计算量。所谓瓶颈结构，就是"两头宽，中间窄"的网络结构，如图 4.3 所示。

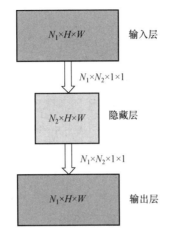

图 4.3 1×1 卷积组成的瓶颈结构

瓶颈结构不仅增加了网络的深度,相比于普通的卷积模块,还有更少的计算量和参数量。

假设网络的输入特征通道数为 192,输出特征通道数为 128,如果直接使用 3×3 卷积,参数量为 3×3×192×128=221184。如果先用 1×1 卷积降维到 96 个通道,然后用 3×3 卷积升维到 128 个通道,则参数量为 1×1×192×96+3×3×96×128=129024,参数量减少了约一半。如果 1×1 卷积的输出维度降低到 48 呢?则参数量又减少了一半。对于有上千层的大网络来说,这样的压缩效果非常明显。移动端对模型大小很敏感,因此这个技术非常实用。

因为深度卷积神经网络存在较大的冗余,所以这样的维度变换在很多情况下不会损害模型能力,损失的精度非常有限,这也是 NiN 在更小的体积和参数量下,性能能够超越 AlexNet 的一个原因。

1×1 卷积通过这种内嵌的瓶颈结构在通道之间组合信息,从而增强了网络的非线性表达能力,在之后的网络设计中被大量应用,已经成为网络设计中的一个标准。其经典的应用模型就是 GoogLeNet 和 SqueezeNet。

3. 经典应用模型 GoogLeNet 与 SqueezeNet

GoogLeNet 的基本模块即 Inception 模块就大量使用了 1×1 卷积来进行降维。如图 4.4 所示是一个基本的 Inception 模块,图 4.5 则是一个使用 1×1 卷积进行维度变换的 Inception 模块。

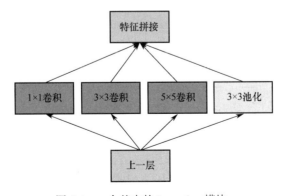

图 4.4 一个基本的 Inception 模块

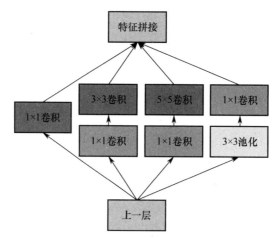

图 4.5　使用 1×1 卷积进行维度变换的 Inception 模块

当一个分支包含多个卷积时，则将 1×1 卷积放置在前，先进行通道降维，再使用更大的 3×3 卷积与 5×5 卷积。如果该分支只有一个卷积层和池化层，则将其放置在池化层之后进行通道升维，从而更好地维持该分支的特征表达能力。

SqueezeNet 也是一个包含大量 1×1 卷积应用的模型，它通过将一部分 3×3 卷积替换为 1×1 卷积来实现参数压缩。

SqueezeNet 从卷积层 conv1 开始，接着是八个 fire 模块，最后以卷积层 conv10 结束。

一个 fire 模块的子结构如图 4.6 所示，包含一个 squeeze 模块和一个 expand 模块。squeeze 模块使用 1×1 卷积进行通道降维，expand 模块使用 1×1 卷积和 3×3 卷积进行通道升维。使 squeeze 中的通道数小于 expand 中的通道数就可以实现参数压缩。

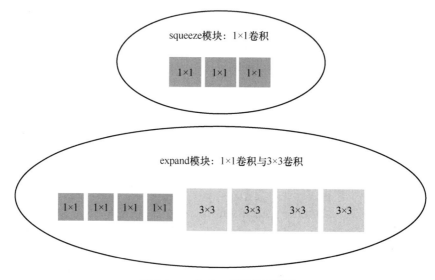

图 4.6　一个 fire 模块的子结构

expand 模块中包含两种卷积，由于开源框架并不支持两种卷积的混用，所以在实现的时候可以分为两个分支来实现。图 4.7 展示了从第 1 个卷积层到第 1 个 fire 模块的实现。

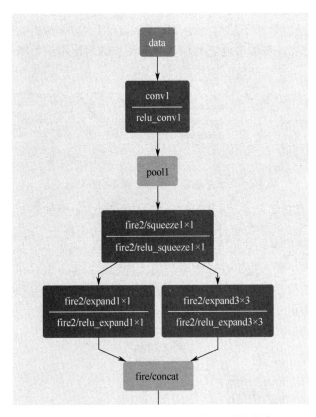

图 4.7　从第 1 个卷积层到第 1 个 fire 模块的实现

从图 4.7 中可以看出，数据经过第 1 个卷积层 conv1 和池化层 pool1，再经过 fire2/squeeze 1×1 模块后，分为了 fire2/expand 1×1 和 fire2/expand 3×3 两个通道。原始的 SqueezeNet 参考了 AlexNet 结构的设计，所以 conv1 的输出通道数为 96。fire2/squeeze 1×1 的通道数为 16，fire2/expand 1×1 和 fire2/expand 3×3 的通道数都是 64，最后两者通过 fire2/concat 进行串接，输出通道数为 128。

不考虑偏移量，整个 fire2 模块的参数量为 1×1×96×16+1×1×16×64+3×3×16×64=11776，如果使用正常的 3×3 卷积，则参数量为 96×3×3×128=110592，压缩比约为 1/10。这样不仅大大降低了计算量，对 AlexNet 等模型的实验结果表明，其还可以保证模型的性能不下降。

4.2　卷积拆分与分组

在深度学习模型中，不仅参数存在冗余，计算也存在许多冗余操作，稀疏连接的局部卷积相比于稠密连接的全连接网络已经减少了大量冗余计算。许多研究进一步表明，就算是普通的多通道卷积，也存在冗余计算，由此引出了卷积拆分与分组架构的设计思想。

4.2.1 卷积拆分操作

Jin 等人把多通道的 2D 卷积看作一个 3D 卷积，然后将其分解为三个独立的维度，即通道维度、x 维度和 y 维度，普通多通道卷积与分解卷积的对比示意如图4.8所示。

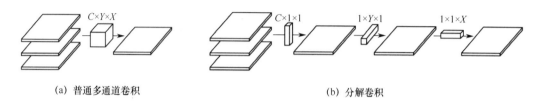

(a) 普通多通道卷积　　　　　　　　　　　(b) 分解卷积

图 4.8　普通多通道卷积与分解卷积的对比示意

假如 X 是卷积核的宽度尺寸，Y 是卷积核的高度尺寸，C 是通道数，如果是多通道卷积，那么输出一个通道，需要的参数量是 XYC，而经过分解卷积将三个维度分解后，参数量变为 $X+Y+C$。一般来说，C 远大于 X 和 Y，所以分解后的参数量约为之前参数量的 $1/(XY)$。对于 3×3 的卷积，大约相当于参数量降低一个数量级，计算量理论上降低一个数量级。

Inception V3 的结构设计中采用了类似设计，一个典型的添加卷积拆分的 Inception 模块如图4.9所示。

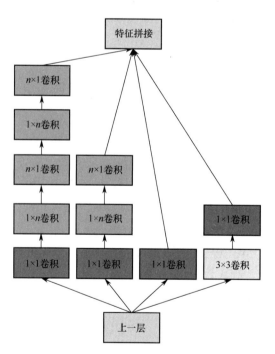

图 4.9　添加卷积拆分的 Inception 模块

假如将 7×7 的卷积拆分为 1×7 和 7×1 两个卷积，则参数量压缩比为 $1\times7\times2/(7\times7)\approx0.29$，比拆分成三个 3×3 的卷积减少了更多的参数。另外，这种非对称的拆分比对称地拆分成几个小卷积核在特征表达能力上更有优势，因为它增加了特征的多样性。

4.2.2　分组卷积 Xception 与 MobileNet

假如输入卷积层包含 M 个通道，输出包含 N 个通道，要得到输出的一个通道，标准的多通道卷积操作是首先使用 M 个卷积核在输入的 M 个通道上分别进行卷积操作来提取特征，然后将各个通道的结果进行加权线性叠加。因此，它实际上同时完成了同一个通道里局部空间特征的提取及不同通道间特征的融合，每个输出通道都将 M 个输入通道作为输入。如果输出通道不是与输入的每个通道相关，而是按照输入通道进行了分组，一个输出通道只与某一个组的通道相关，这就是通道分组卷积的思想。

早期研究者提出了 Deep Convolution Scattering Networks，将方向信息和空间信息各自独立学习，从而提供旋转和平移不变性。这样的思想随后在 Xception 等模型中被使用。

前面介绍过 Inception 的结构，它的通常用法是首先使用 1×1 卷积对输入通道进行降维，然后在多个分支中使用不同的卷积方式进行信息提取，最后融合。

假如分支的个数与通道数相等，而且每个分支的卷积方式相同，那么 Inception 变成 Extreme Inception，简称 Xception。将 Xception 中正常的卷积模块替换成两个卷积模块，首先是 1×1 卷积，然后是通道分组卷积，这样的结构随着 TensorFlow 的流行而流行，名为深度可分离卷积（Depthwise Separable Convolution）。

随后，Google 的研究人员提出了 MobileNet 结构，使用了深度可分离卷积模块进行堆叠，其与 Xception 的不同之处在于 1×1 卷积放置在分组卷积之后。因为有许多这样的模块进行堆叠，所以两者其实大体上是等价的。

深度可分离卷积结构如图 4.10 所示，包含 Depthwise 卷积和 Pointwise 卷积两部分。

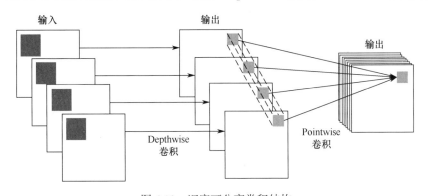

图 4.10　深度可分离卷积结构

所谓 Depthwise 卷积，即输入与输出通道相等，每个通道只在它的通道内进行卷积，不与其他通道融合信息。而 Pointwise 卷积就是卷积核大小为 1×1 的普通卷积，接在 Depthwise 卷积之后，用于融合多个通道的信息。

对于一个标准的卷积过程，令输入特征通道数为 M，卷积核大小为 $D_k \times D_k$，输出为 $N \times D_j \times D_j$，则标准卷积计算量为 $M \times D_k \times D_k \times N \times D_j \times D_j$，而转换为 Depthwise 卷积加 Pointwise 卷积后，Depthwise 卷积计算量为 $M \times D_k \times D_k \times D_j \times D_j$，Pointwise 卷积计算量为

$M \times N \times D_j \times D_j$，总计算量对比为：$(M \times D_k \times D_k \times D_j \times D_j + M \times N \times D_j \times D_j) / (M \times D_k \times D_k \times N \times D_j \times D_j) = 1 / N + 1 / (D_k \times D_k)$。

由于在网络中大量地使用 3×3 的卷积核，当 N 比较大时，上面的卷积计算量约为普通卷积的 1/9，从而使计算量降低了一个数量级。实际表现也是如此，MobileNet 在参数量和计算量比 VGGNet 低一个数量级的情况下，取得了相当好的结果。

MobileNet 后来进化到 MobileNet V2，其中的核心思想仍然是深度可分离卷积，不过通过 1×1 卷积设计了纺锤形模块，如图 4.11 所示。

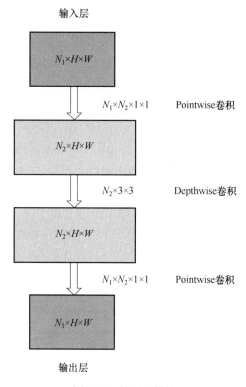

图 4.11　纺锤形模块

在图 4.11 中，首先对特征图使用 1×1 卷积进行升维，然后进行通道分组卷积，再使用 1×1 卷积进行降维，这样可以让分组卷积模块有较大的输入/输出通道，而整个模块又有较小的输入/输出通道，从而在更好的性能与参数压缩方面实现很好的折中。

4.2.3　ShuffleNet

简单的分组使不同通道之间没有交流，导致信息丢失。在 MobileNet 的基础上，Face++ 团队提出了 ShuffleNet。ShuffleNet 增加了通道的信息交换，使得各个组的信息更丰富，能提取的特征自然就更多，这样有利于得到更好的结果。

具体来说，对于上一层输出的特征通道，先做一个打乱操作，再分成几个组进入下一层，如图 4.12 所示。

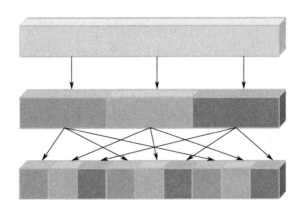

图 4.12　Channel Shuffle 卷积示意

与 MobileNet 相比，ShuffleNet 对 1×1 卷积也增加了分组，因为 1×1 卷积的计算量在整个深度可分离卷积结构中占比比较大。

后来 ShuffleNet V2 对分组卷积的设计提出了更多的思考，虽然理论上分组卷积具有较小的计算量，但实际上它的内存访问效率低，会影响模型的性能。

对于标准的卷积，计算量与内存访问比为

$$\frac{M \times N \times D_F^2 \times D_K^2}{D_F^2 \times (M+N) + D_K^2 \times M \times N} \tag{4.1}$$

式中，M 为输入通道数；N 为输出通道数，即滤波器数；D_K 为卷积核大小；D_F 为空间尺寸。对于分组卷积，计算量与内存访问比为

$$\frac{M \times D_F^2 \times D_K^2}{D_F^2 \times 2M + D_K^2 \times M} \tag{4.2}$$

式（4.2）比式（4.1）更小，越小的值意味着更多的时间被花费在内存访问上，而实际上这个操作可能比卷积计算需要的时间更长，而且功耗也更大。

4.2.4　级连通道分组网络

以上的通道分组模块只有一个分组，而以 IGCV（Interleaved Group Convolutions）系列为代表的网络则采用了级连的形式，级连模块如图 4.13 所示。

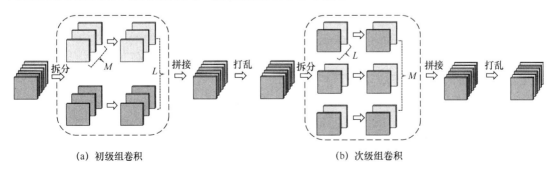

(a) 初级组卷积　　　　　　　　　(b) 次级组卷积

图 4.13　IGCV 级连模块

从图 4.13 中可以看出，IGCV 结构包含两个组卷积，分别是初级组卷积（Primary Group Convolution）和次级组卷积（Secondary Group Convolution），其中的卷积操作都是分组卷积。第一步使用的是 3×3 的分组卷积，共分为 L 个组，每个组有 M 个通道，然后使用拼接（Concat）操作和打乱（Permutation）操作选择特征图进行组合。第二步使用的是 1×1 的分组卷积，共分为 M 个组，每个组有 L 个通道，然后使用拼接操作和打乱操作选择特征图进行组合。这两个步骤组成了一个基本模块，输入、输出的通道数不发生变化，所以可以作为一个标准模块嵌入任何网络中。

根据理论分析，在同样参数量的情况下，其有效宽度比普通卷积的更大。假如 $M=1$，除去通道打乱的操作，其结构跟 Xception 非常相似。假如 $L=1$，那么初级组卷积就是普通的卷积，次级组卷积就是 1×1 的分组卷积，其性能被验证很差。

研究人员发现，随着 L 的增加，网络性能呈现先增加后下降的趋势，最终在 $M=2$ 的时候取得最好的性能，这就意味着第二个组卷积就只有两个组，每个组内的密集卷积的通道数为 $C/2$，C 是输入通道数，因此它的计算量还是很大的。

考虑到这一点，IGCV2（Interleaved Structured Sparse）结构变为每个组内只有两个通道的稀疏卷积，因此各个稀疏分组卷积模块大小都是相同的，数量也更多。IGCV3（Interleaved Low-Rank Group）则更进一步，融合了瓶颈结构和 IGCV2 结构，即使用低秩的卷积对 IGCV2 中的组卷积进行升维和降维。

4.2.5　多分辨率卷积核通道分组网络

多分辨率卷积核通道分组网络以 MixNet 为代表。MobileNet 系列使用的都是 3×3 大小的卷积核，MixNet 则混合使用了 3×3、5×5、7×7、9×9 等大小的卷积核，被证明能够提升模型的性能。MixNet 结构单元示意如图 4.14 所示。

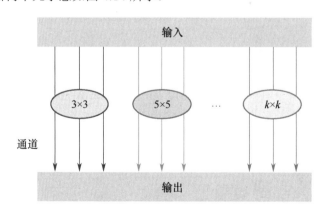

图 4.14　MixNet 结构单元示意

从本质上来说，MixNet 与 Inception 原理类似，都是通过在不同分支采用不同大小的卷积核提取特征，在保证模型性能的前提下尽量压缩参数。只是 Inception 的侧重点在于使用 1×1 卷积核进行参数压缩，而 MixNet 则在保证一定性能的前提下，通过学习机制来分配不同尺度的卷积核数量占比。

4.2.6　多尺度通道分组网络

多尺度通道分组网络采用不同的尺度对信息进行处理，对于分辨率大的分支，使用更少的卷积通道；对于分辨率小的分支，使用更多的卷积通道。以 Big-Little Net 为代表，它包含 K 个分支，每个分支的尺度分别为 $1/2^{K-1}$。图 4.15 展示了 $K=2$ 时的 Big-Little Net 结构示意。

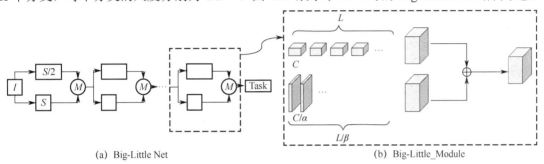

(a) Big-Little Net　　　　　　　　　(b) Big-Little_Module

图 4.15　$K=2$ 时的 Big-Little Net 结构示意

在图 4.15 中包含两个通道：上面的通道是低分辨率通道，称为 Big 通道，通道维度为 C；下面的通道是高分辨率通道，称为 Little 通道，通道维度为 C/α，α 是一个缩放因子。两个通道各自完成学习，最后经过维度变换进行合并。合并前高分辨率、低维度通道要使用 1×1 卷积进行升维，低分辨率、高维度通道则需要进行空间上采样。

有一些多尺度的网络结构在多个通道各自学习的过程中还存在信息交换，以 Octave Convolution 为代表。图 4.16 展示了 Octave Convolution 网络结构示意。

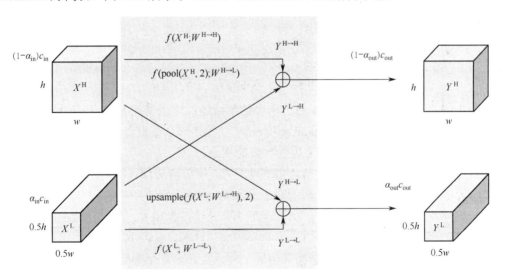

图 4.16　Octave Convolution 网络结构示意

从图 4.16 可以看出，通道通过因子 α 被分为高分辨率和低分辨率两部分：低分辨率部分具有较多的通道，被称为低频分量；高分辨率部分具有较少的通道，被称为高频分量。两者不仅各自独立学习，还会进行信息融合。高分辨率通道通过池化与低分辨率通道融合，低分辨率通道通过上采样与高分辨率通道融合。这个结构被用于许多基准模型，都取得了非常好的效果。

4.2.7　多精度分组网络

所谓多精度，即各个分组的计算精度不同，通常是为了减少计算量，这一类结构以 Distribution Shifting Convolution（DSConv）为代表。它将卷积核分为两部分：一部分是整数分量；另一部分是分数分量，如图 4.17 所示。

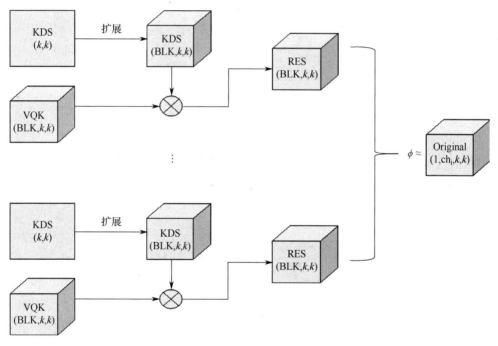

图 4.17　DSConv 结构示意

从图 4.17 中可以看出，DSConv 包含两个信息通道：浮点型的 KDS（Kernel Distribution Shifter）与整型的 VQK（Variable Quantizes Kernel）。假如一个正常卷积核为 (c_o, c_i, k, k)，其中，c_i、c_o 分别为输入通道、输出通道；k 为卷积核的大小。

VQK 保留的是可变位长的整数值，它不可训练，权重值从预训练模型中的浮点数量化计算而来，大小也与正常的卷积核相等，为 (c_o, c_i, k, k)。

KDS 为浮点型数值，包含两部分参数，并且有一个分组系数 BLK。第一个参数是空间（Kernel）级别的 KDS，假如将输出分为 BLK 个组，则这个卷积核大小为 $2\times(c_o, \mathrm{ceil}(c_i/\mathrm{BLK}), k, k)$，当它等于 1 时，就是正常的卷积，组之间共用同一套系数。第二个参数是通道（Channel）级别的 CDS（Channel Distribution Shifter），大小为 $2\times c_o$，每个输出通道一个值。这里的 2 表示有缩放和平移两个系数。

下面计算该算法对参数的压缩情况，假如输入为 (128, 128, 3, 3)，blocksize=64，使用 2bit 量化。原始使用 32bit 浮点数运算的卷积参数量为 $32\times(128\times128\times3\times3)=4718592$。2bit 的 VQK

的参数量为 2×(128×128×3×3)=294912。32bit 的 KDS 的参数量为 2×32×(128×(128/64)×3×3)= 147456。32bit 的 CDS 的参数量为 2×32×(128)=8192。卷积核压缩比为(147456+8192+294912)/ 4718592≈9.55%。这个模型在 ResNet、AlexNet 和 MobileNet 等基准模型上将参数量压缩为原来的 1/14，将速度提升了 10 倍。

4.3　特征与参数重用设计

许多研究已经表明神经网络中的参数和特征存在冗余，这是模型泛化能力的保证，但也为我们优化参数提供了很好的思路。4.2 节介绍的分组卷积本质上就是减少特征之间的卷积操作，本节从特征及参数本身来思考如何提高其使用效率。

4.3.1　特征重用

网络的宽度，即每层的特征图数量是非常关键的参数，它体现在两个方面：①宽度对计算量的贡献非常大；②宽度对性能的影响非常大。

在神经网络中，特征之间不仅存在耦合关系，还存在较大的冗余，如何更好地利用特征，尽可能在降低绝对特征数量的情况下减少模型性能的损失，是设计时要考虑的非常重要的问题。下面介绍一些典型的模型，它们通过设计较小的特征图数量来达到比较高的精度。

1．单层特征效率优化

宽度既然这么重要，那么每个通道就要充分利用，因此首先可以想办法提高每层的通道利用率。

研究发现，在网络的前部，网络倾向于同时捕获正负相位的信息，但 ReLU 激活函数的存在使负相位的信息无法通过，造成了卷积核存在冗余，这便是网络参数互补现象，即神经元的互补性。

基于这个原理，研究者提出了 CReLU 技术，通过输入通道取反和输入通道拼接的方式来扩充通道，这样仅仅以原来一半的计算量便维持了原来网络的宽度和性能。

CReLU 的表达式如下：

$$crelu(x) = (relu(x), relu(-x)) \tag{4.3}$$

GhostNet 基于卷积特征图中的冗余性，实现了利用一个基准特征经过多次线性变换生成多个特征图，从而降低了计算量。GhostNet 基础模块如图 4.18 所示。

某些特征图的内容比较相似，如果可以找到某种办法从一个特征图中产生多个特征图，就可以大大降低计算量，因为卷积中一层的计算量与输入/输出的特征通道数量成正比。

与标准卷积相比，GhostNet 它不直接使用卷积操作得到最终的特征图输出，而是首先得到一个通道数较少的输出，这个输出被称为内在特征图（Intrinsic Feature Map），它的通道数少于需要的最终特征通道数。我们假设最终输出通道数为 n，而内在特征图的通道数为 m，则 $m<n$。为了得到最终包含 n 个通道的特征图，我们需要对内在特征图进行一系列线性运算，每个输入通道都要生成 s 个输出通道，因此 $m=n/s$，这 s 个通道中有一个是恒等映射。线性操

作通过卷积方式实现。这样的模块被称为伪影模块（Ghost Module）。

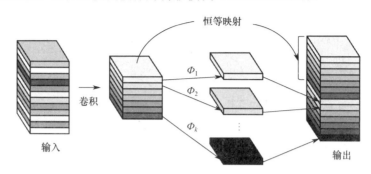

图 4.18　GhostNet 基础模块

接下来对比一下计算量。假设输出特征图高为 h，宽为 w，卷积核大小为 k，输入特征通道数为 c，线性操作卷积核大小为 d，则正常卷积和上述设计的理论计算量对比如下：

$$\frac{n \cdot h \cdot w \cdot c \cdot k \cdot k}{\dfrac{n}{s} \cdot h \cdot w \cdot c \cdot k \cdot k + (s-1)\dfrac{n}{s} \cdot h \cdot w \cdot d \cdot d} = \frac{c \cdot k \cdot k}{\dfrac{1}{s} \cdot c \cdot k \cdot k + \dfrac{s-1}{s} \cdot d \cdot d} \approx \frac{s \cdot c}{s+c-1} \approx s \qquad (4.4)$$

式（4.4）中，第一个等号左侧分母中前一项为正常卷积计算量，后一项为线性操作计算量。比值 s 就是通道的压缩率，越大的 s 意味着越大的压缩。

2. 多层特征联合优化

网络的各个卷积层可能拥有不同分辨率大小的特征图和不同抽象层次的信息，如果将不同层级的信息融合，可以实现信息互补。以 DenseNet 为例，其每个模块都相互连接，从而使每个模块需要学习的通道数可以低至 12，这样仍然可以获得与 ResNet 相当甚至更好的性能。DenseNet 结构如图 4.19 所示。

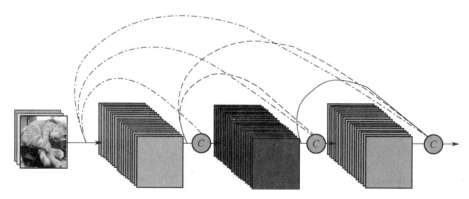

图 4.19　DenseNet 结构

4.3.2　参数重用

相比于特征重用，参数重用的思路更为直接，因为模型的体积直接取决于参数量。所谓参数重用，就是要让一份参数在多处使用，从而尽可能用更少的参数实现等同于更多参数的效果。下面将这类技术称为参数共享（Parameter Sharing）。

图 4.20 以一维卷积为例，展示了一维空间采样（Spatial Sampling）与通道采样（Channel Sampling）技术。

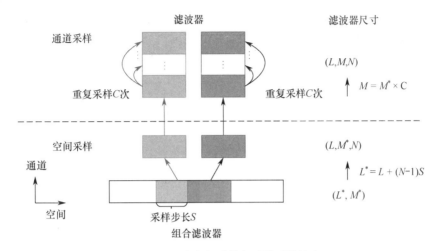

图 4.20　一维空间采样与通道采样技术

首先看空间采样技术，假设卷积核尺寸为 L，采样数为 N，它与输入特征通道数相等。输出组数为 M，它与输出特征通道数相等。一个正常的卷积的参数量为 $L\times N\times M$。现在使用采样策略，在空间维度上存在重叠，假设重叠步长为 S，则需要的采样参数尺寸为

$$L^* = L + (N-1)S \tag{4.5}$$

因此压缩率为 $LN / L^* \approx L / S$。

再看通道采样技术，直接将某一个输出通道对应的参数复制给另一个输出通道，则压缩率等于复制次数 C。

后来研究者将一维空间采样与通道采样技术拓展到二维卷积，并且采用了自动学习的方法。

4.4　动态自适应模型设计

一般来说，网络参数在训练完之后是固定不变的，在使用网络进行预测时，任何输入都遵循一条固定的路线进行前向传播，但并非所有的网络结构都是如此。有一些网络结构被设计成与输入有关，根据输入的不同，网络的拓扑结构甚至权重参数会发生变化，从而可以实现更高效的计算，这类网络结构可以统称为动态模型。

4.4.1　什么是动态模型

动态模型包含非常多的内容，由于本书只聚焦模型优化与压缩，因此这里只介绍与实现模型更高效计算相关的内容。下面首先介绍基础概念。

1．动态模型的必要性

在机器学习任务中，哪怕是同一个类别的样本，不同的测试样本也会有不同的难度。图 4.21 展示了进行分类识别任务的两个样本，我们的目标是识别出"猫"这个类别。

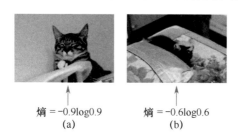

熵 = −0.9log0.9　　　熵 = −0.6log0.6
　　(a)　　　　　　　　　(b)

图 4.21　进行分类识别任务的两个样本

图 4.21（a）是比较容易分类的图片，主体面积大，背景单一，可能模型在学习完之后，可以以 0.9 的概率将其分类为猫，对应的信息熵计算为−0.9log0.9≈0.04（log 函数底数为 10）。图 4.21（b）是比较难分类的图片，主体较小，且被遮挡，背景干扰多，可能模型在学习完之后，只能以 0.6 的概率将其分类为猫，信息熵计算为−0.6log0.6≈0.13。

熵本身就是信息不确定的度量，其值越大，就说明不确定性越大。图 4.21（a）的分类熵小于图 4.21（b），说明它对于模型来说是更容易确定类别的样本，或者说是更简单的样本。一般来说，模型参数量越大，模型能力越强，可以实现更加复杂的任务，理论上来说，识别图 4.21（a）所需的模型可以比识别图 4.21（b）所需的模型更小，使用更小的参数量。当训练了一个足够大的模型之后，是不是并不需要完成整个模型的推理，就可以达到识别图 4.21（a）简单样本的目标呢？

2．动态模型与正则化

Dropout 和 Drop Connect 是网络拓扑结构在训练过程中会发生变化的最早期的网络。Dropout 网络在训练时随机丢弃节点，Drop Connect 网络则会随机丢弃连接，它们都能很好地增强网络泛化能力，可以看作多个网络的集成，它们的对比如图 4.22 所示。

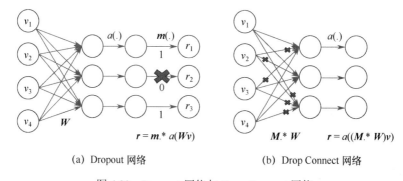

(a) Dropout 网络　　　　　　(b) Drop Connect 网络

图 4.22　Dropout 网络与 Drop Connect 网络

图 4.22 中，v 是输入；W 是权重矩阵；a 是激活函数；m 和 M 分别对应 Dropout 网络和 Drop Connect 网络的丢弃状态变量。可知当 $m=0$ 时，Dropout 网络丢弃的是整个神经元；而

DropConnect 网络则丢弃神经元之间的一些连接，即矩阵 M 中的某些值。

后面研究者研究了基于数据驱动的 Dropout 机制，实现了对输入数据的自适应处理，进一步降低了计算量。

多项研究表明，残差网络等价于多个浅层网络的集成，各个网络层相互耦合，存在很多冗余操作，随机丢弃掉残差网络的一些模块并不显著影响模型性能，因此深层残差网络可以看作不同深度的更浅层残差网络的集成。

对于 Stochastic Depth ResNet，有人在训练时随机删减掉一些残差网络的单元，测试时使用完整的网络，实现了不同深度的残差网络结构的集成。其原理如图 4.23 所示。

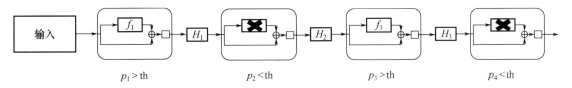

图 4.23　Stochastic Depth ResNet 原理

训练时的网络是一个比测试时更浅层的网络，实验证明这不仅减少了训练时间，在 CIFAR10 和 CIFAR100 测试集的精度还有所提升。与完整的残差结构相比，其网络过拟合程度大大下降，以 152 层的残差网络作为基准进行实验时，其性能还能够继续提升；当网络到达 1000 层以上时，性能依然不错，而且没有过拟合。

动态模型所需要研究的核心问题：根据不同难度的图片，使用不同的计算结构或者参数，实现更加高效的设计。有的模型会针对不同的图片，使用不同的模型结构和参数，这是样本级动态模型；有的模型会针对图片的不同区域，使用不同的模型结构和参数，这是空间级动态模型。由于篇幅所限，接下来介绍几个具有代表性的动态模型是如何进行模型压缩的。

4.4.2　基于提前终止与模块丢弃原理的动态模型

所谓基于提前终止和模块丢弃原理的动态模型，即对于不同的样本，模型自适应地从整个网络中选择部分模块进行计算，从而实现计算量的自动分配。例如，对于比较简单的样本，不需要经过完整的模型计算，而是在计算中途就可以得到足够完成任务所需要的特征，从而跳过后面的一些模块，以减少计算量。

1. BranchyNet

BranchyNet 以非常简洁的形式实现了对不同难度的样本，在测试时运行不同网络的思想，其结构如图 4.24 所示。

从图 4.24 中可以看出，BranchyNet 在正常网络通道上包含多个旁路分支，这样的思想是基于以下观察到的现象：随着网络的加深，其表征能力越来越强，对大部分简单的样本，可以在较浅层时学习到足以识别的特征，从而实现识别，如图 4.24 中的 Exit 1 通道；对一些更难的样本，需要进一步学习，如图 4.24 中的 Exit 2 通道；而只有极少数的样本需要经过整个网络，如图 4.24 中的 Exit3 通道。

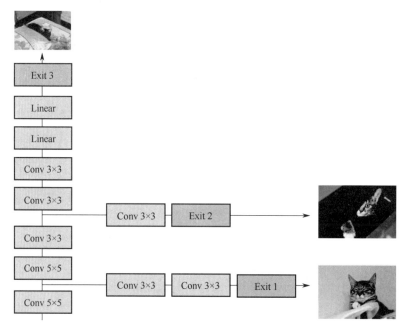

图 4.24　BranchyNet 结构

不同难度的样本通过不同的分支拥有不同的计算量，这样的思想可以实现精度和计算量的平衡。对于大部分样本，可以用更小的计算量更早地结束计算，从而完成任务。

那么如何判断是否可以提前结束呢？在提出该网络的论文中，作者采用分类信息熵作为准则，一旦该通道的分类信息熵低于某一个阈值，说明已经以很高的置信度获得了分类的结果，因此就可以提前退出了。

在训练的时候，每个分支都有分类交叉熵损失，它们一起加权后成为完整的优化目标。实验发现，让越靠近浅层的分支权重越大，可以鼓励更多的样本在早期退出，因为早期分支增强了梯度信息，获得了更具判别能力的特征。多分支在一定程度上实现了正则化，降低了过拟合风险。

将 BranchyNet 的设计思想用于 LeNet、AlexNet 和 ResNet 结构后，在维持性能的前提下，加速效果明显。LeNet 系列网络可以让超过 90%的样本在第一个分支提前终止，AlexNet 网络的提前终止样本比例也超过一半，ResNet 网络的提前终止样本比例超过 40%。

2. SACT 网络

BranchyNet 通过插入不同的旁路分支，实现了简单样本的提前终止。自适应计算时间（Adaptive Computing Time，ACT）网络则更为复杂，它基于定义的累加概率是否超过预设阈值来判断是否跳过 RNN 模型的某些网络层。后来研究者将其拓展到 ResNet 网络中，提出空间自适应计算时间（Spatially Adaptive Computing Time，SACT）网络，它基于累加概率来判断是否跳过残差模块中的某些网络层，并且该网络对各个空间位置也可以实现自适应计算。

图 4.25 是 SACT 网络的结构，其中 ResNet 结构包含了几个不同分辨率的模块组，每个

模块组由空间分辨率和通道数相同的若干个残差模块组成。

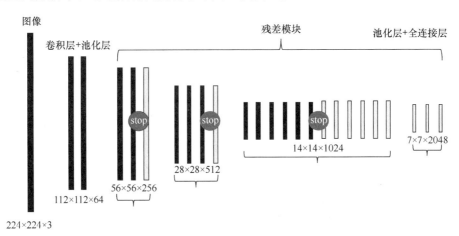

图 4.25　SACT 网络结构

图 4.26 展示了 SACT 网络的累积概率计算原理。

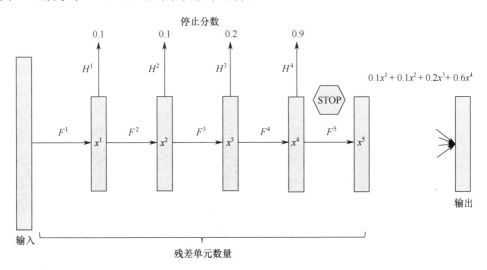

图 4.26　SACT 网络的累积概率计算原理

在图 4.26 中，对残差模块组中的每个残差模块的输出添加一个分支，用于预测停止分数（Halting Score），这是一个概率值（h），取值为 0～1，计算如式（4.6）和式（4.7）所示。

$$h^1 = H^1(x^1) = \sigma(W^1 \text{pool}(x^1) + b^1) \tag{4.6}$$

$$\sigma(x) = \frac{1}{1 + \exp(-t)} \tag{4.7}$$

式（4.6）中，x^1 是输入特征；pool 是全局池化操作；W^1、b^1 分别是权重和偏置。可知全局池化后的特征越大，h 越大。

如果累积的停止分数大于阈值（比如 1），则剩下的残差模块不再计算，最后一个计算单元的停止分数设置为剩余值（Reminder），等于 1 减去前面所有单元的停止分数之和。在图 4.26

中，前面三个单元的停止分数分别是 0.1，0.1，0.2，因为第四个单元的停止分数等于 0.9，所以在第四个单元处应该退出，最终加权时第四个单元的停止分数=1−0.1−0.1−0.2=0.6。

设计一个损失等于已经计算的单元数和剩余值之和，将其加权后添加到原始的损失中，最小化这个损失会鼓励每个残差模块组内部提前结束，从而降低计算量，最后输出等于各层特征根据其对应停止分数进行加权的结果。

另外，对于一幅待测试的图像，不同区域的有用信息是不同的，如果可以像显著图检测一样定位目标区域，舍弃目标区域外的计算成本，则可以提高计算效率。因此，可以将上面的思想应用于各个子区域，并计算子区域的停止分数，超过阈值就让其后续不再参与计算。

3．Blockdrop 网络与 SkipNet

由残差模块组成的残差网络是当前主流的模型架构，Stochastic Depth 等研究表明，在训练时随机丢弃一些残差模块，可以获得不同深度的模型集成的效果，提高模型的泛化能力。这也说明，去掉一些残差模块对深度残差网络性能的影响其实并不大。那么我们在进行测试时，是否可以在维持性能不变的基础上，去除一些残差模块来减少计算量呢？

Blockdrop 网络通过学习一个策略网络（Policy Network）来学习。对于一个输入图像，它会学习到每个残差模块是应该保留还是丢弃，如图 4.27 所示。

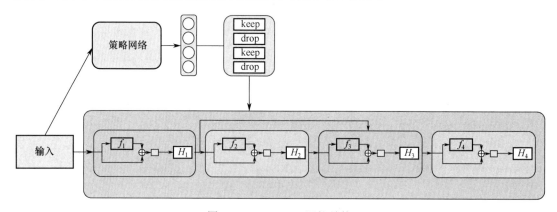

图 4.27　Blockdrop 网络结构

图 4.27 中的网络包括 4 个残差模块，学习到的结果就是（keep, drop, keep, drop），即保留第 1、3 个模块，删除第 2、4 个模块。当一个模块被丢弃时，前一个模块的输出直接跳过该模块作为下一个模块的输入。

对于简单的图像，在推理时可以使用更少的模块；对于复杂的图像，在推理时可以使用更多的模块。在 CIFAR 数据集上的实验结果表明，在比基准 ResNet 少 65%参数的情况下，Blockdrop 网络还能够取得 0.4%的精度提升。在 ImageNet 数据集上的实验结果表明，在性能相当的情况下，Blockdrop 网络比基准网络取得了 20%的速度提升。

还有一个网络与 Blockdrop 网络类似，名为 SkipNet，它研究的对象也是残差网络。对于某一个残差模块是否应该删除，SkipNet 是基于前一个模块的激活值通过门网络之后的输出来判断的，如图 4.28 所示。门网络可以被独立地添加在各个残差模块中，也可以所有的残差模块共用同一套门网络，从而减少参数量。

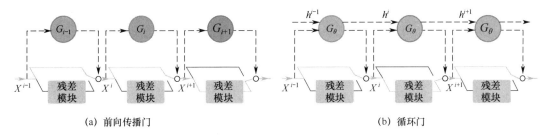

(a) 前向传播门   (b) 循环门

图 4.28 SkipNet 结构

4.4.3 基于注意力感知的动态模型

图像中的不同空间位置和不同的特征通道所包含的信息不同，有的包含对完成任务至关重要的信息，有的则完全是无用信息。如果能够找出其中不重要的冗余区域，则可以去除与之相关的计算，从而实现更高效的模型。我们往往使用注意力机制来实现对区域重要性的衡量，下面从空间和通道两个典型维度进行介绍。

1. 空间注意力机制

一般来说，前景往往比背景包含更多有用的信息，空间注意力机制可以对样本不同空间位置的重要性进行衡量，一种典型的技术就是显著目标概率图。在显著目标概率图中，空间位置的概率值越大，说明这些像素区域存在越有价值的信息，将这些区域采样出来后再进行计算，是最直观的方法。不过这需要事先产生掩模区域，再使用稀疏卷积计算。一种替代的方案是采用级连的方式，首先采用计算量较少的模型对整个图像进行处理，再对其中重要的特征区域增加额外的计算处理，这与传统的机器学习方法，如级联分类器原理非常相似。下面介绍一个典型研究。

Dynamic Capacity Networks 采用的就是级联分步处理的方式，它包含两个子网络：低性能的子网络（Coarse Model，粗模型）用于对全图进行处理，获得感兴趣的区域，如图 4.29 中的 f_c 操作；高性能的子网络（Fine Model，细模型）则对感兴趣的区域进行精细化处理，如图 4.29 中的 f_f 操作。两者共同使用可以获得更小的计算代价和更高的精度。

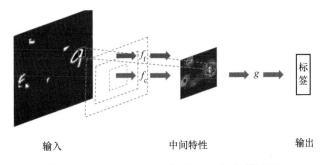

输入   中间特性   输出

图 4.29 Dynamic Capacity Networks 计算原理

Dynamic Capacity Networks 首先对输入图使用粗模型计算得到特征向量，然后通过计算粗模型输出的信息熵，从中获得少数饱和目标区域（10 个左右），最后计算熵相对于预测向量的梯度（见第 3 章的介绍）。该梯度反映了输入对输出预测不确定性的影响，可以作为显著性敏感图，根据其幅度大小就可以评估区域重要性，从而得到那些最影响模型预测结果的局部区域。

得到了这些区域后，就可以使用细模型对这些区域进行预测，并让细模型输出的维度和粗模型的维度匹配，最后将两组模型的结果进行融合。

2．通道注意力机制

与空间注意力机制类似，通道作为数据的一个维度，如果能够减小其尺寸，也能实现降低模型计算量的效果。其核心问题在于如何评估特征的有效性，从中选择有效的特征通道，丢弃无效通道。这与本书后面将介绍的模型剪枝有相似之处，不同之处在于静态模型剪枝一般会永久地去掉参数或特征图，而动态模型剪枝则保留了完整的模型，只是根据输入的不同进行子网络结构的选择。

4.5　卷积乘法操作优化和设计

在深度学习模型的计算中，卷积操作中大量的乘法往往占据了超过 90%的计算量，成为需要优化的重点。当前，一些新的框架通过对乘法计算本身进行优化加速或消除来降低模型的计算量，本节将介绍相关工作。

4.5.1　移位网络

在整数二进制的计算中，常通过移位操作进行乘法运算，如乘以 2 可以通过左移 1 位实现，除以 2 可以通过右移 1 位实现。相比于乘法运算，移位操作只需要内存移动操作，大大提高了运算效率。下面介绍基于二维移位操作的网络。

1．基本移位模型

ShiftNet 将卷积中的乘法操作替换为二维移位操作，大大提高了运算效率。
图 4.30 展示了正常宽卷积操作，即带边界填充的二维图卷积操作。

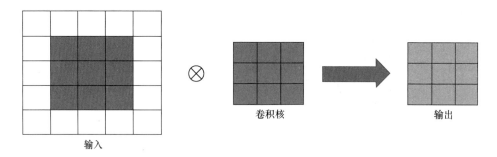

图 4.30　正常宽卷积操作

与之相对，图 4.31 展示了一个右移位操作，相当于将原输入矩阵向右平移一个像素，然后在最左侧一列添加全 0 元素得到输出。

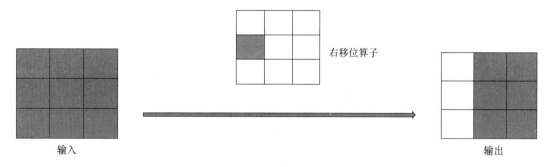

图 4.31　右移位操作

图 4.32 是由移位操作和 1×1 卷积组成的完整移位模块示意。其中包含两个步骤：第一个是移位操作；第二个是 1×1 卷积。移位操作用于对通道内的特征进行提取，而 1×1 卷积用于融合通道之间的特征。

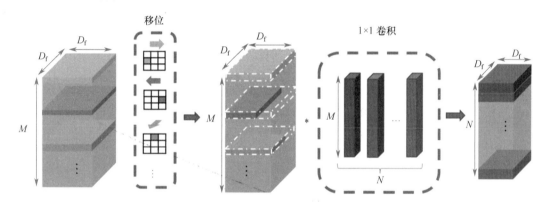

图 4.32　完整移位模块示意

从图 4.32 中可以看出，移位操作与分组卷积有类似之处，它们都单独对每个通道做计算。假设输入大小为 $M \times D_f \times D_f$ 的特征，其中 M 是通道数，$D_f \times D_f$ 是空间分辨率，输出大小也是 $M \times D_f \times D_f$，移位算子大小为 $D_k \times D_k$。在每个通道对应的一次移位操作中，对应的移位算子 K 中只有一个元素为非零，包含 $D_k \times D_k$ 次移位，完成移位操作不需要乘法计算，只需要根据方向进行内存访问。

移位操作的定义如式（4.8）所示。其中，F 表示输入特征图；G 表示输出特征图；K 表示移位算子。

$$G_{k,l,m} = \sum_{i,j} K_{i,j,m} F_{k+\hat{i},l+\hat{j},m} \tag{4.8}$$

式中 K 的计算如式（4.9）所示。

$$K_{i,j,m} = \begin{cases} 1, & i = i_m \text{且} j = j_m \\ 0, & \text{其他} \end{cases} \tag{4.9}$$

可以看出，移位操作实际上是通道可分离卷积的特例。对于每个通道，每次移位操作中对应算子 K 只有一个元素为非零，每个通道实际上就有 $D_k \times D_k$ 种移位操作。

一个输入通道数为 M 的特征图移位操作，最多可以有 $(D_k \times D_k)^M$ 种操作，其搜索空间太大，我们可以对其进行限制。将 M 个通道分为 $D_k \times D_k$ 组，每个组内共享移位操作，称这样的一个组为一个移位组（Shift Group），不同组之间使用不同的操作。

ShiftNet 用移位组成的模块替换标准卷积模块，Sparse ShiftNet 则通过减少不必要的移位操作，更进一步地压缩模型的计算量。

统计同一个网络 ShiftNet 在 CPU 和 GPU 上进行推理时不同算子的运行时间（Runtime）占比发现，在 CPU 上，移位操作占 3.6%的运行时间，相应的卷积占 91%以上的运行时间；但在 GPU 上，移位操作占 28.1%的运行时间，而卷积只占 51%的运行时间。因为使用 GPU 进行推理时，CPU 和 GPU 存在较多内存移动操作，移位操作仍然占据相当多的运行时间。

深度可分离卷积其实也有类似的特性，仅用深度可分离卷积代替移位算子来测试 GPU 的推理时间，当使用 5×5 的卷积核时，深度可分离卷积占了运行时间的 79.2%；当使用 3×3 的卷积核时，深度可分离卷积占了运行时间的 62.1%。可以看出，移位操作相比于深度可分离卷积具有优越性，但是在 GPU 的计算中，它仍然有比较大的时间占比，因此有进一步优化的空间。

有研究者发现 Sparse ShiftNet 中其实有一些冗余的移位操作可以去除，因而提出了稀疏移位层（Sparse Shift Layer，SSR），它通过对移位操作数量增加惩罚，获得了更加稀疏的移位操作，从而显著减少了移位操作的占用时间。实验结果表明，稀疏的移位操作就已经足够提供空间信息交流。

2. 针对 GPU 优化的移位模型

包含内存移动操作的模型并不能非常有效地在基于 GPU 的机器上实现，前面介绍过的 MobileNet、ShuffleNet 和 ShiftNet 都存在这样的问题。研究表明，在 MobileNet 中，深度可分离卷积操作只占了总计算量的 3%和总参数量的 1%，但其推理时间占了总推理时间的 20%。在 ShuffleNet 中，通道打乱（Channel Shuffle）与跳层连接（Shortcut Connections）操作不占任何参数量和计算量，但其推理时间占了总推理时间的 30%。在 ShiftNet 中，特征图的移位操作理论上没有参数量和计算量，但其推理时间占了总推理时间的 25%。针对这些问题，AddressNet 的提出者设计了三种对 GPU 推理更加友好的移位算子，分别是通道移动（Channel Shift）、地址移动（Address Shift）、跳层偏移（Shortcut Shift），与一般移位操作相比，它们可以减少 GPU 上的推理时间，实现模型加速。

（1）通道移动：用来替代通道打乱操作。

通道打乱操作非常耗时，因为它需要将特征映射移动到另一个存储空间。与浮点运算相比，移动数据在时延和能耗方面要高得多。相比之下，移动指针或加载数据的物理地址则基本无计算量。因此，Channel Shift Primitive 操作被提出，它不对数据进行实际移动，而是移动数据指针的位置，如图 4.33 所示。在通道移动层中，将通道沿预定义的方向进行循环移位，该过程最多花费两个单位的时间来复制数据。

在图 4.33 中，通道移动的内存移动计算量是通道打乱的 1/8。虽然它和通道打乱的操作效果并不完全等价，但实验结果表明二者具有相当的性能。

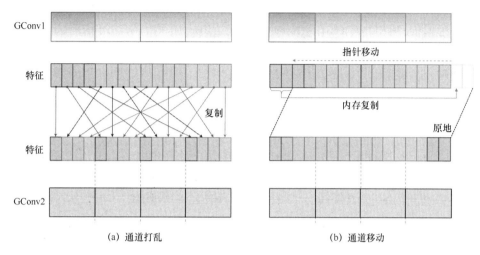

图 4.33　通道打乱和通道移动操作比较

（2）地址移动：用于有效收集空间信息而不消耗实际的推理时间。

地址移动是把卷积核沿 4 个不同的方向移位，原理如图 4.34 所示。

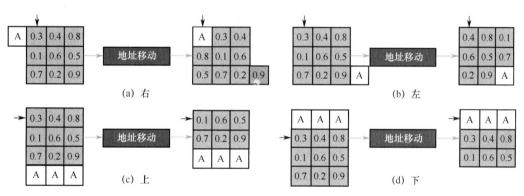

图 4.34　地址移动操作原理

以右移为例：图 4.34（a）中左侧的黑色箭头指向特征图的初始地址，右移操作是指把这个地址移动一位，使它指向前面的 A，然后从该地址开始在内存空间中连续取数据，相当于将整个数据张量右移一位。类似地，可以定义其他三种不同的移位操作（左、上和下）。

地址移动中的右移操作与 ShiftNet 操作中的右移操作不同，ShiftNet 中的右移操作相当于在最左侧填充值全为 0 的一列数据，而地址移动中的右移操作会在左上角填充 0，其他元素则从左到右、从上到下依次重新排列。实验发现，这种细微差别对网络的准确性没有明显的影响。在地址移动这四个基础移位操作的基础上，可以组合成更加复杂的移位操作，如左上移位方向也可以分解为左移位+上移位的形式。

（3）跳层偏移：通过预先分配连续的存储空间来提供快速的通道拼接以实现残差，但是不消耗推理时间。

跳层偏移通过预先分配一个固定大小的空间，将当前层的输出放在上一层的输出之后。换句话说，可以使两层的输出位于预先分配的连续存储空间中，这样就不会在通道拼接上花费复制或计算时间，只需要在内存空间中移动指针就可以实现。

通道移动可以融合通道之间的信息，地址移动可以融合空间信息，通过二者的交替使用，就可以实现特征的提取。

4.5.2　加法网络

卷积神经网络使用卷积核和输入特征通道进行卷积来不断地提取特征，并最终获得有鉴别力的特征来完成不同的任务。对于分类任务来说，最后完成任务依赖的是特征之间的相似度，当将其降维到二维空间后，可分类的特征往往处在不同的角度区间，更好的特征在角度上拥有更好的区分度，同一个类的特征聚集在比较小的角度范围内。

既然我们需要的是具有鉴别力的特征，那是不是可以使用其他操作来代替乘法呢？在标准卷积网络的多通道卷积中，乘法操作和加法操作是同时存在的，但是加法操作的计算速度远大于乘法操作，因此在理论计算中，往往忽略它对于运算时间的贡献。

AdderNet 去除了卷积操作中的乘法，而只使用加法模型，在分类任务上取得了逼近包含乘法的卷积神经网络基准模型性能的效果，并减小了计算代价。

AdderNet 中特征之间的相似度可以通过 L1 距离来计算，如式（4.10）所示。其与 CNN 模型的特征可视化对比如图 4.35 所示。

$$Y(m,n,t) = -\sum_{i=0}^{d}\sum_{j=0}^{d}\sum_{k=0}^{c_{in}} | X(m+i,n+j,k) - F(i,j,k,t) | \tag{4.10}$$

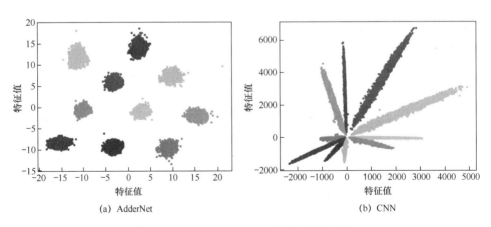

(a) AdderNet　　　　(b) CNN

图 4.35　AdderNet 与 CNN 特征可视化对比

如果特征想要具有较好的鉴别力，在空间的分布就会如图 4.35（a）所示，它不依赖角度，而是在空间距离上分布为不同的聚集区域。

AdderNet 的主要问题是如何保证训练的稳定性，输出特征 Y 对滤波器 F 的梯度如下。

$$\frac{\partial Y(m,n,t)}{\partial F(i,j,k,t)} = \text{sgn}(X(m+i,n+j,k) - F(i,j,k,t)) \tag{4.11}$$

式中，sgn 代表符号函数。这样的梯度只能取若干离散值，明显不利于模型优化，所以用 L2 距离的导数来替换，这种形式的梯度可以直接表示为输入特征和滤波器之间的距离大小。

输出特征 Y 对输入特征 X 的梯度计算也类似于式（4.11），不过要对结果进行截断操作。如果不对 X 进行截断，多层的反向传播会使改进梯度的量级和真实梯度的量级有很大的累计误差，导致梯度爆炸。

在一般的 CNN 中，如果想要在网络优化过程中保证运算结果稳定，最好保证每层的输出分布相似，即激活值和状态梯度的方差在传播过程中保持不变，Xavier 等参数初始化方法和 BN 等参数标准化技术都力图保证这一点。

对于 AdderNet 来说，每层的梯度方差差异较大，可使用每层的梯度和神经元个数对学习率进行自适应归一化来提高模型训练的稳定性，其自适应计算如式（4.12）所示。

$$\alpha_l = \frac{\eta}{\sqrt{k} \parallel \Delta L(F_l) \parallel_2} \tag{4.12}$$

式中，k 是每层的特征元素数；ΔL 是第 l 层的梯度。

4.5.3 移位网络与加法网络结合

移位网络和加法网络都是典型的高效率网络，但仅使用移位网络或者加法网络，性能均不如原始的 DNN。移位网络的特点是硬件执行效率高，但表达能力（Expressive Capacity）不如基于乘法的网络。这里的表达能力是指在相同或相似的硬件成本下网络达到的精度，即如果网络 A 以相同甚至更少的浮点运算量（或能量成本）为代价达到更高的精度，则认为网络 A 具有更好的表达能力。

因为移位操作是通道级别的粗粒度操作，而加法操作属于元素级别的细粒度操作，两者可以互补，因此 ShiftAddNet 将移位操作和加法操作集成一个网络，与仅具有两个同样操作单元的网络相比，可以得到更高的任务准确性和硬件效率。ShiftAddNet 表明加法操作和移位操作可以在资源紧张的硬件平台上大幅降低能耗。

当分别在 FPGA 和 45nm CMOS 平台上进行计算时，32 位定点数移位操作可以比乘法操作节省高达 196 倍和 24 倍的能量成本，32 位浮点数移位操作可以比乘法操作节省高达 8 倍和 8.3 倍的能量成本，32 位定点数加法操作可以比乘法操作节省高达 196 倍和 31 倍的能量成本，32 位浮点数加法操作可以比乘法操作节省高达 47 倍和 4.1 倍的能量成本。

4.6 重参数化技巧

重参数化技巧的主要原理是对已有网络层的参数合并，从而减少非必要的网络结构单元，尤其是一些参数量较少但运行时间不可忽略的网络层，比如 BN 层和拼接层等。下面介绍相关技术。

4.6.1　网络层合并

标准化层、池化层和特征拼接层都是非张量层，即没有张量参数的网络层。研究者统计发现，在 AlexNet、GoogLeNet 和 ResNet50 等模型中，非张量层在主流 ARM CPU 上运行的时间占模型总运行时间的 1/3 及以上，这严重影响了这些模型在移动端设备上的运行效率；非张量层在 X86 CPU 上的运行时间占比甚至更高。

在一般的卷积模型训练中，标准化层被用于进行特征标准化，从而提高模型训练的稳定性和速度；一般池化层被用于提高模型的泛化能力；特征拼接层也是非常重要的基础模块。它们的参数量相比于卷积核的参数量可以忽略不计，但是这些模块的运行时间占比远远大于参数量占比。DeepRebirth 的提出者最早提出将这些层合并到卷积层与全连接层等张量层的工程技术，从而在模型推理时提高运行速度，其原理如图 4.36 所示。

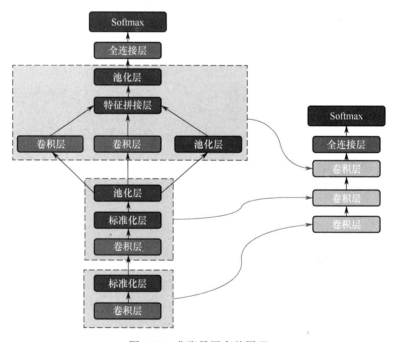

图 4.36　非张量层合并原理

对于一些网络层来说，可以直接合并而不影响模型精度，比如 BN 层。而有的网络层合并后模型的精度会发生变化，比如池化层，可能需要进一步微调来恢复精度。接下来我们只关注合并前后模型精度并不会发生变化的情况，如 BN 层合并。

BN 层一般接在卷积层之后，它可以直接被合并到卷积层的参数中，并且不影响模型的精度，令合并前卷积核权重与偏移量分别是 W 和 b，BN 层的均值、方差、尺度、偏移系数分别是 μ，σ，γ，β，合并之后新的卷积核权重和偏移量如式（4.13）所示。

$$W'_{i,:,:,:} = \frac{\gamma_i}{\sigma_i} W_{i,:,:,:}\,;\, b'_{i,:,:,:} = -\frac{\mu_i \gamma_i}{\sigma_i} + \beta_i \qquad (4.13)$$

4.6.2　分支合并

当前，在以 ResNet 为代表的模型中，分支是非常常见的，它们会在主支之外占据额外的推理时间。RepVGG 是一个典型的分支合并网络，它的主支是全部由 3×3 卷积组成的 VGG 风格的网络，而分支则包含 1×1 卷积和恒等映射，在训练和推理时采用了不同但等价的结构，实现了推理效率的提升并保证了模型的性能。

图 4.37 展示了 RepVGG 网络，在训练时，网络结构中存在 1×1 卷积和 3×3 卷积的分支，但测试时 1×1 卷积的分支被合并到 3×3 卷积中，从而得到一个非常简单的无分支结构，这种结构在计算效率和可移植性上都更有优势，其中的核心问题是如何进行合并才能不影响模型的精度。

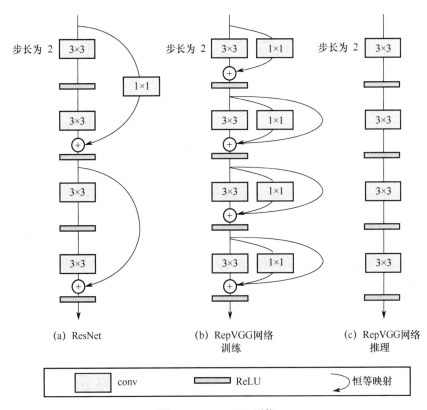

(a) ResNet　　　　(b) RepVGG网络　　　　(c) RepVGG网络
　　　　　　　　　　　　训练　　　　　　　　　　推理

▭	conv	▬	ReLU	↶ 恒等映射

图 4.37　RepVGG 网络

下面我们来看各分支结构合并的原理，如图 4.38 所示。图 4.38 中给出了网络结构调整的步骤，输入有三个分支：3×3 卷积层+BN 层、1×1 卷积层+BN 层，以及恒等映射加 BN 层。3×3 卷积层+BN 层直接进行参数合并即可，不需要修改。1×1 卷积可以直接填充为 3×3 卷积，因为它本身就是 3×3 卷积的一个特例，只有中间像素非零。而恒等映射本身也可以变成 3×3 卷积，不过只有对应通道的卷积中心像素有值，其他为空。于是，该结构就变成了三组并行的尺度相等的 3×3 卷积，它们在推理时就可以合并了。

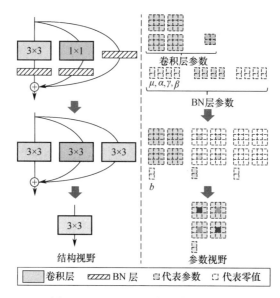

图 4.38　RepVGG 网络分支合并原理

4.7　新颖算子设计

卷积神经网络相比于全连接神经网络，本身是更轻量级的模型，而研究者也没有放弃探索比当下标准多通道卷积更加高效的算子。本节介绍一个典型的技术，即 Involution。它是一种新的神经网络算子，与卷积的空间局部共享而通道不共享不同，它采用了空间局部不共享而通道共享的方式，相比于当前的多通道卷积，可以进一步压缩参数量和计算量。

普通卷积的卷积核享有空间不变性（Spatial-agnostic）和通道特异性（Channel-specific）两大基本特性。通常卷积核的大小为 $1 \times 1 \times C_{in} \times C_{out} \times K \times K$，其中，$C_{in}$ 和 C_{out} 表示输入和输出通道数；K 表示卷积核尺寸。卷积的两个基本特性带来以下两个特点。

（1）参数空间共享，与特征图大小无关，但与通道有关，并且复杂度是 $C_{in} \times C_{out}$，所以我们需要限制通道的数目以防止参数量暴涨；另外，由于通道还存在冗余性，所以许多工作致力于对通道进行压缩，如低秩分解和模型剪枝。

（2）平移等变性，对空间上类似的区域产生类似的响应，不过这也会导致提取的特征比较单一，所以人们研究动态卷积、注意力机制、非局部卷积，就是希望可以根据输入的不同来灵活地调整卷积核的参数。

而 Involution 具有通道不变性（Channel-agnostic）和空间特异性（Spatial-specific），其大小为 $H \times W \times K \times K \times G$，其中，$H$ 和 W 表示特征图的高和宽；G 表示通道组数，可以设计为 $G \ll C$（通道数），即所有通道共享 G 个核。

基于 Involution 的特征图输入，输出计算式如下：

$$Y_{i,j,k} = \sum_{(u,v) \in \Delta K} \mathcal{H}_{i,j,u+\left[\frac{K}{2}\right],v+\left[\frac{K}{2}\right],[kG/C]} X_{i+u,j+v,k} \tag{4.14}$$

为了让卷积核和输入特征图在空间维度上自动对齐，即使用固定大小的图像作为输入训练得到的权重，可以迁移到其他图像尺寸上，Involution 没有像卷积一样采用固定的权重矩阵作为可学习的参数，而是考虑基于输入特征图生成对应的 Involution 核（Kernel）。具体来说，就是针对输入特征图的一个坐标点上的特征向量，先通过（FC-BN-ReLU-FC）和重变形操作将通道在空间维度变换展开成核的形状，从而得到这个坐标点上对应的 Involution 核，再将其和输入特征图上这个坐标点邻域的特征图进行乘加运算，得到最终的输出特征图，这两个步骤用公式表示为

$$\mathcal{H}_{i,j} = \phi(X_{i,j}) = W_1 \sigma(W_0 X_{i,j}) \qquad (4.15)$$

式中，W_0 的尺度大小为 $(C/r) \times C$，其中，r 是通道缩放因子；W_1 的尺度大小为 $(K \times K \times G) \times (C \times r)$。图 4.39 展示了一个像素点的计算过程。

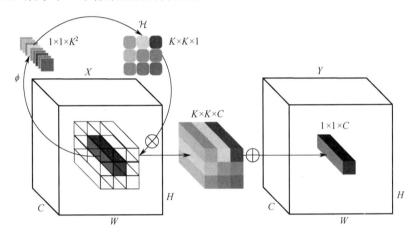

图 4.39 一个像素点的计算过程

输入的特征尺度经过了如下的变换过程：

$$X_{i,j} : 1 \times 1 \times C \xrightarrow{\text{FC}} 1 \times 1 \times \frac{C}{r} \xrightarrow{\text{FC}} 1 \times 1 \times (K^2 G) \xrightarrow{\text{变形}} K \times K \times C \xrightarrow{\text{乘加}} Y_{i,j} : 1 \times 1 \times C$$

$$X_{\Omega_{i,j}} : K \times K \times C \xrightarrow{\text{乘加}}$$

写成 PyTorch 伪代码如下，其中 kernel 的尺寸为 $(B, G, K \times K, H, W)$，输入 x 的尺寸为 $(B, G, C /\!/ G, K \times K, H, W)$。

```
# B: batch size, H: height, W: width
# C: channel number, G: group number
# K: kernel size, s: stride, r: reduction ratio
################### initialization ###################
o = nn.AvgPool2d(s, s) if s > 1 else nn.Identity()
reduce = nn.Conv2d(C, C//r, 1)
span = nn.Conv2d(C//r, K*K*G, 1)
unfold = nn.Unfold(K, dilation, padding, s)
################### forward pass ###################
x_unfolded = unfold(x) # B,C*K*K,H*W
x_unfolded = x_unfolded.view(B, G, C//G, K*K, H, W)
# kernel generation
```

```
kernel = span(reduce(o(x))) # B,K*K*G,H,W
kernel = kernel.view(B, G, K*K, H, W).unsqueeze(2)
# Multiply-Add operation
out = mul(kernel, x_unfolded).sum(dim=3) # B,G,C/G,H,W
out = out.view(B, C, H, W)
return out
```

假设输入/输出通道数为 C，卷积核大小为 $K×K$，特征图空间尺度为 $H×W$，Involution 算子的参数量为 $(C/r)×C+(C/r)×(K×K×G)$，计算量为 $H×W×((C/r)×C+(C/r)×(K×K×G))+H×W×(K×K×C)$；普通卷积参数量为 $K×K×C×C$，计算量为 $H×W×K×K×C×C$，Involution 算子有更少的参数量和计算量。

从 Involution 算子的参数量和计算量计算式可以看出，其主要影响因子是通道数，因此使用更大的卷积核不会像在卷积中那样引起参数量和计算量的显著增长，这对许多需要更大感受野的任务来说是有益的。

4.8 低秩稀疏化设计

一个 $m×k$ 维的实数矩阵 W 可以进行奇异值分解，即 $W=USV$，其中 U 维度为 $m×n$，S 维度为 $m×k$，V 维度为 $k×k$。S 是非负实数对角矩阵，如果将其对角线的值进行降序排列，会发现值衰减很快，只需要前面几维就能保持 W 的绝大多数信息不丢失。假如只保留 t 维，那么原来的计算复杂度为 $O(m×k)$，现在则变成了 $O(m×t+t×t+t×k)$，对于足够小的 t，$O(m×t+t×t+t×k)$ 远小于 $O(m×k)$。

研究表明，高维的权重参数可以通过奇异值分解（SVD 分解）等技术进行低秩近似，这就是所谓的低秩稀疏化技术：通过将权重矩阵分解后进行降维，保留其中的主要信息，从而实现权重矩阵的维度约减，实现网络参数压缩。

一般将向量称为一维张量，将矩阵称为二维张量，那么卷积神经网络中的卷积核可视为四维张量（$K \in \mathbf{R}^{d×d×I×O}$），其中，$I$、$d$、$O$ 分别表示输入通道数、卷积核尺寸和输出通道数。由于全连接层可视为二维张量，因此张量分解方法也可用于去除全连接层的冗余信息。

对于相同的输入 X，权重矩阵 W 与分解后的矩阵 $\tilde{W}$，需满足下列条件：

$$\min_W \left\| WX - \tilde{W}X \right\|_F^2, \text{s.t. } \text{rank}(\tilde{W}) \leqslant k \tag{4.16}$$

可化简为

$$\min_W \left\| W - \tilde{W} \right\|_F^2, \text{s.t. } \text{rank}(\tilde{W}) \leqslant k \tag{4.17}$$

其中，$\tilde{W}$ 可采用 SVD 分解、PQ 分解等方法。

低秩分解的原理是基于不同卷积核之间存在的冗余信息，利用分解后的卷积核的线性组合来表示原始卷积核集合。目前大多数的张量分解方法都是逐层分解网络的，并非基于整体进行考虑，有可能会造成隐藏层之间的信息损失。这类方法原理简单，容易理解，但是如何保证多层之间信息的准确性还有待研究。另外，矩阵的分解操作会造成网络训练过程的计算资源消耗过大，而且每次张量分解之后都需要重新训练网络至收敛，加剧了网络训练的复杂度。后面介绍的模型剪枝技术与这里的技术有相通之处。

第5章 模型剪枝

一个稀疏的模型拥有更好的泛化能力，获取稀疏模型的一个方法就是对模型进行剪枝。模型剪枝可以在训练过程中进行，也可以在训练后进行，本章将介绍相关的技术。

5.1 模型剪枝基础

5.1.1 什么是模型剪枝

深度学习网络模型从卷积层到全连接层存在大量冗余的参数，其中许多神经元的激活值趋近 0，将这些神经元去除后模型的能力并未明显减弱，这种情况称为过参数化。如果基于某些准则去除冗余的权重连接、神经节点甚至卷积核，以精简网络的结构，使网络结构更稀疏化，该技术就是模型剪枝。

我们熟知的 Dropout 技术和 Drop Connect 技术就分别对应神经元的剪枝和神经元连接的剪枝，如图 5.1 所示。

Dropout 技术随机将一些神经元的输出置零，这相当于去除了该神经元，而 Drop Connect 技术随机将一些神经元之间的连接置零，使得权重连接矩阵变得稀疏。

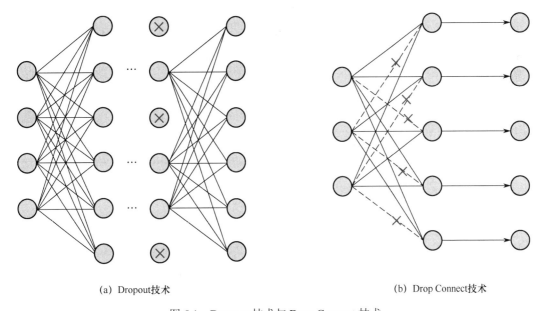

(a) Dropout技术　　　　　　　　　(b) Drop Connect技术

图 5.1　Dropout 技术与 Drop Connect 技术

Dropout 和 Drop Connect 只在模型训练过程中被使用，其主要作用是增加模型的泛化能力，不能起到精简模型的作用。它们虽然包含了类似剪枝的操作，但实际最终的模型并没有被裁剪，因此并不属于模型剪枝算法。

5.1.2　模型剪枝的粒度

根据粒度的不同，剪枝算法可以划分为几种常见类型，如图 5.2 所示。

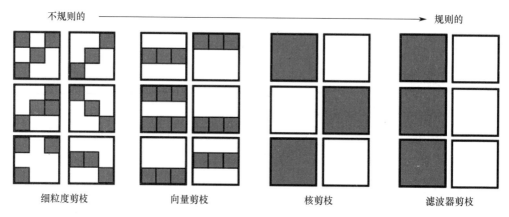

图 5.2　按不同的剪枝粒度分类剪枝算法

细粒度剪枝（Fine-grained）：对单独的连接进行剪枝，它是粒度最小的剪枝，会去除某些权重参数，在框架中具体实现时，其实就是将被剪掉的连接权重值置零，往往还需要存储一个与权重参数矩阵大小相等的掩模参数矩阵。

向量剪枝（Vector-level）：比细粒度剪枝粒度更大，本质上属于卷积核内（Intra-kernel）剪枝，用于去除卷积核空间位置连续的一些权重。

核剪枝（Kernel-level）：去除一些卷积核，会使输入通道中的一些通道不会对输出通道有作用。

滤波器剪枝（Filter-level）：对整个卷积核组进行剪枝，会造成推理过程中输出特征通道数的改变，即减少了网络的宽度。这类方法在减少网络参数方面的效果明显，但同时存在网络性能下降严重的问题。

除此之外，还有对整个网络层的剪枝，它可以看作滤波器剪枝的特例，即所有的滤波器都被丢弃。

细粒度剪枝、向量剪枝、核剪枝方法在参数量与模型性能之间取得了一定的平衡，但这些方法具体实现时效率不高，实际模型压缩和加速效果没有理论效果好。由于细粒度剪枝及向量剪枝都会造成卷积核稀疏，并没有固定的结构特点，因此它们被统称为非结构化剪枝。滤波器剪枝常被称为粗粒度剪枝，它能够以结构化的方式跳过计算并减少内存引用，这可以使用更高效的硬件实现，在当前也能够达到与细粒度剪枝相似甚至更好的压缩率。

5.2　模型稀疏学习

模型剪枝的目标是在尽可能不损害模型性能的前提下，去除一些连接或者神经元，它要求模型存在一定的冗余性。我们可以通过某些机制约束模型，使其学习后权重参数中存在大量为 0 或非常小的值，然后在使用时将这些参数去除，从而实现模型剪枝。相关技术称为模型稀疏学习，本节介绍模型稀疏学习的两类代表性方法。

5.2.1　权重正则化约束

权重正则化约束是一种简单的正则化技术，用于限制模型中权重的绝对幅度大小，其中最常见的是 L1 正则化约束和 L2 正则化约束，它们的定义分为如式（5.1）和式（5.2）所示，其中，$J(\omega; X, y)$ 是优化目标，ω 是权重参数。

$$\tilde{J}(\omega; X, y) = J(\omega; X, y) + \alpha \|\omega\|_1 \tag{5.1}$$

$$\tilde{J}(\omega; X, y) = J(\omega; X, y) + \frac{\alpha}{2} \|\omega\|_2 \tag{5.2}$$

L1 正则化约束相对于 L2 正则化约束能够产生更加稀疏的模型，使得其中一些参数变成 0，也称为 LASSO 问题。

如图 5.3 分别是 L1 正则化约束与 L2 正则化约束的示意。其中，上方同心圆表示任务本身的优化目标，比如回归任务中常用的欧式距离，其优化目标在参数空间中是同心圆的形式；下方灰色圆圈和方框表示 L2 正则化约束与 L1 正则化约束的参数，与同心圆的交点表示最优解。

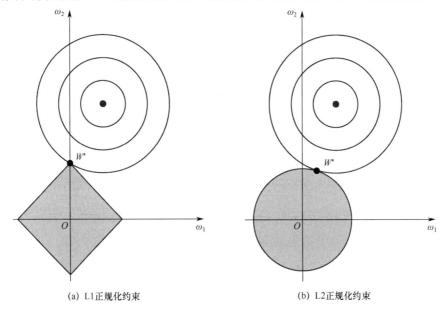

（a）L1正规化约束　　　　　　　　　（b）L2正规化约束

图 5.3　L1 正则化约束与 L2 正则化约束示意

在 L2 正则化约束下，优化目标在参数空间是一个圆，与任务本身优化目标的交点所得的解，靠近坐标轴，但不会位于坐标轴，因此其可以取较小的参数。

在 L1 正则化约束下，优化目标在参数空间是一个正方形，与任务本身优化目标的交点所得的解位于坐标轴，因此其可以取值为 0 的参数。相比于 L2 正则化约束，使用 L1 正则化约束可以取得更加稀疏的解。

权重正则化约束可以取得细粒度的稀疏权重，但是它带来的问题是不规则的内存访问，因此对于现有的硬件实现并不友好，更好的方法是结构稀疏化学习（Structured Sparsity Learning，SSL），它是更粗粒度的稀疏正则化约束方法，可以对滤波器数量、通道数量、滤波器形状及网络深度进行稀疏化。

SSL 的实现是在优化目标上增加一项 Group Lasso：

$$E(W) = E_D(W) + \lambda R(W) + \lambda_g \sum_{l=1}^{L} R_g(W^{(l)}) \tag{5.3}$$

式中，W 是权重；$E_D(W)$ 是正常的损失项；$R(W)$ 是非结构化正则项；$R_g(W^{(l)})$ 是每层的结构化正则项，称为 Group Lasso，因为它会使某一组的权重变为 0。

对于滤波器（Filter-wise）级别的稀疏化，Group Lasso 对应的正则项为

$$\sum_{l=1}^{L} \left(\sum_{n_l=1}^{N_l} \| W^{(l)}_{n_l,:,:,:} \|_g \right) \tag{5.4}$$

式中，N_l 为第 l 层的总分组数，它等于当前层的输入通道数，每组对应若干滤波器，用于对输入的所有通道进行卷积，产生一个通道的输出结果。

对于通道（Channel-wise）级别的稀疏化，Group Lasso 对应的正则项为

$$\sum_{l=1}^{L} \left(\sum_{c_l=1}^{C_l} \| W^{(l)}_{:,c_l,:,:} \|_g \right) \tag{5.5}$$

式中，C_l 为第 l 层的总通道数，它等于当前层的输出通道数，每组对应当前层某个输出通道的所有相关滤波器，用于对这些通道进行卷积，产生输出结果。

由于去除某一层的一个滤波器组会影响输出的通道数量，从而影响下一层的卷积核数量，因此滤波器级别的稀疏化和通道级别的稀疏化是同时进行的。

类似地，可以定义滤波器形状的稀疏化和网络深度的稀疏化，分别如式（5.6）和式（5.7）所示。

$$\sum_{l=1}^{L} \left(\sum_{c_l=1}^{C_l} \sum_{m_l=1}^{M_l} \sum_{k_l=1}^{K_l} \| W^{(l)}_{:,c_l,m_l,k_l} \|_g \right) \tag{5.6}$$

$$\sum_{l=1}^{L} \| W^{(l)} \|_g \tag{5.7}$$

对于网络深度稀疏化，当去除一个网络层之后，采用跳层连接的思想，直接进行输入和输出之间的连接，以保证梯度信息的传播。

另外，权重正则化约束技术还可以用于全连接层。将 Group Lasso 项添加到全连接层的每个神经元上，如果一个神经元的输入连接关系全是零，那么它就退化成下一层的一个偏置神

经元；如果一个神经元的输出连接关系全为零，那么它就退化成一个可移除的冗余神经元。

5.2.2　基于网络结构的设计

权重正则化约束方法通过优化目标来驱动模型内在地学习出参数稀疏性，下面介绍一些基于模型结构设计的方法，它们无法直接对模型参数稀疏性进行学习，但是可以通过对特征的稀疏性进行约束，间接地对对应参数进行稀疏化。

1．基于标准化层特征缩放的方法

在当前的很多模型结构中，BN 层是标准模块，它会接在卷积层后对卷积层的输出进行缩放，而且每个输出通道都对应单独的缩放因子 γ。Network Slimming 框架将 BN 层的缩放因子 γ 作为对应通道的重要性衡量因子，γ 越小则认为对应的通道越不重要，是可以被裁剪掉的对象。具体的实现为，在目标方程中增加一个关于 BN 层缩放因子 γ 的正则项，使得一些 γ 很小或者趋近 0，完整的优化目标如式（5.8）所示。其中，$l(f(x,W),y)$ 表示任务本身的优化目标；$g(\gamma)$ 则是正则项。

$$L = \sum_{(x,y)} l(f(x,W),y) + \lambda \sum_{\gamma \in \Omega} g(\gamma) \tag{5.8}$$

通过调整损失权重参数 λ 的大小，可以对网络通道激活值的稀疏性进行约束，更大的值会使网络的特征激活值更加稀疏，获得更大的剪枝率，但也可能会降低模型的性能。

这个框架是非常简单的，因为它不需要我们对已有的模型结构进行重新设计，仅仅是在优化目标中增加正则项就可以实现。

2．基于注意力机制特征缩放的方法

其实也可以采用通道注意力机制来学习每个通道对应的权重参数，它需要增加一个额外的注意力分支通道。AutoPruner 通过带参数的 sigmoid 函数 sigmoid(αx) 来对通道的重要性进行学习。其中，α 的值越大，参数曲线就越容易饱和。该注意力分支包括了池化层、全连接层和 scaled sigmoid 激活层，最后通过阈值将 sigmoid(αx) 的输出映射成 0/1 向量，每个维度与分支输入特征维度对应，向量值为 0，则去除对应的特征通道。

我们知道，如果 α 过大，sigmoid(αx) 就很容易饱和；如果 α 过小，则难以实现剪枝的目标。为了让整个学习过程比较平滑稳定，可采用逐渐增加 α 的训练策略，并且对不同的网络采用不同的策略。例如，VGG16 的起始值为 0.1，终止值为 1；而 ResNet 的起始值为 1，终止值不小于 100，这是一个需要优化的地方，增加了超参数优化的成本。

3．直接进行缩放参数学习

基于标准化层和注意力机制特征缩放的方法通过一个特有的模块来学习，实际上也可以直接将缩放参数添加到对应特征通道中进行稀疏化约束学习。

Data-Driven Sparse Structure Selection 框架通过对单独的特征通道和特征分支添加缩放因子来衡量其重要性，通过正则化技术来约束因子的值，从而实现对一些通道和分支的剪枝。不同模型结构添加缩放因子示意如图 5.4 所示。

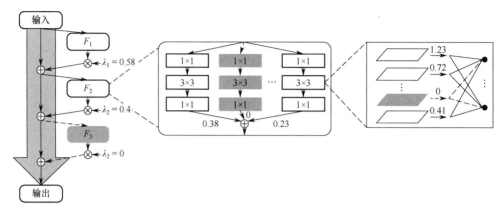

图 5.4　不同模型结构添加缩放因子示意

图 5.4 从左至右分别展示了将缩放因子用于残差网络的分支、分组网络的分支及特征通道的情况。对这三种微结构都预测一个尺度因子，灰色的部分对应尺度因子 λ 为 0，它们不会对输出有贡献，因此可以被剪枝，从而彻底从网络结构中移除。损失函数中需要添加关于 λ 的正则项，该框架并不是让网络中的权重稀疏化为 0，而是让对应分支的输出为 0，并且是基于数据驱动的方案。

5.3　非结构化剪枝技术

对权重连接进行剪枝是最简单，也是最早期的剪枝技术，由于剪枝后的模型结构不再是规则与密集的，因此其被称为非结构化剪枝技术。本节介绍其中的一些代表性的方法。

5.3.1　基于优化目标的方法

模型剪枝方法早在深度学习并未流行的 20 世纪 90 年代就已被提出，LeCun 等人提出的最优脑损伤（Optimal Brain Damage，OBD）方法就是其中的代表。

1. OBD 方法

OBD 方法致力于在损失目标和模型的复杂度之间取得平衡，它使用目标函数对参数求二阶导数来表示参数的贡献度大小，为此建立了一个误差函数的局部模型来分析、预测扰动参数向量引起的影响。

用泰勒级数来近似目标函数 E，参数向量 U 的扰动对目标函数的改变使用泰勒展开后如下：

$$\delta E = \sum_i g_i \delta_{u_i} + \frac{1}{2}\sum_i h_{ii}\delta_{u_i}^2 + \frac{1}{2}\sum_{i!=j} h_{ij}\delta_{u_i}\delta_{u_j} + O(\|\delta U\|^3) \tag{5.9}$$

式中，$g_i = \partial E / \partial u_i$，为 E 关于 U 的梯度；$h_{ij} = \partial E / \partial u_i \partial u_j$，为 E 关于 U 的梯度的海森矩阵 H 的元素。

对模型剪枝的过程是希望找到一个参数集合，使得删除这个参数集合之后目标函数 E 的增加最小。需要求解目标函数的海森矩阵 H，这是一个维度为参数量平方的矩阵，几乎无法进行求解。

为此需要对问题进行简化，这建立在以下几个基本假设的基础上。

（1）对角逼近理论：假定删除多个参数所引起的目标函数的改变，等于单独删除每个参数所引起的目标函数改变的和，式（5.9）中等号右侧的第三项就可以忽略。

（2）极值近似理论：当模型训练收敛之后再进行参数删除，参数向量 U 是 E 的局部极小值，因此式（5.9）中等号右侧第一项可以省略。并且所有的 h_{ii} 为非负，参数的改变只会导致目标函数 E 的增加或不变。最后对式（5.9）的关系进行二次近似假定，式（5.9）中等号右侧的最后一项也可以去掉，变为

$$\delta E = \frac{1}{2}\sum_i h_{ii}\delta_{u_i}^2 \tag{5.10}$$

经过简化后式（5.9）只剩下一项，如式（5.10）所示。因此只需要计算 H 矩阵对角线的二阶导数 h_{ii} 就可以得到参数改变时目标函数的改变，根据链式传播法则，h_{ii} 的计算如下：

$$h_{ii} = \sum_{(i,j)\in V_j} \frac{\partial E^2}{\partial W_{i,j}^2} \tag{5.11}$$

式中，$W_{i,j}$ 是神经元 j 到 i 的连接权重。求解式（5.11）的复杂度和求解梯度的复杂度相同，它解决了求解 H 矩阵计算量巨大的问题。

得到 h_{ii} 之后，就可以使用 $h_{ii}u_k^2$ 来表示每个参数对目标函数变化的贡献大小，经过排序后就可以对小的值进行剪枝，其中 u_k 对应的就是权重参数 $W_{i,j}$ 的大小。

由于海森矩阵的计算复杂，OBD 方法并不适用于较大模型的剪枝。研究者对该方法进行了改善，将二阶导数的计算限制在单层网络中，以减少计算量，并证明了剪枝后预测性能下降与每层重构误差的线性组合相关。

2. SNIP 连接敏感性

由于 OBD 方法需要依赖权重 W，其计算过程中依赖目标函数对权重 W 的梯度，因此需要先训练模型再进行剪枝，那有没有更加简便的办法来计算连接对于优化目标的敏感性呢？

假如以 c 来表示连接，剪枝的损失优化目标如式（5.12）所示。

$$\begin{cases} \min_{c,w} L(c\odot w;D) = \min_{c,w}\frac{1}{n}\sum_{i=1}^n l(c\odot w;(x_i,y_i)) \\ \text{s.t.}\, w\in \mathbf{R}^m, c\in\{0,1\}^m, \|c\|_0 \leqslant k \end{cases} \tag{5.12}$$

式中，$c=0$ 表示剪掉该连接；$c=1$ 表示保留该连接。对某个连接剪枝带来的目标函数的变化如式（5.13）所示。

$$\Delta L_j(w;D) = L(1\odot w;D) - L((1-e_j)\odot w;D) \tag{5.13}$$

式中，e_j 只有在 index 为 j 的地方为 1，其他地方为 0。式（5.13）可以用 L 对 c 的导数来表示，即目标函数相对于连接的导数，记为 $g_j(W:D)$。

SNIP 框架使用了归一化后的 g 的绝对值作为重要性因子，定义如式（5.14）所示。

$$|g_j(W:D)| \Big/ \sum_{k=1}^m |g_k(W:D)| \tag{5.14}$$

因为它使用了目标函数对参数的导数绝对值的和进行归一化，所以可以把它视为一个连接的重要性。计算出该指标后，根据值的大小进行排序，就可以决定哪些连接可以被去除。经过合适的初始化之后，只需要经过一次传播就能完成该重要性因子的计算，不需要多次迭代或者微调。在模型训练之前就可以用少量的工作来完成剪枝工作，剪枝后再正常训练模型即可。而指导该剪枝工作的就是输入数据，所以这是数据驱动的方法。

5.3.2 基于权重幅度的方法

由于特征的输出是由输入与权重相乘后进行加权的，权重的幅度越小，对输出的贡献越小，因此一种最直观的连接剪枝准则就是权重的幅度，如 L1 范数/L2 范数的大小，将比较小的值对应的连接去除。

1. 基本方法

韩松等研究者最早对基于权重幅度的剪枝进行了比较完整的实验，他们的剪枝策略分为三步，如图 5.5 所示。

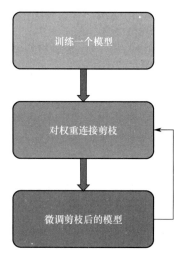

图 5.5　基于权重幅度的剪枝策略流程

第一步：训练一个模型。

第二步：对权重值的幅度进行排序，去掉低于一个预设阈值的连接，得到剪枝后的网络。

第三步：对剪枝后的网络进行微调，以恢复损失的性能，然后继续执行第二步，依次交替，直到满足终止条件，如精度下降至一定范围内。

在以上剪枝流程中，微调是至关重要的操作，需要进行多步迭代才能取得较好的效果。如果在这个过程中需要使用 Dropout 等策略，也需要进行对应的调整，因为剪枝已经去掉了一些连接，降低了模型的容量。另外，如果迭代完成后发现某些神经元的输入/输出为零，则可以将该神经元移除。

该剪枝策略既可以用于卷积层，也可以用于全连接层。研究者发现，卷积层对于剪枝的敏感性远远高于全连接层。对于 VGG 等模型，使用该剪枝策略可以获得只有原来体积 7.5%

大小的剪枝模型，并且性能不会下降。

2．改进

剪枝过程中可能会错误地剪去一些连接，从而导致模型的性能无法恢复，因此，研究者提出了 Dynamic Network Surgery 框架。它在剪枝后额外增加了一个 splicing 步骤，用于恢复之前被错剪掉的连接，流程如图 5.6 所示。

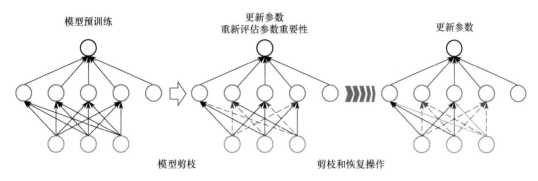

图 5.6　Dynamic Network Surgery 框架流程

Dynamic Network Surgery 框架在具体实现过程中不直接剪掉权重，而是维护一个掩模矩阵 $\boldsymbol{T}$，$\boldsymbol{T}$ 的每个值通过一个函数进行计算，如式（5.15）所示。

$$T_k^{(i,j)} = h_k W_k^{(i,j)} = \begin{cases} 0, & \left|W_k^{(i,j)}\right| < a_k \\ T_k^{(i,j)}, & a_k \leqslant \left|W_k^{(i,j)}\right| < b_k \\ 1, & \left|W_k^{(i,j)}\right| \geqslant b_k \end{cases} \tag{5.15}$$

式中，a_k、b_k 是两个阈值参数。$\boldsymbol{T}$ 的大小与权重矩阵相等，其中的每个元素表示是否剪掉对应连接，元素值等于 1，表示保留；元素值等于 0，表示剪枝。

在每次迭代过程中，权重矩阵 $\boldsymbol{W}$ 和掩模矩阵 $\boldsymbol{T}$ 都需要进行更新，其中需要在掩模的作用下更新权重，即掩模为 0 的部分不参与损失的计算，但是该处的参数值仍然需要进行更新。因此，即使是上一次迭代被剪枝的权重，在经过参数迭代后它的权重值会发生变化，可能幅度满足不被剪枝的标准，从而被恢复。

5.3.3　向量剪枝技术

前面介绍的连接级别的模型剪枝拥有非常高的灵活性，但是要存储这些剪枝的连接，需要非常多的索引，而且不适合并行计算。相对于权重连接剪枝，向量级别的模型剪枝是粒度更大的模型剪枝技术，它可以对单独的卷积核进行剪枝或者对卷积核中的一些元素进行分组剪枝。

有人提出了核内剪枝，就是将卷积核的一些元素稀疏化，即按照一定的步长，将卷积核中的元素置零，如图 5.7 所示。

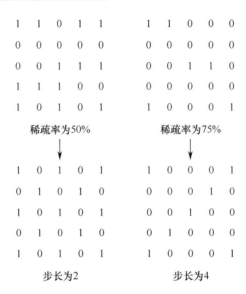

图 5.7　基于步长的核内剪枝

　　图 5.7 的第一排分别展示了随机的稀疏率为 50% 和 75% 的连接剪枝，而第二排则使用步长为 2 和 4 的策略对一些元素进行置零，同样实现了稀疏率为 50% 和 75% 的连接剪枝。

　　与连接剪枝技术相比，基于步长的核内剪枝更加规则，在矩阵计算效率上更有优势。

5.4　结构化剪枝技术

　　非结构化剪枝技术需要专门的硬件支持，比如 NVIDIA Ampere GPU，训练过程也比较复杂，因此实际应用价值有限。结构化剪枝可以在不需要新的硬件架构的支持下，在实际应用中实现更好的剪枝效果。本节介绍其中一些代表性的方法。

　　滤波器剪枝和通道剪枝都属于结构化剪枝技术，它们分别对卷积核和特征通道进行剪枝，两者能获取类似的结果，只是具体的剪枝对象有所不同。本节将介绍这两类技术。

　　通道剪枝方法主要包含三个经典思路：第一个是基于重要性因子和结构化的稀疏约束训练，使得模型结构本身具有稀疏性，从而可以直观地进行剪枝；第二个是利用重建误差来间接衡量一个通道的重要性，从而进行剪枝；第三个是基于优化目标的变化来衡量通道的敏感性，从而进行剪枝。

5.4.1　基于重要性因子的剪枝算法

　　模型剪枝就是要去除未被激活的特征，或者对特征计算没有贡献的参数，其数值大小本身是最直观的重要性评估指标，基于该原理的方法可以统称为基于重要性因子的剪枝算法。

1．基于参数幅度的方法

　　卷积核参数的幅度会影响输出特征激活值的大小，因此它可以被看作重要性因子，用于衡量对应的输出通道的重要性。

一个典型的基本流程是计算卷积核参数的绝对值和，然后按值的大小进行排序，依次移除对应值更小的卷积核及相关的特征图，原理如图 5.8 所示。

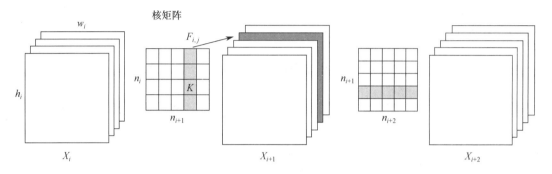

图 5.8　基于参数幅度的剪枝原理

图 5.8 中，X_i、X_{i+1}、X_{i+2} 表示特征图，我们首先看 X_i、X_{i+1} 对应的滤波器。图 5.8 中第一个浅灰色部分表示被裁剪的滤波器，它对应输入 X_i 的所有通道及输出 X_{i+1} 的一个通道。当将其裁剪后，因为 X_{i+1} 的通道变少了，X_i、X_{i+1} 对应的滤波器也应该被去除，即图 5.8 中第二个滤波器的灰色部分（第二个浅灰色部分）应该被去除，不过输出 X_{i+2} 的通道并不会发生变化。这样就完成了一组裁剪，涉及三层特征图和两组滤波器。

2．基于激活值幅度的剪枝技术

基于卷积核权重幅度进行剪枝的方法思路简单，但它只是间接评估激活值的重要性，因此最终的输出特征并不仅与卷积核的参数幅度相关。如果换成直接评估激活值的幅度，理论上是更好的解决方案。

Network Trimming 框架就是通过统计每层的每个通道的零激活值的比例来判断重要性的，统计指标如下：

$$\text{APoZ}_c^{(i)} = \text{APoZ}(O_c^{(i)}) = \frac{\sum_k^N \sum_j^M f(O_{c,j}^{(i)}(k) = 0)}{N \times M} \tag{5.16}$$

式中，i 表示层索引；c 表示通道索引；N 表示用于统计的样本数；M 表示输出空间的维度。$\text{APoZ}_c^{(i)}$ 反映了第 i 层第 c 个通道的零激活值的比例，可以通过设置阈值来统计每层的通道激活情况，将其在 0～1 划分成若干个区间来绘制直方图。直方图的峰值及零激活值的比例越靠近 1，说明该层的激活值越稀疏。

Network Trimming 框架的提出者对 VGG 的各层统计结果表明，越到网络深层，激活值越稀疏，说明有更大的冗余和更多的裁剪空间，而网络深层也是通道比较多的网络层，因此裁剪可以有效地减小模型体积，且维持性能。

3．基于几何中位数的裁剪方法

以上两个框架基于卷积核的范数进行裁剪，即认为范数小的卷积核对应的特征有效信息少。Geometric Median 的提出者则认为范数本身并不能直接代表一个卷积核的重要性：一方面，当范数的标准差太小时，卷积核之间的差异其实不大，此时很难进行选择；另一方面，如果最小的范数值仍然很大，那么此时的卷积核被认为是重要的，不好去除。

基于此，可将滤波器看作欧氏空间中的点，并且通过最小化所有点到中心的距离和来计算这些滤波器的"中心"，即几何中位数。得到中位数后，就按照滤波器与该中位数的距离来判断它的有效性：距离越近，这些滤波器的信息跟其他滤波器的重合度越高，越应该被去除。

5.4.2　基于输出重建误差的通道剪枝算法

基于重要性因子的剪枝算法虽然理解起来比较简单，但不能反映剪枝前后特征的损失情况，因此有人提出基于输出重建误差的通道剪枝算法。其根据输入特征图的各个通道对输出特征图的贡献大小来完成剪枝过程，如图5.9所示。

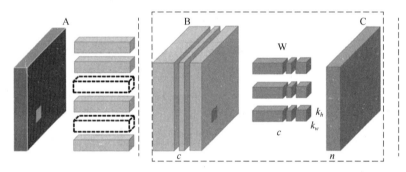

图 5.9　基于输出重建误差的通道剪枝算法

在图 5.9 中，假如一个通道特征图 B 的若干通道被剪掉，对应的滤波器 W 也会有若干卷积核被剪掉，用于产生 B 的当前被剪枝通道的上一层对应的卷积核也会被剪掉。

基于输出重建误差的通道剪枝算法，就是在剪掉当前层 B 的若干通道后，重建其输出特征图 C，使得损失信息最小。假如要将 B 的通道从 c 剪枝到 c'，要求解的是下面的问题。

$$\underset{\beta, W}{\arg\min} \frac{1}{2N} \| Y - \sum_{i=1}^{c} \beta_i X_i W_i^{\mathrm{T}} \|_F^2 + \lambda \| \beta \|_1 \tag{5.17}$$

其中，X_i 是一个大小为 $N \times k_n k_w$ 的矩阵；W_i 是一个大小为 $n \times k_n k_w$ 的矩阵；β 是每个通道的权重系数；c 是维度；Y 是使用输入矩阵和权重矩阵产生的输出；λ 是正则化因子，越大则模型越稀疏。$\| \beta \|_0 \leqslant c'$，$\forall i \| W_i \|_F = 1$，每个 β_i 对应一个通道，被剪掉则对应的 β_i 值为 0。当 β_i 为 0 时，意味着该通道可以被剪枝。

求解上面的问题即先固定 W 求解 β，完成通道选择，使用的是经典的 LASSO 回归方法。

第一步：选择候选的裁剪通道。

对输入特征图按照卷积核的感受野进行多次随机采样，获得输入矩阵 X，大小是 $N \times c \times k_n \times k_w$，权重矩阵 W 的大小是 $n \times c \times k_n \times k_w$，输出 Y 的大小是 $N \times n$。其中，N 是样本数量，c 是特征图通道数，n 是输出通道数，$k_n \times k_w$ 是卷积核大小。

W 用训练好的模型初始化，初始化 $\lambda = 0$，然后逐渐增加 λ，每次 λ 改变都进行若干次迭代，直到 $\| \beta \|_0$ 稳定，这是一个经典的 LASSO 回归问题求解。

第二步：固定 β，求解 W，要最小化重建误差，需要更新 W'，使得式（5.18）最小。

$$\underset{W'}{\arg\min} \| Y - X'(W')^{\mathrm{T}} \|_F^2 \tag{5.18}$$

这里的 $X' = [\beta_1 X_1, \beta_2 X_2, \cdots, \beta_c X_c]$，大小是 $N \times c \times k_n \times k_w$，$W'$ 大小是 $n \times c \times k_n \times k_w$，求解得到 W' 后再尺寸变换回权重矩阵。同时更新 β_i 为 $\beta_i \| W_i \|_F$，更新 W_i 为 $W_i / \| W_i \|_F$。

以上两个步骤交替进行优化，最后迭代完剪枝后，新的权重从 $\beta_i W_i$ 获取。由于交替迭代过程比较耗时，原始求解是多次迭代第一步，然后第二步只进行一次迭代。

前述方法对于普通网络来说剪枝非常方便，但对于带残差通道的网络来说不能直接使用，因为残差通道的输入被跳层分支共享，如果直接移除输入通道会影响该分支。

对应的做法是对于残差模块的输入，只在主支进行采样。而对于输出，则不是重建主支的结果 Y_2，而是直接重建两个通道的结果 $Y_1 + Y_2$，如图 5.10 所示。

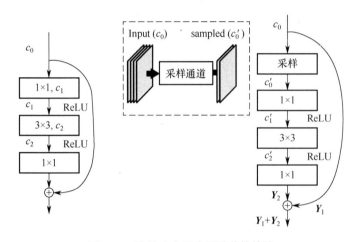

图 5.10　残差分支重建通道剪枝算法

ThiNet 是一个类似的基于输出重建误差的框架，假如我们的目标是要剪掉第 i 层滤波器的一些卷积核，它会导致第 $i+1$ 层的输入通道中的若干通道被剪掉，对应 $i+1$ 层的滤波器数目也会发生变化，不过第 $i+1$ 层的特征输出，即第 $i+2$ 层的输入通道并不会发生变化，因此可以基于第 $i+2$ 层的信息损失来判断被剪枝的卷积核的好坏。

具体进行求解时，求解的目标与式（5.17）类似，也是对某一层的输入/输出进行采样，然后去掉其中的一些通道。不同之处在于，ThiNet 对采样通道的选择使用了贪婪搜索的方法，而对于剪枝后当前层卷积核的恢复，则直接学习了一个缩放因子，而不是重新学习权重参数。

5.4.3　基于优化目标敏感性的剪枝算法

通道裁剪后权重的变化会导致输出的变化，从而引起优化目标的变化，越好的剪枝算法，应该使优化目标的变化越小。基于此，研究者提出基于优化目标敏感性的剪枝算法，根据该敏感性是针对权重的还是针对激活值的，可以分为以下两类思路。

1. 基于激活值计算敏感度

早在 OBD 方法中，其提出者就对优化目标的变化进行了泰勒展开，然后对权重连接进行了剪枝，这也可以被移植到通道剪枝框架中。

我们要找到一个好的 W，使其满足修剪后损失函数的变化最小，同时拥有较好的稀疏率，这是一个组合问题。通过基于泰勒展开的方法，直接去除特定参数来近似损失函数的变化，如下：

$$\begin{cases} \min\limits_{W'} \left| C(D|W' - C(D|W)) \right| \\ \text{s.t.} \|W'\|_0 \leq B \end{cases} \tag{5.19}$$

如果某个经过激活的隐藏层 h_i 被裁剪掉，用 $C(D|h_i = 0)$ 表示该参数为 0 时的损失；如果 h_i 没有被裁剪掉，用 $C(D,h_i)$ 表示具有该参数时的损失。虽然网络各层参数实际上是相互依赖的，但我们在训练期间的每个梯度步骤中做出了独立性的假设。

参数裁剪带来的变化用一阶泰勒近似为：

$$\left| \Delta C(h_i) \right| = \left| C(D|h_i = 0) - C(D,h_i) \right| = \left| \frac{\delta C}{\delta h_i} h_i \right| \tag{5.20}$$

可以看到，该损失等于激活值与代价函数对激活值的梯度的乘积。

2. 基于权重计算敏感度

基于激活值计算敏感度的方法非常依赖样本，虽然不需要重新训练，但容易出现不稳定的计算结果，下面介绍一个更加稳定的基于权重计算敏感度的框架。

鉴别感知的通道剪枝（Dicrimination-aware Channel Pruning，DCP）框架通过在模型不同深度的网络层添加鉴别力感知损失，并且将其应用在剪枝和微调阶段，使剪枝后的模型能够更好地保留特征的鉴别能力。

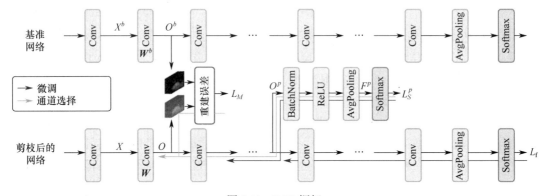

图 5.11 DCP 框架

鉴别力感知损失有两种：第一种是分类损失，它是模型本身的优化目标；第二种是特征重建误差 L_M，它等于剪枝后模型输出特征与基准特征之间的 L2 距离。

具体优化时，首先将网络层均匀分为 p 段，每次的剪枝都在当前段的层中进行。优化过程分为两步，假设当前是经过剪枝后的第 $p-1$ 阶段，接下来就是第 p 阶段，两个步骤如下。

第一步：使用 L_p 层的分类损失 L_S^p 与剪枝网络最终的分类损失 L_f 一起对模型进行微调，更新第 $p-1$ 阶段剪枝得到的模型，恢复模型的精度与特征鉴别力。

第二步：进行第 p 阶段的剪枝。它把特征重建误差 L_M 和分类损失 L_S^p 一起作为优化目标，采用贪心策略完成通道选择。选择通道的准则就是基于当前损失对通道权重的梯度值，逐步增加通道直到满足停止条件，即达到预设的剪枝率或特征重建误差的变化在一定范围内。

5.4.4　卷积核剪枝和通道剪枝的差异

在以上介绍的方法中，有的聚焦于卷积核剪枝，有的聚焦于通道剪枝。

卷积核剪枝先移除了卷积核，再移除下一层对应该卷积核的特征通道。通道剪枝则先移除了特征通道，再移除上一层产生这些通道的卷积核。虽然两者的剪枝顺序不同，但最终产生的结果一样。通常卷积核剪枝仅关注权重的取值，不依赖样本集，不需要重新训练；而通道剪枝则一般依赖样本集，可以针对特定的样本集进行优化，因此效果往往会更好一些。

5.5　模型剪枝的一些其他问题

前面介绍了模型稀疏化学习、细粒度剪枝技术和粗粒度剪枝技术，粗粒度剪枝技术在应用中较为成熟，但有一些值得关注的问题。

5.5.1　剪枝的必要性

一般来说，剪枝的算法流程如下。
（1）训练过度参数化的大模型。
（2）对大模型进行剪枝。
（3）微调剪枝后的模型，恢复性能。
要想使上述流程产生有效的模型剪枝结果，有以下两个重要前提需要满足。
（1）从头开始训练精简的模型通常不如先训练一个模型再进行迁移学习效果好。
（2）剪枝的过程中会保留一些重要权重，这通常被认为是模型性能保证的关键。

有研究对训练大模型的必要性和微调的必要性重新进行了思考，发现其并不是必要的步骤，即重头训练得到最后的稀疏小网络也是可行的，因为起作用的主要是模型结构本身。将这个思路在各种主流的剪枝方法上进行验证，针对每个用于比较的方法都训练两套模型：一套基于相同的迭代次数；另一套基于相同的训练计算量。用于比较的方法包括 Pruning filters、ThiNet、Pruning Channels、Network Sliming 和 Sparse Structure Selection 等，结果表明，从头训练的稀疏模型相比于剪枝后的模型效果并不差，甚至会更好。

5.5.2　训练策略

模型剪枝的最终目标是让模型获取一定的稀疏性，许多框架都包含训练与微调过程，如何更加稳定地在实现剪枝的过程中不影响模型的性能，是一个值得关注的问题。由于非结构化剪枝框架往往对剪枝率比较敏感，为了让训练过程更加稳定，Google 团队提出了渐进式的连接剪枝策略，即通过一个函数来控制稀疏率的变换。连接剪枝策略在训练过程中逐渐增加模型的稀疏性，刚开始时稀疏率变化较快，然后慢慢趋于稳定。图 5.12 是其采取的稀疏因子变换函数曲线图。

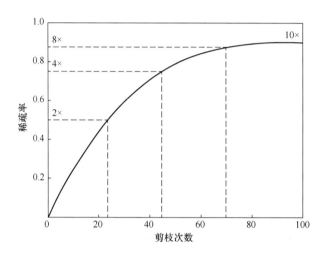

图 5.12　稀疏因子变换函数曲线图

基于该策略，Google 团队对比了具有同等参数量的稀疏大模型和稠密小模型的性能，在图像和语音任务上，稀疏大模型普遍有更好的性能。

Google 团队对 Inception V3 模型进行了实验，在参数的稀疏性分别为 0、50%、75%、87.5% 时，模型中非零参数分别是原始模型的 1、0.5、0.25、0.128 倍，即实现了 1、2、4、8 倍的参数压缩。实验结果表明，在稀疏性为 50%时，Inception V3 模型的性能几乎不变；当稀疏性为 87.5% 时，其在 ImageNet 1000 分类任务的 top1 指标下降幅度为 2%。

Google 团队对适用于移动端的 MobileNet 也进行了实验，分别在同样参数量的情况下，比较了更窄的 MobileNet 和更稀疏的 MobileNet 的分类指标。实验结果表明，稀疏率为 75% 的模型比宽度为原始 MobileNet 0.5 倍的模型在 ImageNet 分类任务的 top1 指标上高出了 4%，而且模型的体积更小；稀疏率为 90%的模型比宽度为原始 MobileNet 0.25 倍的模型在 ImageNet 1000 分类任务的 top1 指标上高出了 10%，而两者的模型大小相当。

5.5.3　整个网络同时剪枝

前面介绍的很多方法都是逐层进行剪枝的，它们或者基于一层来判断权重和通道的重要性，或者基于相邻层来判断权重和通道的重要性，但都具有一定的局限性。在某一层不重要的权重，不代表对其他层也不重要，因此有框架对整个网络层同时剪枝，联合考虑所有的通道和权重。

神经元重要性分数传播（Neuron Importance Score Propagation，NISP）方法就是其中的一个代表，它通过反向传播来直接对整个网络神经元的重要性打分，然后计算原始网络输出响应和剪枝后的网络输出响应的加权 L1 距离，权重就是重要性因子，对于卷积层，可以裁剪通道，对于全连接层，则裁剪神经元。整个方法分为三步，如图 5.13 所示。

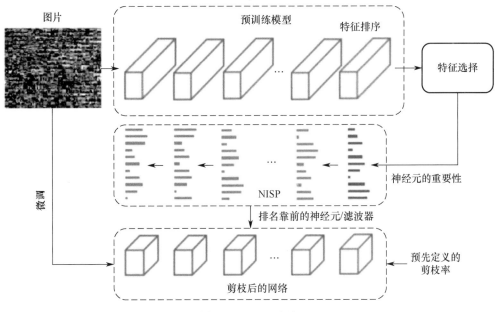

图 5.13 NISP 方法

第一步：对最后一个用于分类的特征层使用特征排序（Feature Ranking）算法，得到每层神经元的重要性。特征排序算法可计算特征的重要性，有很多种方法。

第二步：使用 NISP 方法进行反向传播，获得每层的重要性分数。NISP 方法的核心可以定义为二值化掩码优化问题，神经元的重要性和它的传播如下。

$$s_k = |w^{(k+1)}|^{\mathrm{T}} |w^{(k+2)}|^{\mathrm{T}} \cdots |w^{(n)}|^{\mathrm{T}} s_n = |w^{(k+1)}|^{\mathrm{T}} s_{k+1} \tag{5.21}$$

$$s_{k,j} = \sum_i |w_{i,j}^{(k+1)}| s_{k+1,i} \tag{5.22}$$

可以看出，第 k 层的第 j 个神经元的重要性得分可由下一层相连接神经元的重要性得分的加权平均获得，这同样适用于 BN 层、池化层等，因此只需要通过一次反向传播便可获得网络中所有神经元的重要性得分。

第三步：指导每层的剪枝，要优化的目标是重建误差，只需要对神经元的重要性进行排序并选择就可以。

5.5.4 运行时剪枝

通常来说，模型在剪枝后进行推理时不会发生变化，即对于所有输入图片来说都是一样的计算量。但是，有的样本简单，有的样本复杂，第 4 章介绍过动态推理框架，它们可以对不同的输入样本图配置不同的计算量，剪枝框架也可以采用这样的思路，称为运行时剪枝。

它将网络中每个卷积层的卷积核分为 k 组，然后基于网络各层的输出特征来决定在本层中使用的卷积核数量 m，其中，$1 \leq m \leq k$。在推理时仅使用前 m 组卷积核参与运算，这样就减少了层与层之间的连接，实现了通道裁剪的效果。整个框架包含两个子网络：一个是主干特征网络；另一个是决策网络，后者基于输入图像和当前特征图决定如何剪枝。

学习 k 的过程是一个马尔可夫决策过程（Markov Decision Process），可以使用强化学习来完成。

5.6 图像分类模型结构化剪枝实践

前面介绍了许多剪枝算法，目前结构化剪枝在实现上相比非结构化剪枝具有更大的优势，因此实际应用更为广泛。下面进行模型结构化剪枝实践。

5.6.1 模型定义与数据集

下面介绍本实验所使用的数据集、基准模型。

1. 数据集

本节使用一个规模较小的数据集，名为 GHIM-10k，发布于 2014 年。

GHIM-10k 数据集是一个图像检索数据集，包含 20 个类别的自然图像，分别是烟花、建筑、长城、汽车、蜻蜓、雪山、花、白杨树、草原、海滩、直升机、蝴蝶、故宫、日落、摩托车、帆船、轮船、鸡、甲虫、马，如图 5.14 所示。各个类别拥有较好的多样性，类别之间也有较好的区分度。

图 5.14　GHIM-10k 数据集

数据集共 10000 张图像，每个类别包含 500 张 JPEG 格式的大小为 400×300 或 300×400 的图像，这个数据集有以下几个比较重要的优点。

（1）数据集规模不大，获取很容易，所有的读者都可以轻易验证下面的实验结果。

（2）数据集中全部是真实图片，来自用户相机拍摄，而且图片清晰度足够高。

（3）数据集多样性适中，包含了 20 类自然场景的图片，比较丰富。

（4）数据集中图片尺寸统一，都是 300×400 或者 400×300，符合大多数深度学习图像任务的输入分辨率要求，尤其是图像分类任务。

（5）数据集每类数量均匀，实验时选择数据集的方式是随机但均匀地选取。我们将数据集按照 9∶1 的比例进行划分：训练集中包含 20 类，每一类包含 450 张图片；测试集中包含 20 类，每一类包含 50 张图片。

当然这个数据集也有以下缺点。

（1）数据集类别之间的差异不同，比如蜻蜓类和甲虫类的差异，远小于其与鸡类的差异，其中有很多的类别有一定的重叠性。

（2）与 MNIST、CIFAR10/100 不同，数据集图片中并不是只包含一个主体，主体也不一定在图片的正中间。

2．基准模型

本节选择的结构化剪枝框架是在前面介绍过的基于 BN 层缩放因子约束的框架，它的核心思想是基于 BN 层的缩放因子的大小，通过设定的阈值来决定是否舍弃对应的特征通道。

首先搭建一个由五个卷积层、五个 BN 层、一个全局池化层和一个全连接层组成的网络，其配置如下。

```
#coding:utf8
import torch
import torch.nn as nn
import torch.nn.functional as F
import numpy as np

##简单模型定义
class simpleconv5(nn.Module):
    def __init__(self,nclass):
        super(simpleconv5,self).__init__()
        self.conv1 = nn.Conv2d(3, 32, 3, 2, 1, bias=False)
        self.bn1 = nn.BatchNorm2d(32)
        self.conv2 = nn.Conv2d(32, 64, 3, 2, 1, bias=False)
        self.bn2 = nn.BatchNorm2d(64)
        self.conv3 = nn.Conv2d(64, 128, 3, 2, 1, bias=False)
        self.bn3 = nn.BatchNorm2d(128)
        self.conv4 = nn.Conv2d(128, 256, 3, 2, 1, bias=False)
        self.bn4 = nn.BatchNorm2d(256)
        self.conv5 = nn.Conv2d(256, 512, 3, 2, 1, bias=False)
```

```
        self.bn5 = nn.BatchNorm2d(512)
        self.fc = nn.Linear(512, nclass)

    def forward(self, x):
        x = F.relu(self.bn1(self.conv1(x)))
        x = F.relu(self.bn2(self.conv2(x)))
        x = F.relu(self.bn3(self.conv3(x)))
        x = F.relu(self.bn4(self.conv4(x)))
        x = F.relu(self.bn5(self.conv5(x)))
        x = nn.AvgPool2d(7)(x)
        x = x.view(x.size(0), -1)
        x = self.fc(x)
        return x
```

需要注意的是，上面模型中的卷积层都没有偏置，这是为了便于后面剪枝时不需要处理偏置，没有偏置项也不会严重损害模型的性能。

5.6.2 模型训练

下面进行模型训练，根据在优化目标中是否添加对 BN 层缩放因子的正则项，我们将模型训练分为基准模型训练和稀疏模型训练。

1. 基准模型

基准模型训练的一些基本参数配置如下。

首先是数据尺寸与增强相关的配置，如下。

```
image_size = 256   ##图像缩放大小
crop_size = 224 ##图像裁剪大小
##数据预处理与增强方法定义
data_transforms = {
    'train': transforms.Compose([
        transforms.RandomSizedCrop(crop_size,scale=(0.8,1.0)),
        transforms.RandomHorizontalFlip(),
        transforms.RandomRotation(15),
        transforms.ColorJitter(brightness=0.1, contrast=0.1, saturation=0.1, hue=0.1),
        transforms.ToTensor(),
        transforms.Normalize([0.5,0.5,0.5], [0.5,0.5,0.5])
    ]),
    'val': transforms.Compose([
        transforms.Scale(image_size),
        transforms.CenterCrop(crop_size),
        transforms.ToTensor(),
        transforms.Normalize([0.5,0.5,0.5], [0.5,0.5,0.5])
    ]),
}
```

然后是优化方法，使用的是带动量项的 SGD 算法，学习率为 0.1，epoch 数量为 100，在第 50 个和第 75 个 epoch 时将学习率降为原来的 1/10。训练 batchsize 大小是 32，测试 batchsize 大小是 4。使用 TensorBoard X 进行可视化，基准模型训练集与验证集指标结果如图 5.15 所示。

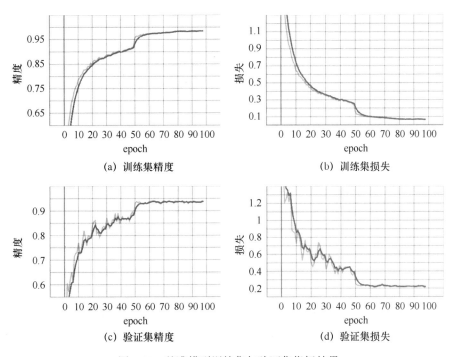

图 5.15　基准模型训练集与验证集指标结果

从图 5.15 中可以看出，模型已经收敛，并且存在一定程度的过拟合，训练集精度约为 0.98，验证集精度约为 0.935。

2．稀疏模型训练

下面进行稀疏模型训练，需要添加 BN 层缩放因子的稀疏约束损失，这里我们使用 L1 正则项，可调参数为权重系数 γ。

具体的代码实现，就是在每层进行参数更新之前，添加该损失的梯度，如下。

```
## L1 稀疏惩罚约束带来的梯度
def updateBN():
    for m in model.modules():
        if isinstance(m, nn.BatchNorm2d):
            m.weight.grad.data.add_(args.s*torch.sign(m.weight.data))
```

其中，args.s 是损失的权重系数 γ，m.weight.data 对应的是 BN 层的缩放因子。

我们实验了多个权重系数，使验证集精度不低于 0.92，如图 5.16 和图 5.17 所示。权重系数越大，正则项的值就越大。这样可以约束模型使其更加稀疏，但也可能造成模型性能的较大损失。

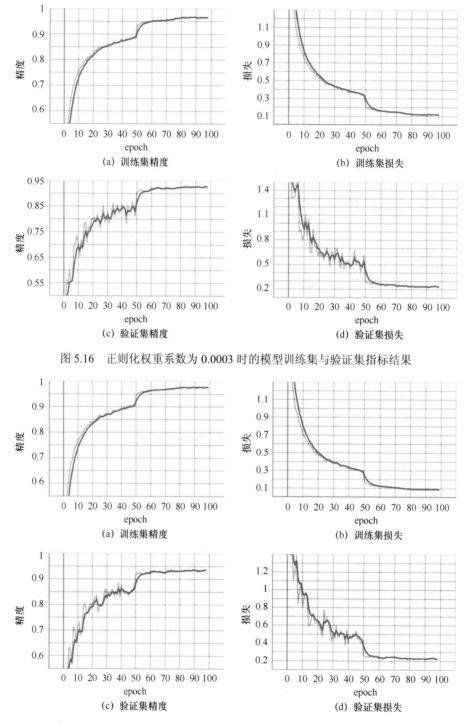

图 5.16　正则化权重系数为 0.0003 时的模型训练集与验证集指标结果

图 5.17　正则化权重系数为 0.0001 时的模型训练集与验证集指标结果

　　比较以上 3 个模型，从验证集的精度和损失指标来看，正则化权重系数为 0.0001 时的模型有最高的精度，约为 0.938，基准模型约为 0.935，而正则化权重系数为 0.0003 时的模型精度略低于 0.93，约为 0.929。这也符合我们的期望，通过添加合适的正则项，可以在不降低模型表达能力的基础上，减弱模型的过拟合能力，从而提高精度。

5.6.3 模型剪枝

下面对训练好的模型进行剪枝，剪枝前的 32 位模型存储后的参数大小为 6.3MB。针对 5.6.2 节具有不同正则化权重系数的模型，进行不同剪枝率的对比实验。

1. 模型剪枝代码解读

下面解读模型剪枝代码。回顾所用框架的基本原理，它通过正则项约束 BN 层的缩放系数，再根据缩放系数大小决定是否裁剪掉对应的特征通道。因此，我们首先对 BN 层的缩放系数进行排序，然后根据预设的剪枝率，按缩放系数从小到大依次移除对应的特征通道，直到达到我们想要的剪枝率。

模型剪枝具体代码如下。

```
##定义模型载入参数
model = simpleconv5(20)
checkpoint = torch.load(args.model,map_location=lambda storage,loc: storage)
model.load_state_dict(checkpoint['state_dict'])

#统计 BN 层参数的数量，等于各层通道数量之和
total = 0
for m in model.modules():
    if isinstance(m, nn.BatchNorm2d):
        total += m.weight.data.shape[0]

##收集 BN 层的缩放系数
bn = torch.zeros(total)
index = 0
for m in model.modules():
    if isinstance(m, nn.BatchNorm2d):
        size = m.weight.data.shape[0]
        bn[index:(index+size)] = m.weight.data.abs().clone()
        index += size

##根据绝对值对 BN 层的缩放系数进行排序，根据剪枝比例获得全局阈值
y, i = torch.sort(bn)
thre_index = int(total * args.percent)
thre = y[thre_index]
print('prun th='+str(thre))

pruned = 0
cfg = [] ##记录当前层保留的通道数
cfg_mask = [] ##记录当前层掩模
```

```
##每层进行预剪枝，记录每层的剪枝掩模和整体剪枝率
for k, m in enumerate(model.modules()):
    if isinstance(m, nn.BatchNorm2d):
        weight_copy = m.weight.data.abs().clone()
        ##根据阈值计算通道掩模，大于阈值则为1，小于则为0
        mask = weight_copy.gt(thre).float()
        pruned = pruned + mask.shape[0] - torch.sum(mask) ##累加被剪枝的通道数
        m.weight.data.mul_(mask) ##根据掩模调整缩放系数
        m.bias.data.mul_(mask) ##根据掩模调整偏置系数
        cfg.append(int(torch.sum(mask))) ##获得当前层保留的通道数
        cfg_mask.append(mask.clone()) ##保存当前层掩模
        print('layer index: {:d} \t total channel: {:d} \t remaining channel: {:d}'.
            format(k, mask.shape[0], int(torch.sum(mask))))
    elif isinstance(m, nn.MaxPool2d):
        cfg.append('M')


##计算整体的剪枝率
pruned_ratio = pruned/total
```

以上是预处理代码，它根据 BN 层缩放系数的大小，对每层的特征通道进行排序，根据要剪枝的比例获得全局阈值后，计算每层各个通道对应的裁剪掩模值。掩模值为 1 表示该通道缩放系数大于阈值，通道会被保留；掩模值为 0 则表示通道会被裁剪。

2．剪枝模型保存

前面的代码只是对模型进行了预裁剪，没有进行保存，下面进行真正的裁剪，需要根据前面记录的掩模去除模型中对应的参数部分。

```
##创建新模型
newmodel = simpleconv5(20)
##计算参数量
num_parameters = sum([param.nelement() for param in newmodel.parameters()])
##存储相关指标
savepath = os.path.join(resultdir, "prune.txt")
with open(savepath, "w") as fp:
    fp.write("Configuration: \n"+str(cfg)+"\n")
    fp.write("Number of parameters: \n"+str(num_parameters)+"\n")
    fp.write("threshold:"+str(thre))
    fp.write("Test accuracy: \n"+str(acc))


layer_id_in_cfg = 0
start_mask = torch.ones（3）##数据层通道数
end_mask = cfg_mask[layer_id_in_cfg]
for [m0, m1] in zip(model.modules(), newmodel.modules()):
    if isinstance(m0, nn.BatchNorm2d):
        ##返回非0的数组元组的索引
        idx1 = np.squeeze(np.argwhere(np.asarray(end_mask.cpu().numpy())))
```

```
        if idx1.size == 1:
            idx1 = np.resize(idx1,(1,))
        m1.weight.data = m0.weight.data[idx1.tolist()].clone() ##权重赋值，覆盖之前的维度
        m1.bias.data = m0.bias.data[idx1.tolist()].clone() ##偏置赋值，覆盖之前的维度
        m1.running_mean = m0.running_mean[idx1.tolist()].clone()
        m1.running_var = m0.running_var[idx1.tolist()].clone()
        layer_id_in_cfg += 1
        start_mask = end_mask.clone()
        if layer_id_in_cfg < len(cfg_mask): ##最后一个全连接层不更新，因为是分类层
            end_mask = cfg_mask[layer_id_in_cfg]
    elif isinstance(m0, nn.Conv2d):
        idx0 = np.squeeze(np.argwhere(np.asarray(start_mask.cpu().numpy()))) ##输入通道掩模
        idx1 = np.squeeze(np.argwhere(np.asarray(end_mask.cpu().numpy()))) ##输出通道掩模
        print('In shape: {:d}, Out shape {:d}.'.format(idx0.size, idx1.size))
        if idx0.size == 1:
            idx0 = np.resize(idx0, (1,))
        if idx1.size == 1:
            idx1 = np.resize(idx1, (1,))
        w1 = m0.weight.data[:, idx0.tolist(), :, :].clone() ##取输入维度
        w1 = w1[idx1.tolist(), :, :, :].clone() ##取输出维度
        m1.weight.data = w1.clone() ##权重赋值，覆盖之前的维度
    elif isinstance(m0, nn.Linear): ##全连接层，当作 1*1 卷积
        idx0 = np.squeeze(np.argwhere(np.asarray(start_mask.cpu().numpy())))
        if idx0.size == 1:
            idx0 = np.resize(idx0, (1,))
        m1.weight.data = m0.weight.data[:, idx0].clone()
        m1.bias.data = m0.bias.data.clone()

torch.save({'cfg': cfg, 'state_dict': newmodel.state_dict()}, os.path.join(resultdir, 'pruned.pth.tar'))
```

3．模型剪枝结果

下面给出剪枝后模型的测试结果，核心代码如下。

```
##对预剪枝后的模型计算准确率
def test(model):
    model.eval()
    correct = 0
    for data, target in test_loader:
        output = model(data)
        pred = output.data.max(1, keepdim=True)[1]
        correct += pred.eq(target.data.view_as(pred)).cpu().sum()
    return correct / float(len(test_loader.dataset))
acc = test(model)
```

表 5.1 和表 5.2 分别展示了正则化权重系数为 0.0001 和 0.0003 时，剪枝率从 0.1 到 0.6 的剪枝结果。其中，精度表示测试集精度；剩余特征通道依次表示剪枝后 conv1-conv2-conv3-conv4-conv5 的通道数量；模型大小表示存储后的模型体积；阈值表示根据剪枝率计算的 BN

层缩放系数阈值。

表 5.1　正则化权重系数为 0.0001 的剪枝结果

剪枝率	0.1	0.2	0.3	0.4	0.5	0.6
精度	0.938	0.923	0.933	0.76	0.301	0.119
剩余特征通道	31-62-123-240-436	28-60-111-209-385	25-53-93-179-344	16-45-73-153-308	13-37-57-119-269	9-26-41-79-241
模型大小	5.2MB	4.1MB	3.1MB	2.3MB	1.5MB	884KB
阈值	1.2924e-07	0.0173	0.2394	0.3713	0.5206	0.6359

表 5.2　正则化权重系数为 0.0003 的剪枝结果

剪枝率	0.1	0.2	0.3	0.4	0.5	0.6
精度	0.929	0.929	0.929	0.929	0.918	0.56
剩余特征通道	30-60-121-234-447	28-58-116-214-377	27-56-115-189-307	26-54-108-168-239	20-45-79-134, 217	114-34-54-105-189
模型大小	5.2MB	4.2MB	3.2MB	2.4MB	1.6MB	1MB
阈值	1.2505e-07	2.6346e-07	4.6584e-07	8.6864e-07	0.0438	0..2934

表 5.1 中，模型在剪枝率为 0.1 时的精度与没有剪枝时的精度相同，都为 0.938；剪枝率为 0.2 时，模型的精度降低为 0.923，模型大小为 4.1MB，阈值为 0.0173，该值甚至大于表 5.2 中模型在剪枝率为 0.5 时的阈值，说明模型不具备足够的稀疏性。随着剪枝率的增加，模型性能迅速下降。值得注意的是，剪枝率为 0.3 时的精度还高于剪枝率为 0.2 时的精度，所以特征通道的重要性不仅与对应 BN 层的缩放因子大小相关，也受其他因素影响。

表 5.2 中，模型在剪枝率为 0.1 时的精度与没有剪枝时的精度相同，都为 0.929；剪枝率为 0.4 时，精度没有下降，模型大小为 2.4MB，此时阈值接近零。直到剪枝率达到 0.5 时，精度下降到 0.918，阈值为 0.0438，说明该模型至少有 40% 稀疏的参数。

5.6.4　残差网络剪枝

前面训练的 simpleconv5 基准模型拥有类似 VGG 模型的简单结构，每个卷积层后面都接了 BN 层，所有的卷积层都参与裁剪。如果研究对象是 ResNet 和 DenseNet 这类具有跳层连接的网络，则一些技术细节会有所不同。

1. 残差模块定义

剪枝会导致通道数发生变化，而残差网络的残差模块中拥有两个分支：一个是恒等映射分支；另一个是残差分支，我们剪裁的对象是残差分支。

对残差分支的裁剪，可能会导致输出通道数发生变化，从而影响与恒等映射分支的通道相加操作，为此我们可以约束对其中某些卷积层不进行裁剪，下面结合代码与图片进行介绍。我们定义一个残差模块，如下。

```
class Bottleneck(nn.Module):
    expansion = 4

    def __init__(self, inplanes, planes, cfg, stride=1, downsample=None):
        super(Bottleneck, self).__init__()
        ##输入通道数=inplanes
        self.bn1 = nn.BatchNorm2d(inplanes)
        self.select = channel_selection(inplanes)
        self.conv1 = nn.Conv2d(cfg[0], cfg[1], kernel_size=1, bias=False)
        self.bn2 = nn.BatchNorm2d(cfg[1])
        self.conv2 = nn.Conv2d(cfg[1], cfg[2], kernel_size=3, stride=stride,
                                padding=1, bias=False)
        self.bn3 = nn.BatchNorm2d(cfg[2])

        ##输出通道数=planes*self.expansion
        self.conv3 = nn.Conv2d(cfg[2], planes * self.expansion, kernel_size=1, bias=False)
        self.relu = nn.ReLU(inplace=True)
        self.downsample = downsample
        self.stride = stride

    def forward(self, x):
        residual = x

        out = self.bn1(x)
        out = self.select(out)
        out = self.relu(out)
        out = self.conv1(out)

        out = self.bn2(out)
        out = self.relu(out)
        out = self.conv2(out)

        out = self.bn3(out)
        out = self.relu(out)
        out = self.conv3(out)

        if self.downsample is not None:
            residual = self.downsample(x)

        out += residual
return out
```

图 5.18 是残差模块的结构示意，其中采用了预先激活的残差模块。常规的卷积模块采用的是卷积层—激活层—标准化层的顺序依次进行堆叠的，而预先激活的卷积模块则使用标准化层—激活层—卷积层的顺序依次进行堆叠，这样在实验中可以更加方便地对模型进行剪枝。

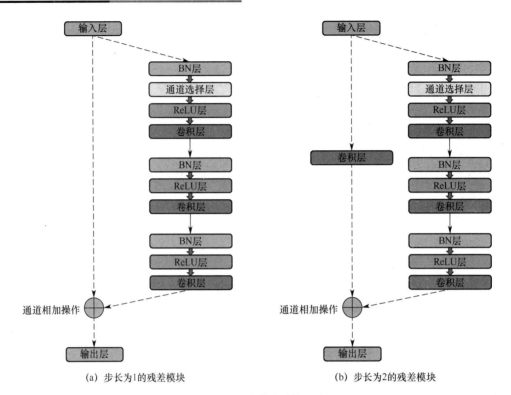

(a) 步长为1的残差模块   (b) 步长为2的残差模块

图 5.18　残差模块结构示意

从图 5.18 中可以看出，在包含三组卷积模块的残差分支中，第一组卷积模块中除了我们熟悉的卷积层—激活层—标准化层，还有一个通道选择层。通道选择层是根据 BN 层缩放系数是否为 1 来从其输入选择通道子集的网络层。当我们对残差模块进行剪枝时，如果 BN 层后面接通道选择层，当前 BN 层不进行实际的裁剪操作，因为这一层是跳层分支的输入层，会影响另一个分支，但如果 BN 层后面接的是卷积层，则会进行裁剪。所以，在 BN 层和卷积层之间插入一个通道选择层，可实现对该分支的输入进行裁剪而不影响另一个分支的功能。剩下的两组卷积模块则正常进行裁剪操作即可。

基于该瓶颈模块，即可定义完整的残差网络，简洁起见，这里不再给出完整的源代码。

2．剪枝核心代码实现

下面给出剪枝模型保存的具体实现。

```
old_modules = list(model.modules())
new_modules = list(newmodel.modules())
layer_id_in_cfg = 0
start_mask = torch.ones(3)##数据层通道数
end_mask = cfg_mask[layer_id_in_cfg]
conv_count = 0


for layer_id in range(len(old_modules)):
    m0 = old_modules[layer_id]
```

```
        m1 = new_modules[layer_id]
        if isinstance(m0, nn.BatchNorm2d):
            idx1 = np.squeeze(np.argwhere(np.asarray(end_mask.cpu().numpy()))) ##返回非 0 的数组元素
            if idx1.size == 1:
                idx1 = np.resize(idx1,(1,))

            if isinstance(old_modules[layer_id + 1], channel_selection): ##如果后接通道选择层，当前 BN 层
##不进行实际裁剪，因为是瓶颈网络层的输入层，会影响跳层连接，但是后面接的是卷积层，则会进行裁剪，
##所以添加了一个通道选择操作
                m1.weight.data = m0.weight.data.clone()
                m1.bias.data = m0.bias.data.clone()
                m1.running_mean = m0.running_mean.clone()
                m1.running_var = m0.running_var.clone()

                # We need to set the channel selection layer.
                m2 = new_modules[layer_id + 1]
                m2.indexes.data.zero_()
                m2.indexes.data[idx1.tolist()] = 1.0

                layer_id_in_cfg += 1
                start_mask = end_mask.clone()
                if layer_id_in_cfg < len(cfg_mask):
                    end_mask = cfg_mask[layer_id_in_cfg]
            else:
                m1.weight.data = m0.weight.data[idx1.tolist()].clone()
                m1.bias.data = m0.bias.data[idx1.tolist()].clone()
                m1.running_mean = m0.running_mean[idx1.tolist()].clone()
                m1.running_var = m0.running_var[idx1.tolist()].clone()
                layer_id_in_cfg += 1
                start_mask = end_mask.clone()
                if layer_id_in_cfg < len(cfg_mask):    # do not change in Final FC
                    end_mask = cfg_mask[layer_id_in_cfg]
        elif isinstance(m0, nn.Conv2d):
            if conv_count == 0: ##第一个卷积层，不进行裁剪
                m1.weight.data = m0.weight.data.clone()
                conv_count += 1
                continue
            if isinstance(old_modules[layer_id-1], channel_selection) or isinstance(old_modules[layer_id-1], nn.BatchNorm2d):
                ##如果在 BN 层或者通道选择层之后，进行裁剪
                conv_count += 1
                idx0 = np.squeeze(np.argwhere(np.asarray(start_mask.cpu().numpy())))
                idx1 = np.squeeze(np.argwhere(np.asarray(end_mask.cpu().numpy())))
                print('In shape: {:d}, Out shape {:d}.'.format(idx0.size, idx1.size))
                if idx0.size == 1:
                    idx0 = np.resize(idx0, (1,))
                if idx1.size == 1:
                    idx1 = np.resize(idx1, (1,))
                w1 = m0.weight.data[:, idx0.tolist(), :, :].clone() ##取输入维度
```

```
        ##如果是瓶颈模块中的最后一个卷积层，那么输出通道不要裁剪，以便和瓶颈模块的输入通
    ##道一致；如果不是，则正常裁剪
        if conv_count % 3 != 1:
            w1 = w1[idx1.tolist(), :, :, :].clone() ##取输出维度
        m1.weight.data = w1.clone() ##权重赋值，覆盖之前的维度
        continue

        ##对于下采样卷积层，没有和 BN 层配合使用，因此不需要裁剪
    m1.weight.data = m0.weight.data.clone()

elif isinstance(m0, nn.Linear): ##全连接层，当作 1*1 卷积
    idx0 = np.squeeze(np.argwhere(np.asarray(start_mask.cpu().numpy())))
    if idx0.size == 1:
        idx0 = np.resize(idx0, (1,))
    m1.weight.data = m0.weight.data[:, idx0].clone()
    m1.bias.data = m0.bias.data.clone()
```

与 5.6.3 节中的剪枝模型保存代码相比较，本节的代码中需要对瓶颈模块中的输入/输出通道进行特殊处理。对于输入，若第一个 BN 层后接通道选择层，该 BN 层不进行实际裁剪；但是若后面接的是卷积层，则会进行裁剪。瓶颈模块中的最后一个卷积层不进行裁剪，这是为了和瓶颈模块的输入通道一致。

5.6.5　小结

本节的结构化剪枝框架是前面介绍过的基于 BN 层缩放因子约束的框架，它的核心思想是基于 BN 层的缩放因子大小，通过设定的阈值来决定是否舍弃对应的特征通道。该框架是一个非常简单的剪枝框架，并且稳定性和通用性较好，比较适合项目落地。

从实验结果可以看出，要想使用本框架进行模型剪枝，必须保证正则化损失项有足够的贡献，即正则化损失的权重系数不能太小，否则无法训练出参数足够稀疏的模型。但过大的正则化损失权重系数会降低模型的容量，损害模型的性能。因此，我们需要在性能和参数压缩比之间取得可接受的平衡。

第6章 模型量化

模型量化可以让模型拥有更少的参数量和更快的计算速度，当前在工业界已经有了比较成熟的技术方案和应用。本章将介绍相关技术。

6.1 模型量化基础

6.1.1 什么是模型量化

我们知道，为了保证较高的精度，大部分的科学运算都采用浮点数进行，常见的是 32 位浮点数和 64 位浮点数，即 FLOAT32 和 DOUBLE64。

对于深度学习模型来说，乘法和加法的计算量是非常大的，往往需要 GPU 等专用的计算平台才能实现复杂模型的实时运算。这对于边缘端产品来说是不可接受的，而模型量化是一个有效降低计算量的方法。

量化，即将网络的权重值、激活值等从高精度转化成低精度的操作过程，如将 32 位浮点数（FLOAT32）转化成 8 位整数（INT8），同时期望转换后的模型准确率与转化前相近。

量化之后，表达一个数值需要的二进制比特数量减少，即位宽降低了，常见的量化位宽包括 1bit、2bit、4bit 及 8bit。

根据不同的原理和位宽，量化可以有多种算法。

根据量化的相邻阶之间的间距是否相等，量化可以分为均匀量化与非均匀量化。

根据量化是否基于零点对称，量化可以分为对称量化与不对称量化。

根据量化是在训练的同时完成，还是训练后再进行，量化可以分为训练中量化（Quantization Aware Training，QAT）与训练后量化（Post Training Quantization，PTQ）。

根据量化的对象不同，量化可以分为权重参数量化、激活值量化、梯度量化。其中，激活值量化和梯度量化一般每层采用相同的量化参数，而权重参数量化可以有更细粒度的划分，如逐层甚至逐通道采用不同的量化参数。由于激活值和权重参数的分布范围不同，两者往往会采用不同的量化策略，在后面我们介绍不同的量化算法时会进行区分。

根据量化位宽的不同，量化可以分为 1bit 量化、2bit 量化、8bit 量化，以及任意比特数量化。

由于我们在实际应用时更关注量化本身带来的对模型体积的减小及对模型性能的加速，因此下面主要根据位宽的不同来分别介绍常见的模型量化技术，重点包括 1bit 量化、8bit 量化和混合精度量化。

6.1.2 量化的优势

通常来说，完成两个浮点数加减运算的操作过程一般分为以下四步。

（1）比较它们的操作数。

（2）比较阶码大小并完成对阶。

（3）对尾数进行加或者减操作。

（4）将结果规格化并进行舍入处理。

以上操作过程存在较多计算步骤，而且需要消耗内存进行中间结果的存储，如果使用量化技术，则可以获得更少的参数量和更快的计算速度。量化的具体优势如下。

1．更小的模型尺寸

以 8bit 量化为例，与 32bit 浮点数相比，其可以将模型的体积减小为原来的 1/4，这对于模型的存储和更新来说都更有优势。

2．更低的内存和缓存

在深度学习模型的前向传播中，为了让网络的后续层能够重用前面一些网络层的中间结果，会将结果缓存在内存中，这会大量消耗显存等计算资源。如果使用量化减小数据位宽，这部分数据就可以占用更少的内存，从而使用同样的计算资源运行更大的模型。

3．更低的功耗

移动 8bit 类型的数据比移动 32bit 浮点数的效率高 4 倍，而在一定程度上内存的使用量与功耗是成正比的，因此量化后有更低的功耗。

研究表明，32bit 定点数加法功耗是 8bit 定点数加法的约 3.3 倍，32bit 浮点数加法功耗是 8bit 定点数加法的约 30 倍；32bit 定点数乘法功耗是 8bit 定点数乘法的约 15.5 倍，32bit 浮点数乘法功耗是 8bit 定点数乘法的约 18.5 倍。

4．更快的计算

相对于浮点数，大多数处理器都支持 8bit 类型数据的更快处理，如果是二值量化，则更有优势。以二值量化为例，它通常是对权重或者激活函数进行二值量化，如下：

$$Q_w(w) = \alpha b_w, \quad Q_a(a) = \beta b_a \tag{6.1}$$

式中，b_w、b_a 分别是二值量化后的权重和激活值；α、β 是两个参数。获取 b_w、b_a 最简单的办法就是使用符号函数对浮点型的权重和激活值进行转换。得到二值量化后的权重和激活值后，卷积操作如下：

$$z = \sigma(Q_w(w) \otimes Q_a(a)) = \sigma(\alpha\beta b_w \odot b_a) \tag{6.2}$$

式中，$\otimes$ 表示卷积操作；$\odot$ 表示异或操作。可以看出，原来卷积中基于浮点数的乘法操作，就变成了 b_w 和 b_a 的异或操作。图 6.1 展示了一个具体的基于异或计算的二值矩阵卷积。

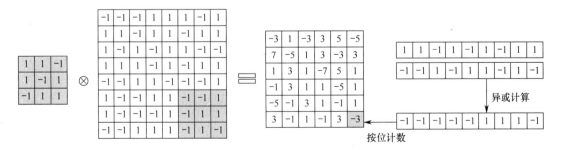

图 6.1　基于异或计算的二值矩阵卷积

图 6.1 展示的是一个二值权重和激活值矩阵的卷积运算，卷积过程中的乘加都可以转换为异或操作，并行程度更高，运算速度也更快。

6.2　二值量化算法

二值量化是最高效的量化方式，也称为 1bit 量化，即将 32 位浮点数量化为 1bit 整型数，非常适合在 FPGA 等平台进行并行运算。本节主要介绍二值量化算法。

6.2.1　基于阈值映射函数的方法

基于阈值映射函数的方法，就是将浮点型数值通过阈值映射函数映射成二值数值，直接完成权重参数与激活值的映射，这是原理最简单、直接的二值量化算法。下面介绍一些方案。

1．基本方法

BinaryConnect 对每个网络层的权重进行了二值量化，将卷积中的乘法操作简化成简单的加法操作。

最简单的二值量化映射函数就是符号函数，它以 0 为阈值，大于阈值则输出映射为 1，小于阈值则输出映射为-1，定义如下：

$$\text{sign}(x) = \begin{cases} 1, & x > 0 \\ -1, & x \leqslant 0 \end{cases} \tag{6.3}$$

式（6.3）是确定的二值量化算法，而 BinaryConnect 采用的是随机的二值量化算法，以一定的概率进行二值量化赋值，函数如下：

$$w_b = \begin{cases} +1，发生的概率为 p = \hat{\sigma}(w) \\ -1，发生的概率为 1-p \end{cases} \tag{6.4}$$

其中，

$$\hat{\sigma}(x) = \max\left(0, \min\left(1, \frac{x+1}{2}\right)\right) \tag{6.5}$$

随机二值量化策略能够起到提高模型泛化能力的作用，这与 Dropout、Drop Connect 等技术的原理类似，因为权重的期望值是不变的。

需要注意的是，为了保持足够的精度，权重在前向传播和反向传播计算时进行了二值量化，但是在进行参数更新时依旧使用浮点型数据。由于权重量化时只与符号相关，权重范数大于 1 对结果没有影响。为了限制浮点型权重不会太大，使用 clip 函数将浮点型权重限制在 1~-1。

在 BinaryConnect 的基础上，Binarized Neural Networks 随后被提出，它对权重和激活值都进行了二值量化，因此卷积中的乘加操作简化成了按位操作，即图 6.1 中的异或操作与位统计操作（XNOR-Count）。因此相比于 BinaryConnect，其加速效果更明显。

Binarized Neural Networks 同时采用了符号函数和随机量化两种策略。对于训练过程中的激活函数，使用的是随机量化算法，其余则采用符号函数。

由于符号函数的梯度几乎都是 0 且不连续，因此离散神经元的梯度通过 Hinton 提出的

Straight-through Estimator 策略来解决，即让浮点数的梯度等于量化数的梯度，表示为 $g_r = g_q 1_{|r| \leqslant 1}$，并且当梯度幅度大于 1 时，使其为 1，从而保证梯度始终是[-1,1]的实数，这样可以提高模型在更新参数时的计算稳定性。

这个其实就相当于将符号函数在-1 到 1 之间采用了如下的线性函数进行近似：

$$\text{clip}(x) = \max(-1, \min(1, x)) \tag{6.6}$$

Binarized Neural Networks 的提出者观察到，由于深度学习模型的第一个卷积层参数普遍较少，如果对其进行二值量化会极大损失模型性能，因此第一个卷积层采用 8bit 量化策略。后续很多研究者在进行低精度量化时，都会对第一个卷积层采用位宽不低于 8bit 的策略。

2. 阈值函数的改进

由于阈值函数直接影响二值量化结果，不同阈值函数会带来不同的梯度误差，因此有一些研究集中在寻找更精确的阈值函数以减小误差。

Binarized Neural Networks 使用了 sign 函数和 clip 函数，Bi-Real Net 采用了一个更加光滑的近似，即 approxsign 函数，其定义如下：

$$F(a_r) = \begin{cases} -1, & a_r < -1 \\ 2a_r + a_r^2, & -1 \leqslant a_r < 0 \\ 2a_r - a_r^2, & 0 \leqslant a_r < 1 \\ 1, & \text{其他} \end{cases} \tag{6.7}$$

与 clip 函数相比，approxsign 函数的曲线形状及梯度的形状都更接近符号函数 $\text{sign}(x)$，如图 6.2 所示。

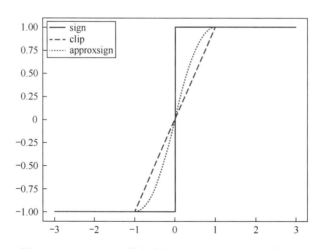

图 6.2　approxsign 函数曲线与 sign 函数和 clip 函数对比

6.2.2　基于重建误差的方法

上面的二值量化算法直接使用符号函数对权重和激活值进行了阈值化，并没有考虑它带来的网络性能损失，因此有研究者考虑了重建误差，提出了更优的二值量化框架，以 XNOR-Net 为代表。

以权重的二值量化为例，在对权重进行{-1, +1}量化的同时，加入尺度因子 α 来进行性能的保持。

令 I 代表某层的输入，W 代表某层的权重，我们希望把权重量化成二值矩阵 B 和一个尺度因子 α 的乘积：

$$W = \alpha B \tag{6.8}$$

同时要保持量化前后信息不变，即

$$I * W \approx (I \oplus B)\alpha \tag{6.9}$$

式中，* 表示通用卷积操作；$\oplus$ 表示没有乘法的卷积操作，通过加法和减法实现。式（6.9）的优化目标等价于式（6.10）。

$$J(B, \alpha) = \| W - \alpha B \|^2 \tag{6.10}$$

式中，W 是确定的，α 和 B 是需要估计的变量，需要求得 α^*, B^* 以最小化式（6.9）。

$$\alpha^*, B^* = \arg\min_{B,\alpha} J(B, \alpha) \tag{6.11}$$

式（6.10）展开后为

$$J(B, \alpha) = \alpha^2 B^{\mathrm{T}} B - 2\alpha W^{\mathrm{T}} B + W^{\mathrm{T}} W \tag{6.12}$$

由于 $B \in \{-1, +1\}$，所以 $B^{\mathrm{T}} B = n$ 是一个常数，其中，n 等于权重矩阵的元素个数。

因为权重 W 是已知参数，所以 $W^{\mathrm{T}} W = c$ 也是常数，式（6.12）变为

$$J(B, \alpha) = \alpha^2 n - 2\alpha W^{\mathrm{T}} B + c \tag{6.13}$$

常量 c 在求导中可以忽略，求解式（6.13）的极值可以采用交替求导法则进行，其中：

$$B^* = \arg\max_{B} \{W^{\mathrm{T}} B\}, \quad \text{s.t.} B \in \{-1, +1\} \tag{6.14}$$

当 $W_i \geq 0$ 时，$B_i = 1$；当 $W_i < 0$ 时，$B_i = -1$，就是最优解，其实就是 $B^* = \mathrm{sign}(W)$。

同理，α 的最优解为

$$\alpha^* = \frac{W^{\mathrm{T}} B^*}{n} = \frac{W^{\mathrm{T}} \mathrm{sign}(W)}{n} = \frac{\sum |W_i|}{n} = \frac{1}{n} \|W\|_{\mathrm{L1}} \tag{6.15}$$

从式（6.15）可以得到 α 的最优解等于权重 L1 范数的平均值。

当权重被量化成{-1, +1}后，输入和量化权重进行卷积实际就变成输入参数之间的加减运算，运算速度加快，不过因为输入还是浮点数，所以速度还有进一步优化的空间。

如果把输入特征值也量化成{-1, +1}，二进制矩阵的卷积就可以直接采用二进制运算进行，将获得更快的速度。为了对输入 I 进行量化，需要引入另一个尺度因子 β，优化目标如下：

$$\alpha^*, B^*, \beta^*, I^* = \arg\min_{\alpha, \beta, B, H} J(X \odot W - \alpha\beta I \odot B) \tag{6.16}$$

如果令 $Y = X \odot W$，$C = I \odot B$，$\gamma = \alpha\beta$，则得到了与式（6.10）类似的式子，可以参考求解 B, α 的方法来求解 C 和 γ，进而得到 β。

XNOR-Net 框架在进行反向传播参数更新时，基于浮点型权重进行计算，但梯度由量化后的权重求得。后来，XNOR-Net++框架将激活值和权重因子合并，并且在反向传播中进行学习，而不是基于上面的原理进行求解，使量化后模型的精度更高。

6.2.3 从二值量化模型到三值量化模型

二值量化的结果只有 1 和−1 两种值，如果再加上 0，就可以构成三值网络，相应的位宽从 1bit 扩展到 2bit。实际计算中，由于 0 处不需要进行相乘累加，因此相比于二值量化模型，三值量化模型并不增加多少计算量。

Ternary Weight Networks 是一个典型的三值量化模型，根据阈值 Δ 进行分段映射，如下：

$$W_i^t = f_t(W_i|\Delta) = \begin{cases} +1, & W_i > \Delta \\ 0, & |W_i| \leqslant \Delta \\ -1, & W_i < -\Delta \end{cases} \tag{6.17}$$

阈值 Δ 通过最小化全精度权重和量化后权重的 L2 距离获得，每层都单独进行求解。基于权重符合正态分布的假设，Δ 的最优解约等于 $0.7E(|W|)$，E 表示求平均值。二值量化后的结果需乘以一个缩放系数，它等于权重绝对值的平均 E，量化后模型权重的取值为 $\{-E, 0, E\}$。

与大部分二值量化模型的训练一样，三值量化模型训练时只在前向和后向传播过程中使用量化，但参数的更新仍然使用浮点数。

Ternary Weight Networks 中的分段映射阈值通过求解获得，属于离线量化方案，而 Trained Ternary Quantization 则对量化取值进行学习，量化后取值为 $\{w_l^p, 0, w_l^n\}$。整个框架中需要学习的包括全精度的权重及两个量化取值，是比基础的三值量化模型更好的方案。

三值量化相比于二值量化只增加了 1bit，以较小的参数增加代价获得了更灵活的表达能力。

6.2.4 二值量化的主要问题

虽然二值量化模型相比于浮点型模型有更高的效率，但实际上并没有得到广泛应用，一方面是因为其和 32bit 浮点型模型存在较大的精度差距，另一方面是因为不同硬件上的高性能算法实现并不成熟，其实际效率提升并未达到理论效果。

精度是制约二值量化模型应用的主要因素，二值量化大幅度限制了特征的模式丰富性，相比于浮点型数据运算操作，二值量化操作的特征空间容量要小得多，而且可能会遇到激活值退化、饱和、梯度不匹配等问题。

所谓退化问题，即通道中所有的参数经过量化后都有同样的符号，导致输出为常数。所谓饱和问题，即所有的激活值的绝对值都大于阈值函数的最大值，导致梯度无法传播。所谓梯度不匹配问题，即激活值总小于阈值，没有超过阈值的情况。

研究者在分析二值量化模型精度受限的原因后，不断提出对应的解决方案。下面介绍几个具有代表性的研究方向。

1. 基于正则化的方法

正则化是机器学习领域很常见的工程技术，常被用于约束模型的参数范围，提高模型的泛化能力。有人通过添加分布损失目标来分别缓解退化、饱和和梯度不匹配问题。

以退化问题为例，可以添加如下损失：

$$L_D = [(A_{(0)} - 0)]^2 + [(A_{(1)} - 1)]^2 \tag{6.18}$$

式中，A 表示激活函数，$A_{(0)}$、$A_{(1)}$ 分别表示 0 和 1 处的激活值。式（6.18）可以约束激活函数 A 在 0 和 1 处的激活值不同。

饱和的损失和梯度不匹配的损失分别如下：

$$L_S = (A_{(0)} - 1)^2 \tag{6.19}$$

$$L_M = [\min(1 - A_{(1)}, A_{(0)} + 1)]^2 \tag{6.20}$$

有人也采用直接对权重进行正则化约束的方案，L1 和 L2 正则化优化因子如下。

$$R_1(W) = (\alpha - |W|), \quad R_2(W) = (\alpha - |W|)^2 \tag{6.21}$$

2．基于知识蒸馏的方法

许多研究通过对二值量化模型的优化目标进行可视化发现，其相比于浮点型模型更加粗糙，并且拥有更多的局部极值，导致学习过程不稳定，并且很容易陷入次优解。为了更好地训练二值量化模型，一些研究者利用知识蒸馏技术，将性能更强大的浮点型模型作为教师模型，指导二值量化模型的训练，从而获得更稳定的训练状态。

3．基于模型结构改进的方法

从改进模型结构本身的角度来提高二值量化模型的精度，在近几年得到了研究者的关注，一些通用的技术被验证是有效的。

有的研究将 ReLU 激活函数替换为 PReLU 激活函数，甚至让 PReLU 激活函数在负斜率的区间是可学习的，被验证可以直接改善模型的性能，并在之后的工作中被借鉴，这说明二值量化模型对激活函数带来的截断损失很敏感。

有的研究直接将残差网络中的跳层连接应用于二值量化模型，将二值量化之前的特征与二值量化卷积后经过标准化的特征图拼接，获得更好的特征图，从而提升模型性能。

有的研究基于特征通道注意力机制，学习对二值卷积后的特征通道进行重新缩放，被证明有利于提高模型性能，这与 XNOR-Net 等工作的原理非常类似。

总的来说，近几年一些更加新的二值量化模型，都综合使用了参数可学习的激活函数、特征跳层融合、知识蒸馏训练等技术，在 ImageNet 图像分类任务中，性能已经逐渐逼近主流的浮点数模型，达到接近甚至超过 80% 的 top1 精度。

二值量化硬件框架的具体设计也是值得读者关注的内容，不过这超出了本书的内容范围，这里不再介绍具体细节。

6.3　8bit 量化算法

二值量化模型虽然计算效率很高，但是对模型性能的损害是非常大的，难以满足当前大部分工业界任务的要求。与之相比，8bit 量化模型能够取得较好的精度保持，是当前工业界比较成熟稳定的量化方案。本节对其中具有代表性的两类算法进行介绍。

6.3.1 基于变换函数的非对称量化

Integer-Arithmetic Network 是 Google 提出的一个非对称的 8bit 量化网络框架，既可以在训练中进行量化，也可以在训练后进行量化，其在 MobileNet 等轻量级模型量化方面取得了很好的效果。

整数和浮点数的变换公式如下：

$$r = S(q - Z) \tag{6.22}$$

式中，S 和 Z 都是量化后的参数，Z 是对应实数 0 的量化值，S 是一个正浮点数尺度因子；q 是量化后的整数；r 是需要量化的浮点数。

每层的具体量化公式如下：

$$\mathrm{clamp}(r;a,b) = \min(\max(x,a),b) \tag{6.23}$$

$$s(a,b,n) = \frac{b-a}{n-1} \tag{6.24}$$

$$q(r;a,b,n) = \left[\frac{\mathrm{clamp}(r;a,b) - a}{s(a,b,n)}\right] s(a,b,n) + a \tag{6.25}$$

式中，$[\cdot]$ 表示向下取整操作；n 表示量化阶数，对于 8bit 就是 256；a 和 b 表示量化范围，a 表示最小值，b 表示最大值，权重和激活值的取值方法略有不同。对于权重，使用实际的最大和最小值；对于激活值，则使用每个 batch 中的最大值和最小值的滑动平均值。

因为 Z 并不等于 0，所以上述方案为非对称量化，如果将 0 值处的量化值约束为 0，则退化为对称量化。

目前该方案有两种量化实现：一种是训练后量化，另一种是训练中量化，如图 6.3 所示。

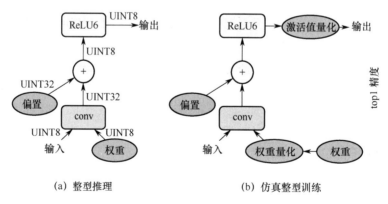

(a) 整型推理　　　　　　　　　　(b) 仿真整型训练

图 6.3　训练后量化和训练中量化

如果采用先训练后量化的方法，就需要仔细选择量化参数来提高量化模型的精度，并且可以采用逐层量化或者逐个通道量化的策略。

实验发现，在 8bit 精度方面，训练后进行量化方案的模型精度与浮点型模型相差很小。对于所有的模型，逐通道量化和逐层量化的精度差距并不大，因为模型有足够的比特位容量，可以高保真地表征权重。但是在 4bit 精度方面，逐通道量化明显要比逐层量化精度高。

　　因此，如果想获得更高的精度，应该选择在模型训练中进行量化，尤其是对于小模型，训练中量化相比于训练后量化精度损失更小。在模型训练中，前向传播使用量化的权重和激活值进行计算，而反向时仍然按照全精度的浮点数进行计算，具体来说还要注意以下细节。

　　（1）权重在卷积前进行量化，如果使用了 BN 层，则将其与权重进行合并。

　　（2）激活值在即将被后面的神经元使用时量化，即在激活函数之后进行量化。

6.3.2　基于信息损失的对称量化

　　从信息学理论的角度来看，将浮点型数值（FLOAT32）降为整型数值（INT8）的过程相当于信息再编码，原来使用 32bit 来表示一个数，现在使用 8bit 来表示，要求 8bit 相比 32bit 信息不要损失太多。

　　基于此，TensorRT 框架提出了基于 KL 散度的 8bit 量化算法，通过最小化原始数据分布和量化后数据分布之间的 KL 散度来对激活值进行量化。

　　将 FLOAT32 转换为 INT8 最简单的映射方式是线性映射（或称线性量化，Linear Quantization），映射前后的关系满足式（6.26）。

$$r = Sq + b \qquad (6.26)$$

式中，r 是 32bit 浮点数；q 是对应的量化值；S 是一个浮点数因子；b 是偏置。实验证明，偏置是不需要的，去掉后式（6.26）变为

$$r = Sq \qquad (6.27)$$

　　那么如何确定比例因子 S 呢？最简单的方法是进行线性映射，如图 6.4 所示。

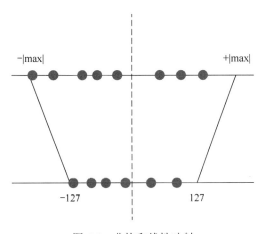

图 6.4　非饱和线性映射

　　图 6.4 直接将 $-|max|$ 和 $|max|$ 的浮点数线性映射为 -127 和 127，这样的映射是对称的，并且是不饱和的，实验结果显示，这样做会导致比较大的精度损失。主要原因是 max 值可能存在一些离散点噪声，如果直接进行线性缩放，可能放大了这些噪声。因此 TensorRT 框架对其改进，从 127 和 $|max|$ 之间选择一个阈值 T，把大于阈值 T 的部分截断，如图 6.5 所示。

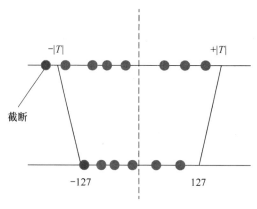

图 6.5　饱和线性映射

这种做法不是将±|max|映射为±127，而是将超出±|T|范围的值直接映射为±127，即将大于|T|的值映射为 127，将小于-|T|的值映射为-127，如图 6.5 中上方最左侧的点，这种映射关系是饱和的（Saturate）。只要阈值选取得当，就能将分布散乱的较大的激活值舍弃，从而使精度不至于损失太多。

TensorRT 框架对权重和激活值进行量化，实验结果表明，对权重进行量化时，饱和线性映射与非饱和线性映射区别不大，因此采用非饱和线性映射。而对激活值进行量化时，饱和线性映射相比非饱和线性映射有显著的性能提升，因此采用饱和线性映射。

如何确定 T 呢？T 的值肯定大于 127。由于阈值 T 的取值不同，一个饱和量化后的 INT8 共可以有|max|-128 种分布，我们需要做的是把最接近 FLOAT32 的分布找出来。需要一个衡量指标来衡量不同的 INT8 分布与 FLOAT32 分布之间的差异程度，这个衡量指标就是相对熵（Relative Entropy），又称为 KL 散度（Kullback–Leibler Divergence，KLD）。

考虑 FLOAT32 分布 P、INT8 分布 Q，其 KL 散度计算如下：

$$\mathrm{KLD}(P,Q) = \sum_i \left(P[i] \times \log\left(\frac{P[i]}{Q[i]} \right) \right) \tag{6.28}$$

式中，P 和 Q 分别称为参考分布（Reference_distribution）和量化分布（Quantize_distribution）。由于不同网络层的激活值分布差异很大，因此每个网络层的 T 值都是不一样的，确定每层 T 值的过程称为校准（Calibration）。

完整的量化流程如下。

（1）首先将 FLOAT32 的模型在一个校准数据集（Calibration Dataset）上运行，记录每层的 FLOAT32 激活值。这里没必要基于整个训练集进行统计，比较现实的做法是从验证集中选取一个有代表性、多样性好的子集作为校准数据集。

（2）对网络的每层收集激活值，得到激活值的直方图，也就是参考分布。直方图区间数量官方建议为 2048，因此阈值 T 的选择在 128 和 2047 之间。

（3）对 128～2047 的不同阈值 T 进行遍历，计算对应的量化分布，具体来说，就是把 0～T 组的数值线性映射到 0～127，超出 T 的直接映射到 127，从中选取使量化分布和参考分布 KL

散度最小的 T。对每层计算 T，得到一个校准表（Calibration Table）及对应的浮点型缩放系数，从而基于式（6.27）对每层的激活值进行量化。

以上每个步骤的代码实现将在 6.7 节介绍。

6.4 混合精度量化算法

二值量化是极致的量化算法，8bit 量化是当前最流行的量化方案，不过量化位宽也不需要局限于 1bit 和 8bit 这两种。下面介绍一些拥有自由位宽的量化框架，以及混合精度量化。

所谓混合精度量化，指不同的网络层有不同的量化位宽，或者权重、激活值等采用不同的量化位宽，这样能够对不同的计算模块与变量进行自适应。当前已经有许多芯片开始支持混合精度量化。

6.4.1 一般混合精度量化算法

网络中不同的模块对精度的损失敏感性不同，权重的精度损失往往没有激活值的敏感，因此相比于激活值，权重可以有更小的量化位宽。由于梯度值非常小，而且直接影响模型反向传播中的参数学习，因此其精度损失相比于权重和激活值的更加敏感。基于这样的特点，研究者提出了一些方案，对权重、激活值、梯度采用不同的量化位宽，在尽可能降低运算代价的基础上，比较好地维持模型性能。

Itay Hubara 与 Shuchang Zhou 等人分别提出了相似的混合精度量化方案，他们对权重采用了 1bit 量化，对激活值采用了 2bit 量化，对梯度采用了 6bit 量化。

在 Itay Hubara 等人的方案中，对权重、激活值、梯度统一采用了相同的量化公式，具体分为线性量化与对数量化两种实现方式，分别如式（6.29）和式（6.30）所示。

$$\text{LinearQuant}(x,\text{bitwidth}) = \text{clip}\left(\text{round}\left(\frac{x}{2^{\text{bitwidth}}-1}\right)\times 2^{\text{bitwidth}-1},\min V,\max V\right) \quad (6.29)$$

$$\text{LogQuant}(x,\text{bitwidth}) = \text{clip}(\text{LogAP2}(x),-(2^{\text{bitwidth}-1}-1),2^{\text{bitwidth}-1}) \quad (6.30)$$

式中，x 是需要量化的浮点数；bitwidth 是量化的位宽；$\min V$ 和 $\max V$ 分别是最小和最大量化值范围；$\text{LogAP2}(x)$ 是 x 的近似幂 2 的对数；clip 是裁剪函数。

研究人员发现，因为权重和激活值的分布不是均匀的，对数量化相比于线性量化有更少的精度损失。

Shuchang Zhou 等人提出的 DoReFa-Net 框架则更复杂一些，其对权重、激活值、梯度采用了不同的量化公式。

激活值量化公式如下：

$$f_a^k(r_i) = \text{quantize}(r_i) = \frac{1}{2^k-1}\text{round}((2^k-1)r_i) \quad (6.31)$$

式中，r_i 表示浮点型激活值。经过量化后，激活值预先被有界的激活函数限制在[0,1]。

权重量化公式如下：

$$f_w^k(r_i) = 2\text{quantize}\left(\frac{\tanh(r_i)}{2\max(|\tanh(r_i)|)} + \frac{1}{2}\right) - 1 \qquad (6.32)$$

先使用 tanh 函数将权重限制在[-1,1]，将量化输入的数值约束在[0,1]，进行量化，再映射到[-1,1]，其中量化函数与激活值量化的量化函数相同。

在针对梯度进行量化时，随机量化是一个比较有效的手段，且梯度不像激活值可以被限制在某个范围内，有的位置上梯度取值可能会比较大。

梯度量化公式如下：

$$f_g^k(r_i) = 2\max_0|r_i|\left[\text{quantize}\left(\frac{r_i}{2\max_0|r_i|} + \frac{1}{2} + N(k)\right) - \frac{1}{2}\right] \qquad (6.33)$$

这里的随机就体现在对量化输入增加了一个额外的噪声函数 $N(k)$，实验发现，这对训练有非常积极的作用。

6.4.2　自动位宽学习

前面介绍的所有框架对每层都使用了同样的量化策略，但其实不同的网络层有不同的冗余性，因此对于精度的要求也不同。通常来说，浅层特征提取需要更高的精度，卷积层比全连接层需要更高的精度。

手动搜索每层的位宽需要很高的成本，因此，当前主流是基于自动搜索的策略。HAQ（Hardware-Aware Automated Quantization with Mixed Precision）是一个自动化的混合精度量化框架，它使用强化学习让每层都学习到了适合该层的量化位宽。代理接收层配置和统计信息作为观测变量，输出的动作行为即权重和激活值的位宽，其中一些概念如下。

（1）观测值：即状态空间，对于卷积层来说，是一个 10 维变量，定义如式（6.34）所示。

$$O_k = (k, c_{\text{in}}, c_{\text{out}}, s_{\text{kernel}}, s_{\text{stride}}, s_{\text{feat}}, n_{\text{params}}, i_{\text{dw}}, i_{w/a}, a_{k-1}) \qquad (6.34)$$

式中，等号右侧的变量分别是层数、输入通道数、输出通道数、卷积核大小、步长、特征图大小、参数量、通道分组卷积的二值化标志、权重或激活值的二值化标志、最后一个时间步长的动作。

（2）动作空间：使用连续函数来决定位宽，如式（6.35）所示。

$$b_k = \text{round}(b_{\min} - 0.5 + a_k \times (b_{\max} - b_{\min} + 1)) \qquad (6.35)$$

（3）反馈：利用硬件加速器来获取时延和能量作为反馈信号，以指导代理满足资源约束。

（4）量化：直接使用基于截断的线性量化算法，这与 TensorRT 框架使用的基于信息损失的量化算法相同，只是具体的位宽不同。

（5）奖励函数：在所有层被量化后，进行一轮数据微调，并将重训练后的验证精度作为奖励信号，奖励定义如式（6.36）所示。

$$R = \lambda \times (\text{acc}_{\text{quant}} - \text{acc}_{\text{origin}}) \qquad (6.36)$$

（6）代理：使用深度确定性策略梯度（DDPG）方法。

一般使用 FLOPs、模型大小等指标来评估模型压缩方法的性能，然而这些理论上的指标在不同的硬件平台上表现差异可能很大，因此 HAQ 框架使用了更直接的硬件指标，即芯片的时延和功耗作为更有效的评估因子，其被实验结果证明更有用。

对 MobileNet V1 和 MobileNet V2 各个网络层的量化结果表明，在边缘端设备上，深度分组卷积应该使用更小的位宽，点卷积应该使用更大的位宽，但是在云端设备则完全相反。这是因为深度分组卷积是内存受限的操作，点卷积是计算受限的操作，云端设备相比边缘端设备具有更大的内存带宽和更高的并行性，对于深度分组卷积没有边缘端设备那么敏感。由此可见，对于同样的轻量级模型结构，可以根据其使用的硬件平台特性，自适应地调整优化后可能获得更好的性能。

6.5　半精度浮点数训练算法

所谓的半精度浮点数训练，指的是将 FLOAT32（FP32）替换成动态范围更窄的 FLOAT16（FP16），严格来说，这并不属于量化的范围，因为其值仍然是连续的浮点型。但是，它也减小了位宽，并且相比于更小位宽的量化模型，能更好地保持模型性能，所以这里也对其进行介绍。

以 NVIDIA 为例，典型的半精度浮点数训练流程如图 6.6 所示。

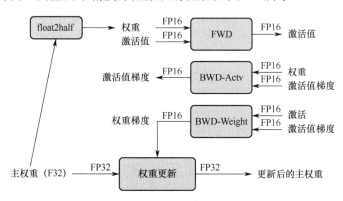

图 6.6　典型的半精度浮点数训练流程

为了维持模型的精度不下降，可以尝试三个训练技巧，分别是：①单精度模型复制与更新；②损失缩放；③使用 FP16 累加结果获得 FP32。

首先来看单精度模型复制与更新技巧。从图 6.6 中可以看出，虽然在前向传播与反向传播中，计算激活值与梯度使用的是 FP16，但是仍然会保留一个 FP32 的权重备份，这一方面是因为当更新值，即梯度乘以学习率的值小于 2^{-24} 时，FP16 精度表示为 0，会造成一定的损失；另一方面是因为权重的值要远远大于权重的更新，在这种情况下，即使权重更新可以用 FP16 表示，累加的进位问题仍然可能导致更新为零。这尤其在归一化的权重值可能至少是更新值的 2048 倍时发生，此时隐藏的比特可能会右移 12 位甚至更多，导致更新变成无法恢复的 0 位。

其次来看损失缩放技巧。半精度归一化后的二进制值的指数在[-14,15]，而梯度值在实际中往往由小值主导，也就是负梯度起主要作用。在训练过程中，很多梯度值小于 2^{-14}，即超出了半精度范围，从而变成 0，因此在反向传播之前，对所有的损失采用相同的尺度进行放大，在梯度裁剪与更新之前再使用同样的尺度进行缩小。$[2^{-27}, 2^{-24})$ 的值需要被缩放保留。当然，这样的方法也可能造成溢出，一种简单的处理方法是在检测到溢出后，跳过该次更新。

最后来看使用 FP16 累加结果获得 FP32 的技巧，这主要是在向量点乘与向量降维操作中使用。前者是因为有些网络需要将用 FP16 表示的向量点乘的部分乘积累加为 FP32，然后在写入内存之前转换为 FP16。如果不采用 FP32 进行累加，FP16 模型不能取得与基准模型相同的精度。后者主要是由于 BN 层与 Softmax 层等的存在，它们都需要在一个向量的所有单元上求和，需要采用 FP16 从内存中读取和写入张量，采用 FP32 进行运算来维持精度。

6.6 模型量化的一些其他问题

前面介绍了不同位宽的量化技术，其中的关键技术包括量化阈值函数设计、重建误差方案、量化分布与浮点型分布的相似度评估等。下面介绍模型量化中其他一些值得关注的问题。

6.6.1 非均匀量化

量化函数对模型精度的影响是非常大的，无论是二值量化中的阈值函数，还是 TensorRT 框架中的量化映射，都在寻找一个不损失模型精度的最佳量化函数。

通常来说，量化函数是一个分段的常数函数，不同的量化等级之间的距离是相等的，即均匀量化，而数据的分布往往不是均匀的，所以均匀量化并不是最合理的方案。有研究针对量化函数本身进行学习，提出了一些非均匀量化框架。

1. 基于聚类的量化中心求解

DeepCompression 是一个经典的模型压缩框架，包括剪枝、量化、存储整个流程，在不影响精度的前提下，它可以把 500MB 的 VGG 模型压缩到 11MB。

下面着重介绍其中的量化过程，以 2bit 为例，它采用的是基于聚类的量化算法，即将浮点数量化到最近的聚类中心对应的量化阶，因此是一个非均匀量化框架。

图 6.7 中包含 4×4 的权重矩阵和梯度矩阵，需要将权重量化为 4 阶，即 2bit，对应的浮点数聚类中心为−1.0, 0, 1.5, 2.0（称为码字）。

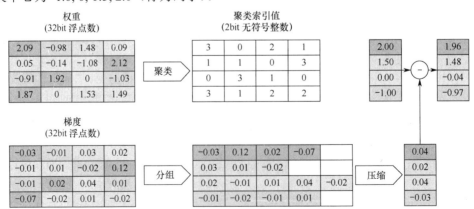

图 6.7　DeepCompression 权重量化流程

对权重矩阵采用聚类索引值（Cluster Index）进行存储后，原来需要 16 个 32bit 浮点数，现在只需要 4 个 32bit 浮点数与 16 个 2bit 无符号整数，量化后的参数量为量化前的 $(16\times2+4\times32)/(16\times32)=0.31$。

那如何对量化值进行更新呢？可采取对聚类中心也就是码字进行更新的方案，它是量化后的 2bit 的权重。

如图 6.7 所示，将聚类索引值相同的元素对应的梯度求和并乘以学习率，叠加到当前码字，不断更新聚类中心，该聚类的迭代过程可以通过反向传播完成。

DeepCompression 的提出者还比较了只用剪枝或只用量化对结果的影响，结果表明，两者都在压缩比低于一定阈值时变得敏感，而组合这两个技巧后，在压缩比达到 5%时，其仍然能够保持性能不降。

2. 量化基学习

LQ-Nets 是一个比较有代表性的对量化函数进行学习的框架。首先考虑用 K 位二进制编码表示的整数 q，它实际上是基向量和二进制编码矢量 $\boldsymbol{b}=[b_1,b_2,\cdots,b_K]$ 的内积，表示如下：

$$q =< \begin{bmatrix} 1 \\ 2 \\ \vdots \\ 2^{K-1} \end{bmatrix}, \begin{bmatrix} b_1 \\ b_2 \\ \vdots \\ b_K \end{bmatrix} > \tag{6.37}$$

式中，基向量就是 2 的幂次；b_i 取值为 0 或 1。这是一个均匀量化方案，相邻量化阶之间的距离是相等的。

假如基向量不是 2 的幂次，而是一个可学习的浮点数向量，那么就得到了一个非均匀的量化方案。具体来说，量化函数如下：

$$Q_{LQ}(x,\boldsymbol{v})=\boldsymbol{v}^{\mathrm{T}}e_l, \quad x\in(t_l,t_{l+1}] \tag{6.38}$$

式中，e_l 取值为 1 或者-1。求解一个量化函数，就是求解式（6.39）。

$$\boldsymbol{v}^*,\boldsymbol{B}^* = \arg\min_{\boldsymbol{v},\boldsymbol{B}} \| \boldsymbol{B}^{\mathrm{T}}\boldsymbol{v} - \boldsymbol{x} \|_2^2, \quad \text{s.t.} \boldsymbol{B}\in\{-1,1\}^{K\times N} \tag{6.39}$$

式中，$\boldsymbol{v}$ 是大小为 $1\times K$ 的需要求解的基向量；$\boldsymbol{B}$ 是需要求解的 $K\times N$ 的编码矩阵；$\boldsymbol{x}$ 是 $1\times N$ 的全精度激活值或者权重。可以用交替求导方法获得最优解析解，具体如下。

第一步：给定 $\boldsymbol{v}$ 求解 $\boldsymbol{B}$，因为 $\boldsymbol{B}$ 的元素的取值范围有限，只有 1 或者-1，可以直接通过查找量化级来获得最优值。

第二步：给定 $\boldsymbol{B}$ 求解 $\boldsymbol{v}$，这是一个简单的有解析解的线性回归问题。

6.6.2 更稳定地训练量化模型

目前训练后的量化技术比较成熟，如果能够将量化技术应用在卷积神经网络的训练中，则不仅可以加速卷积的反向梯度传播过程，还可以将训练过程迁移到非 GPU 平台，实现模型的在线更新。不过，量化带来的精度损失导致模型量化训练会存在较多的工程问题，下面针对性地介绍一些比较关键的问题与技巧。

1．ReLU 激活函数截断

由于当前绝大部分全精度模型采用 ReLU 函数作为激活函数，它在正区间是无界的，即值域为[0,+∞)。要表示这么大的范围，需要较大的位宽，使得模型在低比特量化时有较大的精度损失。另外，由于激活值的值域范围非常大，容易存在一些离群点，给模型量化带来精度损失。

为了解决以上问题，PACT 采用了参数化的激活函数，通过对 ReLU 函数的上界限制来去掉离群点，从而稳定量化训练过程，其激活函数如式（6.40）所示。

$$y = \text{PACT}(x) = 0.5(|x| - |x - \alpha| + \alpha) = \begin{cases} 0, x \in (-\infty, 0) \\ x, x \in [0, \alpha) \\ \alpha, x \in [\alpha, +\infty) \end{cases} \qquad (6.40)$$

式中，α 并不是一个固定的参数，而是基于反向传播算法进行学习，每层甚至每个通道的值都可不同且相互独立。实验表明，每层内各个通道之间共享 α，可取得最高的精度和硬件计算效率。当 $\alpha = +\infty$ 时，式（6.40）所示的函数就是 ReLU 函数。α 越小，激活值的范围越小，因此可以通过在损失函数中添加 α 的 L2 正则化项，使其取得较小的值。

得到 α 之后，量化函数直接采用线性变换函数，k 位量化的量化函数如式（6.41）所示。

$$y_{\text{q}} = \text{round}\left(y \cdot \frac{2^k - 1}{\alpha}\right) \cdot \frac{\alpha}{2^k - 1} \qquad (6.41)$$

2．渐进式训练

在模型剪枝算法中，一种典型的思路是逐步从已经训练好的网络中移除不那么重要的权重，从而维持最终性能不发生明显下降，这说明权重有不同的重要性。但是，前面介绍的量化算法并没有考虑这点，而是同时将所有高精度浮点数转化为低精度数值。基于此，有人提出了渐进式神经网络量化训练的思想，引入了三种操作：参数分组、量化、重训练。

简单说就是在训练得到一个模型后，首先将这个全精度浮点数模型中的每层参数分为两组：一组参数直接被量化固定；另一组参数通过重训练来补偿量化给模型带来的精度损失。然后将三个操作依次迭代应用到完成重训练后的第二组全精度浮点数部分，直到模型全部量化为止。

可以说通过参数分组分成的这两个部分是互补的：一个建立低精度模型的基础；另一个通过重训练补偿精度损失，这样迭代最终得到渐进式的量化和精度提升。

3．稳定梯度

训练中量化的主要挑战来自梯度的精度损失和不稳定性，需要较大的量化位宽来维持。Dorefa 框架使用了 6bit 宽的梯度量化方案，Google 的非对称量化框架中提出了 8bit 宽的梯度量化方案。然而，当前研究表明，按照某一个固定的映射函数直接将浮点数的梯度量化到 INT8 数值后，梯度的量化误差仍然过大，使得训练过程变得极其不稳定，收敛精度也很低。下面汇总了梯度的几个特点。

（1）梯度分布相比激活值分布和权重分布，更多的值集中在 0 附近，但分布范围更大，导致梯度量化的误差比激活值和权重更大。

（2）随着训练的进行，梯度分布会变得更加尖锐，但仍然保持较大的分布范围，这意味着梯度量化的误差会随训练的进行变得越来越大。

（3）网络的浅层和深层的梯度特点不同。

由于以上这些特点，对每层采用固定的单一量化策略是不合理的，训练过程会不稳定。

为此，商汤科技的研究人员首先通过理论分析和推导，对量化训练的收敛稳定性进行了建模。

不失一般性地，定义一个函数 $R(T)$ 为

$$R(T) = \sum_{t=1}^{T}(f_t(w_t) - f_t(w^*))\tag{6.42}$$

式中，f 是损失函数；t 是训练轮数；T 是训练总轮数；w_t 为 t 轮的权重；w^* 是最优权重。在 f_t 是凸函数及权重值域有限的假设下，$R(T)$ 对 T 的导数近似为

$$\frac{R(T)}{T} = \frac{dD_\infty^2}{2T\eta T} + \frac{D_\infty}{T}\sum_{t=1}^{T}\|\varepsilon_t\| + \frac{1}{T}\sum_{t=1}^{T}\frac{\eta_t}{2}\|\hat{g}_t\|^2\tag{6.43}$$

式中，η 为 t 轮的学习率；d 为权重的维度；ε_t 为 t 轮的量化误差；η_t 为 t 轮量化后的梯度。

随着训练的进行，T 趋于无穷大，式（6.43）中等号右侧的第 1 项可以忽略不计；为了训练的稳定，需要考虑减小第 2 项和第 3 项。其中，第 2 项与量化误差正相关，第 3 项与学习率及量化后的梯度大小有关，因此可以分别制定策略，具体如下。

其一，采用基于方向自适应的梯度截断方法来调节量化函数中的截断，从而减小量化误差。考虑到梯度分布不符合常见的高斯分布、拉普拉斯分布和学生 t 分布，研究人员采用能够体现梯度方向优化特点的余弦距离来衡量梯度的量化误差，并以余弦距离为目标函数来优化求解最优截断值，具体如下：

$$d_c = 1 - \cos(<g, \hat{g}>) = 1 - \frac{g \cdot \hat{g}}{|g| \cdot |\hat{g}|}\tag{6.44}$$

式中，$g, \hat{g}$ 分别是浮点数梯度和量化梯度。

其二，采用误差敏感的学习率调节策略来适当调低学习率，从而提高量化训练精度，如下：

$$\phi(d_c) = \max(e^{-\alpha d_c}, \beta)\tag{6.45}$$

式中，α 和 β 是两个参数，用于控制衰减程度和调节下界。

另外，由于量化操作需要的统计数据范围和计算截断值等操作十分耗时，为了减少时间开销，采用周期性地统计数据范围和计算截断值的方案。

4．第一层和最后一层量化问题

众多的研究都发现了同样的现象，即对模型的第一层或者最后一层进行量化，会带来严重的精度下降问题，因此，大部分框架要么保持第一层和最后一层为浮点数计算，要么在量化时，让这两层的位宽比其他各层更大，比如第一层和最后一层采取 8bit 量化，其他各层采取 4bit 量化，这是一个在实际应用低比特量化过程中值得注意的问题。

6.6.3 量化训练与离线量化的比较

前面主要从量化位宽的角度介绍了各种各样的模型量化算法，如果从使用的角度，模型量化算法主要分为量化训练和离线量化两大类。离线量化可进一步细分为动态离线量化（Post

Training Quantization Dynamic，PTQ Dynamic）、静态离线量化（Post Training Quantization Static，PTQ Static）。

如果不基于样本数据进行量化，就是动态离线量化方法。它仅将模型中特定算子的权重从 FP32 类型映射成 INT8/16 类型，适合模型体积大、访存开销大的模型，如 BERT 模型。

如果有样本数据，并且基于样本数据进行训练，就是量化训练方法。它可以让模型感知量化运算给模型精度带来的影响。在量化训练前，需要先对网络计算图进行处理，在需要量化的算子前插入量化–反量化节点，再经过训练得到模拟量化的模型。一般我们会通过微调训练来降低量化误差。量化训练方法适合对量化敏感的场景，如目标检测、分割、OCR。

如果有样本数据，但不进行训练而只用于校正，就是静态离线量化方法。它使用少量无标签的校准数据，采用 KL 散度或者 MSE 等方法计算量化比例因子，适合对量化不敏感的场景，如图像分类任务。相比于量化训练，静态离线量化不需要重新训练，可以快速得到量化模型。

6.7　基于 TensorRT 框架的模型量化推理实践

6.7.1　项目简介

前面介绍了许多量化算法，目前在工业界使用较多的包括 TensorFlow 的量化算法和 TensorRT 框架中的量化算法。下面对 TensorRT 框架中的量化算法进行实践，它是一种基于 KL 散度的 8bit 离线量化算法。

本次实践包含两部分：第一部分是对基于 KL 散度的 8bit 量化算法进行代码实现，以加深对其原理的理解；第二部分是基于 TensorRT 框架进行模型量化，比较量化前后模型的大小、推理速度与精度。

本次实践使用图为 TW-T503 边缘计算盒子（见图 6.8），这是一款基于 NVIDIA® Jetson NXTM 系列模块设计的计算平台，内置集成 NX 模块，预装 Ubuntu 18.04 操作系统，具备 21TOPS 浮点运算的 AI 处理能力。

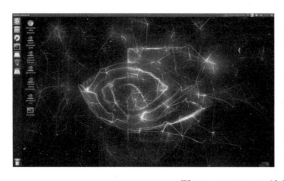

图 6.8　TW-T503 边缘计算盒子

Jetson 平台由 JetPack SDK 提供支持，JetPack 可提供用于深度学习、计算机视觉、加速计算和多媒体的库。我们首先安装 JetPack，所安装的版本是 4.5.1。

到 NVIDIA 开发者论坛下载所需软件安装包后，使用"apt install"命令完全安装，使用"apt-cache show nvidia-jetpack"命令查看安装情况。

Jetson 4.5.1 包含了 TensorRT 7.1.3.0、cuDNN 8.0.0.180、CUDA 10.2.89、OpenCV 4.1.1 等常用库。当然，为了后面的实践需要，我们还要到 NVIDIA 开发者论坛上寻找 Jetson 专用的 PyTorch 版本，因为 NX 使用的是 AArch64 架构的 CPU，使用 pip 等默认安装方法是不行的。我们最后安装的版本是 PyTorch v1.10.0。由于不同 TensorRT 框架版本差异较大，因此本节使用的代码只对特定版本有效。

6.7.2　量化算法实现

下面进行量化算法的实现，包括激活值的收集与统计、每层阈值的计算与缩放因子的计算，激活值与权重的量化及存储。读入的模型为 Caffe 格式的模型，如果是其他模型，所需要修改的代码量也较小。

1. 量化类定义

首先创建一个量化类，定义一些基本变量和与量化相关的函数，代码如下。

```
#全局参数
QUANTIZE_NUM = 127 #激活值量化 bin, 8 位（-127, 127）
QUANTIZE_WINOGRAND_NUM = 31 #权重量化 bin, 6 位（-31, -31）
INTERVAL_NUM = 2048 #浮点型 bin


#量化类
class QuantizeLayer:
    def __init__(self, name, blob_name, group_num):
        self.name = name #层名字
        self.blob_name = blob_name #下一层输入
        self.group_num = group_num #权重分组
        self.weight_scale = np.zeros(group_num) #权重缩放尺度
        self.blob_max = 0.0 #最大激活值
        self.blob_distubution_interval = 0.0 #相邻 bin 的浮点值差异
        self.blob_distubution = np.zeros(INTERVAL_NUM) #直方图
        self.blob_threshold = 0 #阈值
        self.blob_scale = 1.0 #激活值的缩放尺度
        self.group_zero = np.zeros(group_num)

    def initial_blob_max(self, blob_data):
        #获得 blob 中的绝对值最大值
        max_val = np.max(blob_data)
        min_val = np.min(blob_data)
        self.blob_max = max(self.blob_max, max(abs(max_val), abs(min_val)))

    #计算 blob 分布间隔
    def initial_blob_distubution_interval(self):
```

```
        self.blob_distubution_interval =   self.blob_max / INTERVAL_NUM

    def initial_histograms(self, blob_data):
        #计算每组通道的阈值分布
        th = self.blob_max
        hist, hist_edge = np.histogram(blob_data, bins=INTERVAL_NUM, range=(0, th))
        self.blob_distubution += hist


    #权重量化，非饱和量化
    def quantize_weight(self, weight_data, flag):
        blob_group_data = np.array_split(weight_data, self.group_num)
        for i, group_data in enumerate(blob_group_data):
            max_val = np.max(group_data)
            min_val = np.min(group_data)
            threshold = max(abs(max_val), abs(min_val))
            if threshold < 0.0001:
                self.weight_scale[i] = 0
                self.group_zero[i] = 1
            else:
                if(flag == True):
                    self.weight_scale[i] = QUANTIZE_WINOGRAND_NUM / threshold
                else:
                    self.weight_scale[i] = QUANTIZE_NUM / threshold


    #激活值量化，饱和量化
    def quantize_blob(self):
        #计算真正的数值阈值
        distribution = np.array(self.blob_distubution)
        threshold_bin = threshold_distribution(distribution) #得到对应的 bin 阈值索引
        self.blob_threshold = threshold_bin
        threshold = (threshold_bin + 0.5) * self.blob_distubution_interval #得到浮点型的阈值

        #获得激活值的缩放尺度
        self.blob_scale = QUANTIZE_NUM / threshold #缩放尺度=127/t
```

2．阈值计算

根据直方图分布和最小化 KL 散度原理计算最佳阈值，代码如下。

```
##阈值计算
def threshold_distribution(distribution, target_bin=128):
    # distribution:激活值分布，长度为 2048
    # target_bin: 阈值 bin，对于 INT8，默认为 128
    distribution = distribution[1:]
    length = distribution.size
    threshold_sum = sum(distribution[target_bin:])
    kl_divergence = np.zeros(length - target_bin)

##遍历阈值
```

```
for threshold in range(target_bin, length):
    sliced_nd_hist = copy.deepcopy(distribution[:threshold])
    #产生参考分布 p
    p = sliced_nd_hist.copy()
    p[threshold-1] += threshold_sum
    threshold_sum = threshold_sum - distribution[threshold]

    #计算产生量化分布 q 需要的 bin
    quantized_bins = np.zeros(target_bin, dtype=np.int64)
    num_merged_bins = sliced_nd_hist.size // target_bin

    #将直方图合并进 num_quantized_bins
    for j in range(target_bin):
        start = j * num_merged_bins
        stop = start + num_merged_bins
        quantized_bins[j] = sliced_nd_hist[start:stop].sum()
    quantized_bins[-1] += sliced_nd_hist[target_bin * num_merged_bins:].sum()

    #扩充 quantized_bins 到 p.size bins
    is_nonzeros = (p != 0).astype(np.int64)
    q = np.zeros(sliced_nd_hist.size, dtype=np.float64)
    for j in range(target_bin):
        start = j * num_merged_bins
        if j == target_bin −1:
            stop = −1
        else:
            stop = start + num_merged_bins
        norm = is_nonzeros[start:stop].sum()
        if norm != 0:
            q[start:stop] = float(quantized_bins[j]) / float(norm)
    q[p == 0] = 0
    p[p == 0] = 0.0001
    q[q == 0] = 0.0001

    #计算 q 和 p 的 KL 散度
    kl_divergence[threshold - target_bin] = stats.entropy(p, q)

min_kl_divergence = np.argmin(kl_divergence) #最小散度对应的偏移量
threshold_value = min_kl_divergence + target_bin #得到最终阈值

return threshold_value
```

3. 权重量化

权重量化采用的是非饱和对称量化，不需要基于 KL 散度计算阈值，直接进行线性缩放即可，代码如下。

```
##权重量化函数
def weight_quantize(net, net_file, group_on):
    # net: Caffe inference 类
```

```
# net_file: caffe deploy.prototxt

#从 deploy prototxt 获得参数
params = caffe_pb2.NetParameter()
with open(net_file) as f:
    text_format.Merge(f.read(), params)
#遍历每一层
for i, layer in enumerate(params.layer):
    #找到卷积层
    if(layer.type == "Convolution" or layer.type == "ConvolutionDepthwise"):
        weight_blob = net.params[layer.name][0].data
        if (group_on == 1):
            quanitze_layer = QuantizeLayer(layer.name, layer.bottom[0], layer.convolution_param.num_output)
        else:
            quanitze_layer = QuantizeLayer(layer.name, layer.bottom[0], 1)
        #对 conv3x3s1 层使用 6bit 量化，winograd F(4,3)
        if(layer.type == "Convolution" and layer.convolution_param.kernel_size[0] == 3 and ((len(layer.
convolution_param.stride) == 0) or layer.convolution_param.stride[0] == 1)):
            if(layer.convolution_param.group != layer.convolution_param.num_output):
                quanitze_layer.quantize_weight(weight_blob, True)
            else:
                quanitze_layer.quantize_weight(weight_blob, False)
        # 8bit 量化
        else:
            quanitze_layer.quantize_weight(weight_blob, False)
        # add the quantize_layer into the save list
        quantize_layer_lists.append(quanitze_layer)

return None
```

4．激活值量化

激活值量化采用的是饱和对称量化，需要基于 KL 散度计算阈值，再基于阈值进行线性缩放，代码如下。

```
##激活值量化
def activation_quantize(net, transformer, images_files):
    # net: the instance of Caffe inference
    # transformer:
    # images_files: calibration dataset
    print("\nQuantize the Activation:")
    #在校准数据集上统计激活值分布
    for i , image in enumerate(images_files):
        #推理
        net_forward(net, image, transformer)
        #找到最大阈值
        for layer in quantize_layer_lists:
            blob = net.blobs[layer.blob_name].data[0].flatten()
```

```
        layer.initial_blob_max(blob)
    if i % 100 == 0:
        print("loop stage 1 : %d/%d" % (i, len(images_files)))

#计算统计 blob 范围和间隔分布
for layer in quantize_layer_lists:
    layer.initial_blob_distubution_interval()

#对每层计算激活值直方图
print("\nCollect histograms of activations:")
for i, image in enumerate(images_files):
    net_forward(net, image, transformer)
    for layer in quantize_layer_lists:
        blob = net.blobs[layer.blob_name].data[0].flatten()
        layer.initial_histograms(blob)
    if i % 100 == 0:
        print("loop stage 2 : %d/%d" % (i, len(images_files)))

#根据 KL 散度计算阈值
for layer in quantize_layer_lists:
    layer.quantize_blob()

return None
```

5. 保存校准表

保存计算的每层的缩放因子，以便使用时进行浮点数与整型量化数之间的转换，代码如下。

```
##保存校准表
def save_calibration_file(calibration_path):
    calibration_file = open(calibration_path, 'w')
    #暂存变量
    save_temp = []
    #保存权重尺度因子
    for layer in quantize_layer_lists:
        save_string = layer.name + "_param_0"
        for i in range(layer.group_num):
            save_string = save_string + " " + str(layer.weight_scale[i])
        save_temp.append(save_string)

    #保存 bottom blob 尺度
    for layer in quantize_layer_lists:
        save_string = layer.name + " " + str(layer.blob_scale)
        save_temp.append(save_string)

    #存储到 txt
    for data in save_temp:
```

```
        calibration_file.write(data + "\n")

    calibration_file.close()
```

6. 量化流程

在具体使用时，依次进行模型的初始化、权重的量化、激活值的量化，以及校准文件的存储。

```
##校准流程
def main():
    net_file = args.proto # deploy caffe prototxt 文件
    caffe_model = args.model    #训练好的 caffe model 文件
    mean = args.mean #均值
    norm = 1.0 #归一化值
    if args.norm != 1.0:
        norm = args.norm[0]
    images_path = args.images #校准数据集
    calibration_path = args.output #输出校准文件
    group_on = args.group #使用 group
    ## CPU/GPU 模式
    if args.gpu != 0:
        caffe.set_device(0)
        caffe.set_mode_gpu()

    net = caffe.Net(net_file,caffe_model,caffe.TEST)    #模型初始化
    transformer = network_prepare(net, mean, norm) #模型预处理

    images_files = file_name(images_path) #遍历图片文件
    weight_quantize(net, net_file, group_on) #权重量化
    activation_quantize(net, transformer, images_files)#激活值量化
    save_calibration_file(calibration_path) #存储校准表
```

调用方法如下。

```
python caffe-int8-convert-tool.py --proto= deploy.prototxt --model=deploy.caffemodel --mean 104 117 123
--images=ILSVRC2012_1k --output=table.txt --gpu=0
```

其中，deploy.prototxt 是模型配置文件；deploy.caffemodel 是权重文件；mean 是模型训练时使用的均值；images 是校准数据集路径；table.txt 是生成的校准表文件。

因为校准数据集本身对结果有一定的影响，所以要使用与训练数据集分布类似的校准数据集。

6.7.3　TensorRT 模型量化与推理

上面介绍了基于 KL 散度的模型量化代码实现，得到了校准表，即网络各层的缩放参数，但还没有对模型进行具体的量化与推理，因为这需要专门的框架来实现。由于我们使用的是 TensorRT 框架中的方法，因此接下来介绍 TensorRT 框架的使用，并比较量化前后模型的性能。

1. 模型编译

实验模型我们使用 5.6.2 节中训练的图像分类模型 simpleconv5，其格式为 pth 文件。首先需要将其转换为 TensorRT 框架的推理引擎，最简单的方法就是使用 TensorRT 框架的可执行命令 trtexec，它可以将 PyTorch 模型导出的 ONNX 文件、TensorFlow 生成的 uff 文件及 Caffe 的权重文件 caffemodel 和 proto 文件解析成 TensorRT 框架所需的 engine 格式的文件。

```
#从 ONNX 格式的模型创建引擎
trtexec --onnx=simpleconv5.onnx --saveEngine=simpleconv5.trt
```

也可以通过代码的形式来构建引擎，以 ONNX 格式的模型为例，核心代码如下。

```
#coding:utf8
import tensorrt as trt

#创建日志和 builder，network
logger = trt.Logger(trt.Logger.WARNING)
builder = trt.Builder(logger)
network = builder.create_network(1 << int(trt.NetworkDefinitionCreationFlag.EXPLICIT_BATCH))

#从 ONNX 格式的模型创建引擎
parser = trt.OnnxParser(network, logger)
model_path = "simpleconv5.onnx"
success = parser.parse_from_file(model_path)
engine = builder.build_cuda_engine(network)

#序列化 engine 并且写入文件中
with open("simpleconv5.trt","wb") as f:
    f.write(engine.serialize())
```

在这里，调用 tri.Builder 模块，使用 builder.create_network()创建网络对象，使用 trt.OnnxParser 从 ONNX 文件中获取网络。创建网络时，需要指定 batch 模式为显式还是隐式，目前比较新的 TensorRT 框架版本已经逐步淘汰隐式模式，只有在显式模式下才支持动态维度的输入，对于 ONNX parser 来说，必须显式指定 batch 的维度大小。

使用 builder.build_cuda_engine 生成一个为目标平台优化的引擎，再调用序列化函数 serialize 将引擎存入文件。builder 的功能之一是通过搜索 CUDA 内核目录获得可用的最快实现，因此有必要使用相同的 GPU 进行构建。

当然，这里的序列化与反序列化都是可选的，我们之所以一般会进行序列化，是因为从网络定义中创建一个 engine 是非常耗时的，而序列化一次转化为可以存储的格式，后续在推理使用时，只需要简单地反序列化 engine，可以减少无关操作。

得到推理引擎后，接下来就可以进行模型推理。

2. PyTorch 浮点型模型推理

下面使用 Python 接口来进行推理，这一部分内容包括了使用原生 PyTorch 模型进行推理及使用 TensorRT 框架来进行模型推理，我们会比较原生 PyTorch 模型的推理效率和 TensorRT 框架的推理效率。

首先使用 PyTorch 模型进行推理，在包含 1000 幅图像的测试集上，统计在 GPU 上对 simpleconv5 模型进行一次推理所用的平均时间与测试精度，代码如下。

```
#coding:utf8
import torch
import torchvision
from torchsummary import summary
import time
import cv2
import onnxruntime
import sys
import numpy as np
import PIL.Image as Image
import os,glob
from simpleconv5 import simpleconv5
torch.manual_seed(0)
os.environ['CUDA_LAUNCH_BLOCKING'] = '1'

#图像预处理函数
def process_image(img):
    input_size = [224,224]
    mean = (0.5,0.5,0.5)
    std = (0.5,0.5,0.5)
    img = np.asarray(img.resize((input_size[0],input_size[1]),resample=Image.NEAREST)).astype (np.float32) / 255.0
    img[:,:,] -= mean
    img[:,:,] /= std
    image = img.transpose((2,0,1))[np.newaxis, ...]
    return image

##----------------------test pytorch----------------------##
#加载模型
model = simpleconv5(20)
modelpath = 'model_best.pth.tar'
model.load_state_dict(torch.load(modelpath)['state_dict'])
model.eval()
model = model.cuda()
acc = 0.0
nums = 0.0
imgdir = "GHIM-20"
##---------time---------##
imgpath = "data/sample.jpg"
img = Image.open(imgpath).convert('RGB')
data_input = process_image(img)
input_data = torch.from_numpy(data_input)
input_data = input_data.cuda()
data_output = model(input_data)

nRound = 100
with torch.no_grad():
```

```
        torch.cuda.synchronize() #GPU 时间同步
        start_Inference = time.time()
        for i in range(nRound):
            data_output = model(input_data)
        torch.cuda.synchronize()
        end_Inference = time.time()
    print('Inference use time='+str((end_Inference-start_Inference)*1000/nRound)+' ms')


    ##---------acc---------##
    for imgpath in glob.glob(os.path.join(imgdir, "**/*.jpg"),recursive=True):
        img = Image.open(imgpath).convert('RGB')
        data_input = process_image(img)
        input_data = torch.from_numpy(data_input)
        input_data = input_data.cuda()
        data_output = model(input_data)
        output = data_output.squeeze().cpu().detach().numpy()
        pred1 = output.argmax()
        label = int(imgpath.split('/')[-2])
        if label == pred1:
            acc += 1.0
        nums += 1.0


    end_Inference = time.time()
    print("acc=",acc/nums)
```

在上述代码中,首先加载训练好的 simpleconv5 模型,定义 process_image 进行图像的预处理,接下来使用 GPU 进行推理。为了保证在 GPU 上统计推理时间的准确性,在推理代码前后使用 torch.cuda.synchronize()来进行 GPU 时间同步。

为了更加准确地测试时间,共进行了 100 次推理,输入张量尺寸为(1,3,224,224)。值得注意的是,在进行 100 次推理并统计时间之前,还进行了一次推理,这是为了进行 GPU 预热,防止第一次启动 GPU 耗时过长,影响后面计算出来的平均推理时间的精度。

测试完时间后,对测试集中的 1000 张图片进行预测精度统计,测试集来自 5.6.1 节。

3. TensorRT 浮点型模型推理

下面使用 TensorRT 框架进行推理,统计在 GPU 上对 simpleconv5 模型进行一次推理的平均时间,完整的代码如下。

```
#导入 TensorRT,CUDA,PIL 等相关库
import torch
import tensorrt as trt
import numpy as np
from PIL import Image
import pycuda.driver as cuda
import pycuda.autoinit #pycuda.driver 初始化
import sys
import time
import os
os.environ['CUDA_LAUNCH_BLOCKING'] = '1'
```

```
#日志接口，TensorRT 框架通过该接口报告错误、警告和信息性消息
TRT_LOGGER = trt.Logger(trt.Logger.WARNING)

#从文件中读取 engine 并且反序列化
modelpath = 'simpleconv5.trt'
start_Deserialize = time.time()
with open(modelpath,"rb") as f, trt.Runtime(TRT_LOGGER) as runtime:
    engine = runtime.deserialize_cuda_engine(f.read())
end_Deserialize = time.time()
print('deserialize use time='+str((end_Deserialize-start_Deserialize)*1000)+' ms')

#创建执行上下文
context = engine.create_execution_context()

#使用 pycuda 输入和输出分配内存
# engine 有一个输入 binding_index=0 和一个输出 binding_index=1
h_input = cuda.pagelocked_empty(trt.volume(context.get_binding_shape(0)), dtype=np.float32) #输入 CPU 内存
h_output = cuda.pagelocked_empty(trt.volume(context.get_binding_shape(1)), dtype=np.float32) #输出 CPU 内存
d_input = cuda.mem_alloc(h_input.nbytes) #输入 GPU 内存
d_output = cuda.mem_alloc(h_output.nbytes) #输出 GPU 内存
print('binding size='+str(context.get_binding_shape(0)))

#图片预处理
imgpath = 'data/sample.jpg'
input_size = [224,224]
img = Image.open(imgpath)
mean = (0.5,0.5,0.5)
std = (0.5,0.5,0.5)
img = np.asarray(img.resize((input_size[0],input_size[1]),resample=Image.NEAREST)).astype(np.float32) / 255.0
img[:,:,] -= mean
img[:,:,] /= std
input_data = img.transpose([2, 0, 1]).ravel()
np.copyto(h_input,input_data)

#创建一个流，在其中复制输入/输出并运行推理
stream = cuda.Stream()

#将输入数据转换到 GPU 上
cuda.memcpy_htod_async(d_input, h_input, stream)

#运行推理
context.execute_v2(bindings=[int(d_input),int(d_output)]) ## GPU 的预热

stream.synchronize() # GPU 的异步处理
epoch = 10 #推理轮次
start_Inference = time.time()
for i in range(0,epoch):
```

```
context.execute_v2(bindings=[int(d_input),int(d_output)])
end_Inference = time.time()
print('Inference use time='+str((end_Inference-start_Inference)*1000/epoch)+' ms')
stream.synchronize()

#从 GPU 上传输预测值
cuda.memcpy_dtoh_async(h_output, d_output, stream)
pred1 = np.argmax(h_output)
prob1 = h_output[pred1]
```

上述代码中，首先创建了一个 logger，TensorRT 框架通过该接口报告错误、警告和信息性消息，然后从文件中读取 engine 并且反序列化，创建执行上下文。

接下来，输入数据进行推理。首先需要对输入/输出分配 GPU 内存空间，这有很多种办法，可以使用 CUDA 的 Python 接口、PyTorch 的接口，或者 CuPy 的接口等。上述代码中使用了 CUDA 的 Python 接口，通过 cuda.pagelocked_empty 米配置 CPU 相关内存空间，使用 cuda.mem_alloc 分配 GPU 内存空间。

创建输入/输出的变量名字和数据指针后，就可以读取图片并进行预处理，将其复制到输入 CPU 内存空间，然后调用 cuda.Stream()创建流，调用 memcpy_htod_async 将输入数据从 CPU 复制到 GPU 上，调用 execute_v2 函数在 CUDA 流中进行推理，再调用 memcpy_dtoh_async 从 GPU 上将结果复制到 CPU 以实现同步。

在进行推理时间统计时，与 PyTorch 模型在 GPU 上的推理类似，同样提前运行一次推理来进行 GPU 预热，使用 stream.synchronize()进行时间同步。

以上推理代码的运行时间约 1.4ms，相比于原生 PyTorch 模型推理，实现超过 2 倍的加速。

TensorRT 框架作为一个高性能的推理库，除了默认的 FP32 全精度模型推理，还可以实现低精度浮点型模型推理，即 FP16 模型，其基本原理是使用 FP32 的动态范围，但计算时使用 FP16 的精度进行计算。

FP16 推理的流程与 FP32 的流程几乎一样，在导出模型时可以选择导出为 FP16 精度的模型，代码如下。

```
##从 ONNX 格式的模型创建引擎
trtexec --onnx=simpleconv5.onnx --saveEngine=simpleconv5_16.trt --fp16
```

4．INT8 模型量化与推理

TensorRT 框架中支持的 INT8 量化算法包括训练后量化和训练中量化两种模式，两者的原理及使用方法差别比较大。本节使用基于交叉熵的激活值量化方法，它的核心操作在于需要对每层的张量计算一个尺度值，这个过程被称为标定（Calibration）。TensorRT 框架提供了四种不同的标定方法。

下面给出完整的量化代码。

```
#coding:utf8
import tensorrt as trt
import os
import torch
import torch.nn.functional as F
```

```python
import tensorrt as trt
import pycuda.driver as cuda
import pycuda.autoinit
import numpy as np
import ctypes
import glob,os
from PIL import Image
ctypes.pythonapi.PyCapsule_GetPointer.restype = ctypes.c_char_p
ctypes.pythonapi.PyCapsule_GetPointer.argtypes = [ctypes.py_object, ctypes.c_char_p]

#四种不同的标定方法
# IInt8EntropyCalibrator2
# IInt8LegacyCalibrator
# IInt8EntropyCalibrator
# IInt8MinMaxCalibrator
class Calibrator(trt.IInt8EntropyCalibrator2):
    def __init__(self, stream, cache_file=""):
        trt.IInt8EntropyCalibrator2.__init__(self)
        self.stream = stream
        self.d_input = cuda.mem_alloc(self.stream.calibration_data.nbytes)
        self.cache_file = cache_file
        stream.reset()

    def get_batch_size(self):
        return self.stream.batch_size

    def get_batch(self, names):
        batch = self.stream.next_batch()
        if not batch.size:
            return None

        cuda.memcpy_htod(self.d_input, batch)
        return [int(self.d_input)]

    def read_calibration_cache(self):
        if os.path.exists(self.cache_file):
            with open(self.cache_file, "rb") as f:
                return f.read()

    def write_calibration_cache(self, cache):
        with open(self.cache_file, "wb") as f:
            f.write(cache)

def preprocess_img(img):
    input_size = [224,224]
    mean = (0.5,0.5,0.5)
    std = (0.5,0.5,0.5)
    img = np.asarray(img.resize((input_size[0],input_size[1]),resample=Image.NEAREST)).astype (np.float32) / 255.0
    img[:,:,] -= mean
    img[:,:,] /= std
```

```
        input_data = img.transpose([2, 0, 1])
        return input_data

class DataLoader:
    def __init__(self,batch,batchsize,img_height,img_width,images_dir):
        self.index = 0
        self.length = batch
        elf.batch_size = batchsize
        self.img_list = glob.glob(os.path.join(images_dir, "**/*.jpg"),recursive=True)
        print('found all {} images to calib.'.format(len(self.img_list)))
        assert len(self.img_list) >= self.batch_size * self.length, '{} must contains more than'.format
(images_dir) + str(self.batch_size * self.length) + ' images to calib'
        self.calibration_data = np.zeros((self.batch_size,3,img_height,img_width), dtype=np. float32)

    def reset(self):
        self.index = 0

    def next_batch(self):
        if self.index < self.length:
            for i in range(self.batch_size):
                assert os.path.exists(self.img_list[i + self.index * self.batch_size]), 'not found!!'
                img = Image.open(self.img_list[i + self.index * self.batch_size]).convert ('RGB')
                img = preprocess_img(img)
                self.calibration_data[i] = img

            self.index += 1

            return np.ascontiguousarray(self.calibration_data, dtype=np.float32)
        else:
            return np.array([])

    def __len__(self):
        return self.length

#创建推理参数
BATCH = 125 #总 batch 数量
BATCH_SIZE = 8 #每个 batch 的图片数
CALIB_IMG_DIR = 'GHIM-20' #校准数据集
IMG_HEIGHT = 224 #模型输入高
IMG_WIDTH = 224 #模型输入宽
model_path = 'simpleconv5.onnx' #输入 FP32 模型
calibration_table = 'simpleconv5.cache'

#创建日志和 builder，network
logger = trt.Logger(trt.Logger.WARNING)
builder = trt.Builder(logger)
builder.int8_mode = True
builder.fp16_mode = False
calibration_stream = DataLoader(BATCH,BATCH_SIZE,IMG_HEIGHT,IMG_WIDTH,CALIB_IMG_DIR)
```

```
builder. int8_calibrator = Calibrator(calibration_stream,calibration_table)
print("int8 model enabled")

#从 ONNX 格式的模型创建引擎
network = builder.create_network(1 << int(trt.NetworkDefinitionCreationFlag.EXPLICIT_BATCH))
parser = trt.OnnxParser(network, logger)
success = parser.parse_from_file(model_path)

#创建引擎
engine = builder.build_cuda_engine(network)

#序列化 engine 并且写入文件中
with open("simpleconv5_int8.trt","wb") as f:
    f.write(engine.serialize())
```

通过解读以上代码，可以看到有以下两部分比较重要的新工作。

其一是 Calibrator 类的定义，它用于构建一个 int8_calibrator 对象，通过 trt.Builder 设置 int8_mode 为 True，表示采用 INT8 量化模式。

其二是 DataLoader 类的定义，它用于构建一个数据预处理函数，从校准数据集中读取图像，进行预处理，返回一个 batch 的 numpy 数组数据。

在构建好 Calibrator 类和 DataLoader 类后，从 ONNX 格式的模型中创建引擎并进行序列化，得到的就是 INT8 格式的推理引擎，推理方式与 FP32、FP16 格式的模型相同。

5. 模型大小与性能比较

我们对模型的大小、在 GPU 上进行 100 次推理计算的平均推理时间及测试集的分类精度进行比较，结果如表 6.1 所示。

表 6.1　各模型平均推理时间与分类精度对比

模型	平均推理时间/ms	分类精度/%
原生 PyTorch	9.1	0.925
TensorRT FP32	1.4	0.924
TensorRT FP16	0.61	0.924
TensorRT INT8	0.47	0.925

从表 6.1 中可以看出，原生 PyTorch 的平均推理时间约为 9ms。TensorRT FP32 的平均推理时间为 1.4ms，相比于原生 PyTorch 速度提升了 6 倍多。

TensorRT FP16 的平均推理时间约为 0.6ms，TensorRT INT8 的平均推理时间为 0.47ms，是原生 PyTorch 的约 20 倍。

而从精度上来看，不管是 TensorRT FP16 还是 TensorRT INT8，其精度都没有下降，甚至还有所提升，这证明了使用 TensorRT 框架进行模型量化的有效性，在不损害分类模型性能的前提下，TensorRT 框架推理的速度相比于原生 PyTorch 模型提升了很多。

读者可以在掌握了以上内容的基础上进行更多内容的深入学习，包括使用 C++接口进行模型推理，以及使用更多视觉任务模型进行实验比较。

第7章 迁移学习与知识蒸馏

深度学习作为机器学习的一个子类,发展如此迅速的重要因素是互联网大数据的增长带来了一系列开源数据集的发布。其中,在计算机视觉领域最具有里程碑意义的是 ImageNet 数据集。ImageNet 是一个计算机视觉项目,一直到 2017 年最后一届 ImageNet 图像分类任务比赛结束之前,它都是世界上最大规模的图像识别数据库,有超过 1000 万张标注的图片数据。

ImageNet 项目的创建人李飞飞曾说, "ImageNet 让 AI 领域发生的一个重大变化是,人们突然意识到构建数据集这个苦活、累活是 AI 研究的核心"。现在很多的视觉任务都会基于 ImageNet 上训练的模型进行微调,这是一种迁移学习技术。迁移学习是一个非常重要的研究方向,它将模型在一个域学习到的知识迁移到新的域,从而增强模型在不同域环境下的泛化能力。

知识蒸馏是一类经典的模型压缩框架,它从一个复杂度更高的教师模型开始,将知识迁移到复杂度更低的学生模型,以此降低直接训练复杂度更低的学生模型的难度。知识蒸馏的具体实现往往需要使用迁移学习算法,本章将介绍相关技术。

7.1 迁移学习与知识蒸馏基础

一般地,大模型往往是单个复杂网络或者若干网络的集合,拥有良好的性能和泛化能力,而小模型因为网络规模较小,未获得充分的训练,泛化能力较差,容易过拟合。利用大模型学习到的知识去指导小模型训练,使得小模型具有与大模型相当的性能,但是参数数量大幅度降低,从而实现网络压缩与加速,这就是知识蒸馏和迁移学习在模型优化与压缩中的应用,称为模型蒸馏。

本节将介绍迁移学习中的基本概念,包括源域、目标域等,以及知识蒸馏的基本框架。

7.1.1 迁移学习的基本概念

所谓迁移学习,就是将某一个领域学习到的模型或者知识,应用于新领域,从而增强模型在不同域环境下的泛化能力。两个领域之间往往具有很强的相似性,其中领域(Domain)是迁移学习用于学习的主体。

在迁移学习中,通常有两个域:一个是源域(Source Domain),用 Ds 表示;另一个是目标域(Target Domain),用 Dt 表示。

源域在机器学习中指的是已经有大量数据标注,用于训练模型的领域,是我们进行知识学习的基础。目标域是希望模型将在源域学习到的知识进行应用的领域,我们希望模型在源域进行学习,但是可以在目标域正常工作。

之所以需要使用迁移学习,主要是因为不同的域样本数量分布有很大的差异,在模型训练的时候无法采集到模式足够丰富的样本。

以自动驾驶领域为例，大部分数据集的采集都在白天，在光照良好的天气条件下，当将在这样的数据集上训练的模型用于黑夜、风雪等场景时，模型很有可能会无法正常工作，从而使模型的实用性受限。

在计算机视觉模型的训练中，我们经常先用在 ImageNet 上训练的模型作为预训练模型。之所以可以这样做，是因为深度学习模型在网络浅层学习的知识是图像的色彩和边缘等底层信息，这在各类任务中都是通用的，在某一个领域学习到的知识也可以应用于其他领域。

当我们将这样的思想用于模型压缩时，首先需要训练一个足够大的基准模型，然后对该基准模型进行修剪，比如只选择网络的某些层，得到一个更加精简的模型。然后在新的任务上对该精简的模型进行训练，对于与基准模型相同的网络层，则直接用基准模型对应网络层的权重进行初始化，这样会更加有利于小模型的训练。这就是一个简单的迁移学习，被称为微调技术。

7.1.2 知识蒸馏的基本概念

小孩的学习需要经验丰富的教师进行引导，这一思想也可以迁移到深度学习模型的训练上，这就是知识蒸馏（Knowledge Distilling）技术。Hinton 最早在文章 Distilling the knowledge in a neural network 中提出了这个概念，其核心思想是，一旦复杂模型训练完成，便可以用另一种训练方法从复杂模型中提取更小的模型。

知识蒸馏框架包含了一个大模型，称为教师（Teacher）模型，以及一个小模型，称为学生（Student）模型，教师模型和学生模型的训练是同时进行的。

知识蒸馏的核心思想是，一旦教师模型训练完成，便可以从教师模型中提取知识，如图 7.1 所示。

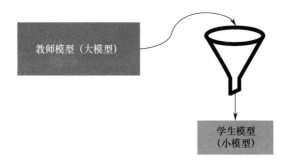

图 7.1　知识蒸馏示意

因为大模型的容量更大，小模型不可能继承大模型的所有知识，所以需要提炼，这就类似于"蒸馏"操作。之所以使用知识蒸馏，是因为相比于直接训练学生模型，通过蒸馏学习的学生模型性能更好。

7.2 基于优化目标驱动的知识蒸馏

当衡量学生模型是否学习到教师模型的能力时，可以使用机器学习领域常用的模型性能评估指标来进行，比如模型的精度或者预测误差。如果将教师模型的预测结果作为标签，就可以使用常见的优化目标来计算误差，比如分类任务中的交叉熵及回归任务中的欧氏距离，通过最小化该优化目标就可以约束学生模型学习到教师模型的能力，这是最直观的方法。我们称之为基于优化目标驱动的知识蒸馏框架，本节会介绍相关内容。

7.2.1　预训练大模型框架

由于小模型的目标是学习大模型的知识，因此可以提前训练好大模型来作为预训练模型，下面介绍基本原理。

以 Hinton 等人提出的用于分类任务的知识蒸馏框架为例，首先定义一个带温度参数 T 的 Softmax 函数，如下：

$$f(z_k) = \mathrm{e}^{z_k/T} \left(\sum_j \mathrm{e}^{z_j/T} \right) \tag{7.1}$$

当 $T=1$ 时，式（7.1）为 Softmax 函数；当 $T>1$ 时，式（7.1）为 Soft Softmax 函数，T 越大，因 Z_k 产生的概率差异就越小。

当训练好一个模型之后，模型为所有的错误标签都分配了很小的概率。然而，实际上对于不同的错误标签，其被分配的概率之间可能存在数个量级的差距。例如，一个三分类任务预测出的 Softmax 概率向量为[0.95,0.049,0.001]，其中 0.049 和 0.001 都是错误类别的概率，它们相差 49 倍，在计算 Softmax 损失时这种差异会被忽略，因为 Softmax 损失只与概率最大的类别有关，但这种非最大概率之间的差异其实包含了一部分有用的信息，即样本被误分到第 2 类的概率是被误分到第 3 类概率的 49 倍，说明模型学习到类别 1 和类别 2 的距离更近。

知识蒸馏的训练主要分为以下两步。

第一步，先利用 Softmax 损失训练获得一个大模型，这就是一般多分类任务，使用的标签是独热编码标签。

第二步，基于大模型的预测结果获取每类的概率，将这个概率作为小模型训练时的标签，这就是软标签，它包含了可以区分不同错误类别的概率。

知识蒸馏框架如图 7.2 所示。

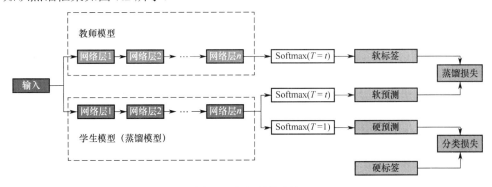

图 7.2　知识蒸馏框架

图 7.2 中，输入分别经过教师模型和学生模型提取特征，教师模型是一个预先训练好的模型，其参数不再学习，学生模型则需要学习。

教师模型的输出经过温度系数 $T=t$ 的 Softmax 预测，得到软标签。

学生模型的输出经过温度系数 $T=t$ 和 $T=1$ 的 Softmax 预测，分别得到软预测和硬预测，两者的区别在于温度系数不同，当 $t>1$ 时，软预测比硬预测的概率分布差异更小。

损失函数包含了两部分：一部分是小模型输出的离散硬预测与硬标签之间的分类损失，常用的是交叉熵；另一部分是小模型输出的连续软预测和大模型输出的软标签之间的蒸馏损失，常用的是 KL 散度。

令 z 是学生模型 softmax 层的输入，v 是教师模型 softmax 层的输入，q_i 是学生模型经过 softmax 后的输出，p_i 是教师模型经过 softmax 后的输出，则

$$q_i = \frac{e^{z_i/T}}{\sum_j e^{z_j/T}} \tag{7.2}$$

$$p_i = \frac{e^{v_i/T}}{\sum_j e^{v_j/T}} \tag{7.3}$$

KL 散度定义如下：

$$\mathrm{KL} = -p_i(\log_{10}(q_i) - \log_{10}(p_i)) \tag{7.4}$$

绝大多数框架都会使用 KL 散度作为知识迁移的损失，从而约束教师模型和学生模型的预测结果有相似的分布。不过也有研究探索其他方案，比如将生成对抗网络（GAN）用于知识蒸馏，因为它也是一类非常擅长生成数据分布的模型。

条件 GAN 知识蒸馏框架将教师模型预测作为标签，将学生模型看作生成器，用于产生输出预测结果。判别器则用于甄别预测结果是来自教师模型还是学生模型，整个框架如图 7.3 所示。

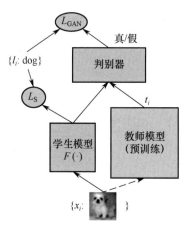

图 7.3　条件 GAN 知识蒸馏框架

判别器的优化目标包含两部分，其不仅要判别真假，还要判别具体的类别：

$$L_{\text{discriminator}}(D,F) = L_A(D,F) + L_{DS}(D,F) \tag{7.5}$$

式中，$L_A(D,F)$ 是真假判别损失；$L_{DS}(D,F)$ 是分类类别损失。添加了分类类别损失后，才能

约束学生模型的输出分布与教师模型类似。

生成器，即学生模型的优化目标包含了三部分：

$$L_{student}(D,F) = L_s(F) + L_{L1}(F) + L_{GAN}(D,F) \qquad (7.6)$$

式中，$L_s(F)$ 是标准的任务损失；$L_{L1}(F)$ 是学生模型和教师模型的预测 L1 距离；$L_{GAN}(D,F)$ 是对抗损失。基于对抗的思想，学生模型可以很好地学到来自教师模型的知识，完成知识蒸馏。

7.2.2　大模型与小模型共同学习框架

假如没有预训练好大模型，就需要同时训练大模型与小模型，相对来说此学习过程更加复杂。不过这也是非常典型的情况，因为不仅学生模型可以从教师模型那里学习知识，教师模型也可以从学生模型那里获得有益的知识。

ProjectionNet 是这样的一个典型框架，它同时训练一个大模型和一个小模型，两者的输入样本难度不同，框架原理如图 7.4 所示。

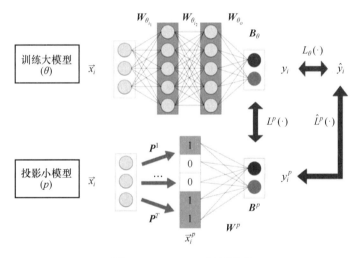

图 7.4　ProjectNet 框架原理

其中，大模型就是普通的神经网络，而小模型会对输入进行特征投影，每个投影矩阵 P 都对应一个映射，由一个 $d$bit 长的向量表示，其中每个比特为 0 或 1，这是一个更加稀疏的表达，特征用这种方法简化后就可以使用更加轻量的模型进行学习。

这个过程可以使用 Locality Sensitive Hashing（LSH）算法实现，这是一种聚类任务中常用的降维算法。

其优化目标如下：

$$L(\theta, p) = \lambda_1 \cdot L_\theta + \lambda_2 \cdot L^p + \lambda_3 \cdot \hat{L}^p \qquad (7.7)$$

它包含三部分，分别是大模型的预测损失、投影损失，以及小模型的预测损失，全部使用交叉熵的形式。大模型的预测损失基于真实标签和大模型的预测结果进行计算，小模型的预测损失基于真实标签和小模型的预测结果进行计算，投影损失则基于大模型的预测结果和小模型的预测结果进行计算。

7.2.3 小结

基于优化目标驱动的知识蒸馏框架直接在网络的输出端让教师模型和学生模型的性能进行匹配，通过梯度反向传播来进行学习，属于结果导向型框架，不关注中间的实现过程。这类框架的特点是模型简单，但训练难度较大。

7.3 基于特征匹配的知识蒸馏

7.2 节介绍的框架使用优化目标来约束教师模型和学生模型进行协同学习，模型学习的具体细节难以控制，会让训练不稳定且缓慢。一种更直观的方式是对教师模型和学生模型的特征进行约束，从而保证学生模型确实继承了教师模型的知识。如果说基于优化目标驱动的知识蒸馏是要让学生学习到教师的知识，基于特征匹配的知识蒸馏则是要让学生学习到教师的思维习惯。

7.3.1 基本框架

由于模型宽度增加对计算量增加的贡献大于深度，而更深的模型有更强的非线性变换，因此通常优先选择增加模型的深度来提高性能，不过更深的模型往往更难训练。FitNets 是基于特征匹配的知识蒸馏的基本框架，它将比较浅而宽的教师模型的知识迁移到更窄更深的学生模型上，其流程如图 7.5 所示。

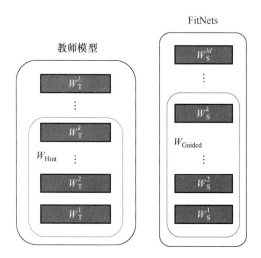

图 7.5 FitNets 框架流程

其训练包含以下两个阶段。

第一阶段是根据教师模型的损失来指导预训练学生模型。

记教师模型的某个中间层的权值为 W_{Hint}，下角标意为指导。学生模型的某个中间层的权值为 W_{Guided}，下角标意为被指导。在训练之初，学生模型进行随机初始化。

我们需要学习一个映射函数 W_r，使得 W_{Guided} 的维度匹配 W_{Hint}，得到 W_s'，并最小化两个模型输出的均方差距离作为损失，如下：

$$L_{\text{HT}}(W_{\text{Guided}}, W_r) = \frac{1}{2} \| u_h(x; W_{\text{Hint}}) - r(v_g(x; W_{\text{Guided}}); W_{\text{Guided}}) \|^2 \tag{7.8}$$

假设教师模型层的尺寸大小为 $N_{h,1} \times N_{h,2} \times C_h$，其中 C_h 表示通道数，$N_{h,1} \times N_{h,2}$ 表示宽高；学生模型层的尺寸大小为 $N_{g,1} \times N_{g,2} \times C_g$。使用卷积层来进行映射，则需要的卷积核大小为 $(N_{g,1} - N_{h,1} + 1) \times (N_{g,2} - N_{h,2} + 1)$。

第二阶段是对整个网络进行知识蒸馏训练，与 7.2.1 节 Hinton 等人提出的策略一致。

FitNets 直接将特征值进行了匹配，其先验约束太强，容易导致收敛困难，因此后续一些框架对这类基于特征匹配的知识蒸馏框架进行了改进。

一个典型改进是对激活值进行归一化，新的特征匹配优化目标如下：

$$L_{\text{MMD}^2}(x, y) = \left\| \frac{1}{N} \sum_{i=1}^{N} \phi(x^i) - \frac{1}{M} \sum_{j=1}^{M} \phi(y^i) \right\|_2^2 \tag{7.9}$$

式中，x^i 和 y^i 表示样本；ϕ 表示通用的映射函数，如 CNN 模型。归一化后的约束更弱，从而更有利于模型的训练。

7.3.2　注意力机制的使用

特征就是神经元的激活特性，对于二维特征图，一种很有效的展示形式是空间注意力图（Spatial-attention Map），因此注意力机制也可以被用于知识蒸馏框架中，它将教师模型的注意力信息迁移到学生模型，从而使其模仿教师模型，达到知识蒸馏目的。

所谓空间注意力机制，就是一种热力图，表征图像空间区域的重要性。Attention Transfer 框架中提出了两种可利用的注意力机制，分别基于激活值和梯度，其流程如图 7.6 所示。

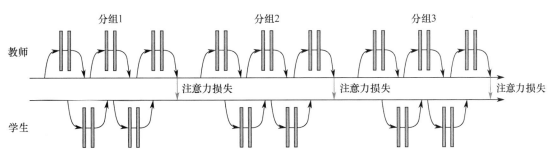

图 7.6　Attention Transfer 框架流程

一个基于激活值的方案的优化目标如下：

$$L_{\mathrm{AT}} = L(W_w, x) + \frac{\beta}{2} \sum_{j \in I} \left\| \frac{Q_s^j}{\left\| Q_s^j \right\|_2} - \frac{Q_T^j}{\left\| Q_T^j \right\|_2} \right\|_p \qquad (7.10)$$

式中，等号右侧第一项是正常的任务损失；第二项是教师模型和学生模型的注意力匹配损失。

另外，还有的框架借鉴了风格迁移中的格拉姆（Gram）矩阵来进行特征描述和匹配。格拉姆矩阵是某层特征图与另一层特征图之间的偏心协方差矩阵，非常适合用于描述层与层之间的关系，常在风格化等任务中被用于衡量高维特征之间的相似度。

7.4 自蒸馏框架

前两节介绍的框架需要建立在一个假设的基础上，即教师模型一定比学生模型表现得更好。但是，教师模型的存在增加了训练难度，而且教师模型的存在一定是必要的吗？许多研究者都提出了不需要教师模型的知识蒸馏框架，本节介绍一些典型的代表。

7.4.1 深度协同学习

深度协同学习（Deep Mutual Learning）通过多个小模型进行协同训练，不需要教师模型，其框架示意如图 7.7 所示。

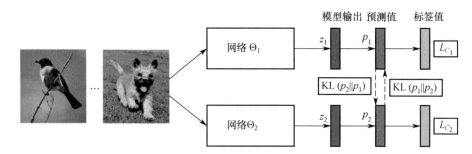

图 7.7 深度协同学习框架示意

深度协同学习在训练过程中让两个学生模型相互学习，两个模型的网络结构是一样的。每个模型都有两个损失：一个是任务本身的损失，另一个是 KL 散度。训练过程就是依次更新每个学生模型，因为 KL 散度是非对称的，所以两个模型的优化目标并不相同。实验结果证明，就算是两个结构完全一样的模型，也会学习到不同的特征表达。

深度协同学习框架是一个非常简单的设计，相比于单独训练每个学生模型，可以取得更高的精度，本质上类似通过模型集成来增强模型的泛化能力。

7.4.2 自监督学习

自监督学习通过自身的指导来进行知识蒸馏。其基本原理是，模型的深层特征具有更强的表达能力，可以在进行预测任务时取得更高的精度，那么就可以通过深层特征指导模型浅层特征的学习。自监督学习框架示意如图 7.8 所示。

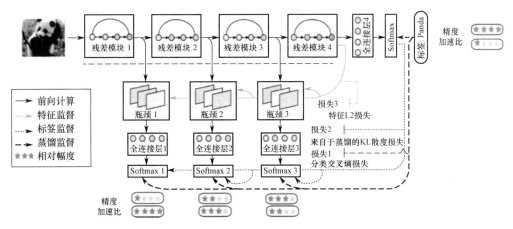

图 7.8　自监督学习框架示意

从图 7.8 中可以看出，完整模型的最后输出作为教师模型，从浅层不同深度引出的分支加上全连接层后作为学生模型，整个框架的优化目标包含三个部分：每个模型的交叉熵分类损失（交叉熵）、学生模型与教师模型之间的 KL 散度损失，以及学生模型和教师模型之间的特征 L2 损失。

这样的框架不需要额外的模型，通过从自身大模型进行裁剪蒸馏得到更小的模型，可以作为一种通用的学习方法。实践表明，自蒸馏框架相比从头学习的小模型，具有更平滑的局部极值与更好的泛化能力。

7.4.3　自进化学习

有科学家认为，人类童年时期智力的突然提升应该归因于长期隐藏的以前的自己对现在学习过程的教导，这实际上是一种自我进化的学习机制。Born Again Neural Networks（自进化学习框架）借鉴该机制，提出通过增加同样的模型架构，并且重新进行优化来学习，以提升模型性能。自进化学习框架如图 7.9 所示。

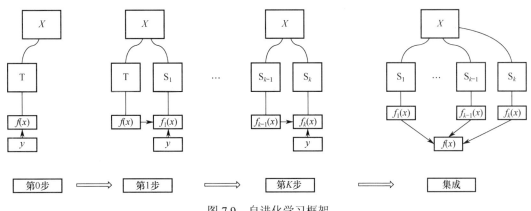

图 7.9　自进化学习框架

上一代模型作为教师模型，下一代模型作为学生模型，它们可以采用相同的结构，也可以采用不同的结构。

具体的学习流程如下。

（1）训练一个教师模型，使其收敛到较好的局部值。

（2）对与教师模型结构相同的学生模型进行初始化，其优化目标包含两部分：一部分是要匹配教师模型的输出分布，比如采用 KL 散度；另一部分是实现与教师模型同样的训练目标，即数据集的预测真值。

以上流程可以持续进行，最开始时，将教师模型的预测结果当作学生模型的学习目标，得到第一代学生模型的预测结果，然后传递给后一代。历经几代之后，将各代学生模型的结果集成。

对于分类任务，假定 X 是输入，Y 是输出的预测，$f(x)$ 是学习映射，L 是损失函数，通常是交叉熵，以训练第 k 个模型为例，它需要学习第 $k-1$ 个模型的知识，优化目标如下：

$$\min_{\theta_k} \mathcal{L}(y, f(x, \theta_k)) + \mathcal{L}(f(x, \arg\min_{\theta_{k-1}} \mathcal{L}(y, f(x, \theta_{k-1})), f(x, \theta_k))) \qquad (7.11)$$

这样的框架借鉴了生物进化的一些思想，与深度协同学习、自监督学习机制相比，甚至不需要改动任何模型结构，其结果的有效性再次证明，多模型的集成有利于增加模型，尤其是小模型的泛化能力。

7.5 知识蒸馏的一些问题

前面集中介绍了一些典型的知识蒸馏框架，下面介绍关于知识蒸馏的更多知识，包括知识蒸馏的有效性问题、教师模型的必要性等。

7.5.1 教师模型是否越强越好

由于知识蒸馏的本质是学生模型从教师模型那里继承知识，所谓"严师出高徒"，从直觉上来讲，一个越强的教师，应该可以教出越强的学生，但事实一定如此吗？

研究表明，当教师模型越来越强时，因为教师模型的输出概率越来越接近独热（One-hot）分布，交叉熵越来越低，包含的信息越来越少，此时学生模型学习的难度反而可能越来越高。就像人类世界中，"过于严厉的教师"，可能教不出很优秀的学生。

针对这个特性，研究者提出了对应的解决方案，即提前终止教师模型的学习，让教师模型达到一个合适的中间状态后停止训练，然后让学生模型继续学习，就可以得到更好的性能。

7.5.2 学生模型与教师模型的相互学习

一般来说，教师模型的能力是强过学生模型的，越优秀的教师会教出越优秀的学生。因此，一个正常的知识蒸馏框架，总有一个复杂的教师模型和一个简单的学生模型，由教师模型来指导学生模型进行学习，如图 7.10（a）所示。

　　然而，许多研究表明，"严师未必出高徒"，差劲的教师未必教不出好的学生，哪怕是性能很差的教师模型，也可以指导提升学生模型的精度，如图 7.10（c）所示。甚至，学生模型还可以指导教师模型的学习，用于提升教师模型的精度，这就是所谓的"青出于蓝而胜于蓝"吧，如图 7.10（b）所示。

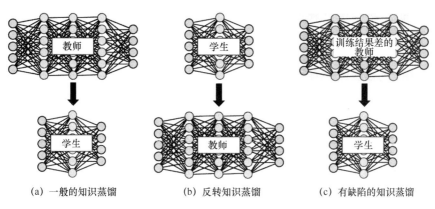

(a) 一般的知识蒸馏　　　　(b) 反转知识蒸馏　　　　(c) 有缺陷的知识蒸馏

图 7.10　学生模型与教师模型的相互学习关系

7.6　基于经典知识蒸馏的图像分类实践

　　前面介绍了许多典型的知识蒸馏框架，本节基于经典的知识蒸馏进行实践，我们选择与5.6 节相同的图像分类任务。

7.6.1　基准模型定义

　　首先需要定义教师模型与学生模型的结构。为了验证不同能力的教师模型对学生模型的影响，我们采用经典的预训练模型 VGG 和自定义的教师模型来进行对比实验，学生模型则采用自定义的小模型。

1. 自定义教师模型与学生模型

　　教师模型通常是参数量更大的模型，学生模型的参数量相比于教师模型更小。在这里，我们自定义包含 5 个卷积层和 1 个全连接层的模型，并通过网络宽度因子和卷积核大小因子来获取不同大小的模型，分别作为自定义的学生模型和自定义的教师模型，下面是模型结构的定义代码。

```
class Simpleconv5(nn.Module):
    def __init__(self,nclass=2,inplanes=32,kernel=3):
        super(Simpleconv5, self).__init__()
        self.inplanes = inplanes
        self.kernel = kernel
        self.pad = self.kernel // 2
        ##卷积模块
```

```
        self.conv1 = nn.Sequential(
            nn.Conv2d(3, self.inplanes, kernel_size=self.kernel, stride=2, padding=self.pad),
            nn.BatchNorm2d(self.inplanes),
            nn.ReLU(True),
        )
        self.conv2 = nn.Sequential(
            nn.Conv2d(self.inplanes, self.inplanes*2, kernel_size=self.kernel, stride=2, padding=self.pad),
            nn.BatchNorm2d(self.inplanes*2),
            nn.ReLU(True),
        )
        self.conv3 = nn.Sequential(
            nn.Conv2d(self.inplanes*2, self.inplanes*4, kernel_size=self.kernel, stride=2, padding=self.pad),
            nn.BatchNorm2d(self.inplanes*4),
            nn.ReLU(True),
        )
        self.conv4 = nn.Sequential(
            nn.Conv2d(self.inplanes*4, self.inplanes*8, kernel_size=self.kernel, stride=2, padding=self.pad),
            nn.BatchNorm2d(self.inplanes*8),
            nn.ReLU(True),
        )
        self.conv5 = nn.Sequential(
            nn.Conv2d(self.inplanes*8, self.inplanes*16, kernel_size=self.kernel, stride=2, padding=self.pad),
            nn.BatchNorm2d(self.inplanes*16),
            nn.ReLU(True),
        )

        self.classifier = nn.Linear(self.inplanes*16, nclass)

    def forward(self, x):
        out = self.conv1(x)
        out = self.conv2(out)
        out = self.conv3(out)
        out = self.conv4(out)
        out = self.conv5(out)
        out = nn.AvgPool2d(7)(out)
        out = out.view(out.size(0), -1)
        out = self.classifier(out)
        return out
```

在上面的代码中，可以通过 inplanes 参数控制模型各层的特征图数量，通过 kernel 参数控制所使用的卷积核大小。由于每个网络层的卷积参数量等于输入通道数×输出通道数×卷积核尺寸×卷积核尺寸，因此 inplanes 参数和 kernel 参数与模型总体参数量是平方关系。

设置 inplanes=12，kernel=3，得到的模型即自定义的学生模型，称为 Simpleconv5_12，其体积只有 930KB。设置 inplanes=32，kernel=5，得到的模型即自定义的教师模型，称为 Simpleconv5_32，其体积为 17.5MB。自定义的教师模型与学生模型拥有完全相同的模型拓扑结构。

2．预训练教师模型

由于自定义的教师模型仍然比较简单，其性能无法达到非常高的精度，为了进行更加完备的实验对比，我们使用 PyTorch 官方社区提供的原始 VGG16 模型，添加 BN 层后作为预训练模型，将其最后的全连接层输出维度设置为本次任务数据集的分类类别数量，就得到了一个性能更强大的教师模型，称为 VGG16_BN，其体积为 537.5MB。

在该模型进行训练时，因为预训练模型是基于 ImageNet1000 分类任务进行训练的，其卷积层的参数已经得到了充分学习，因此我们可以只学习最后的全连接层，模型定义和参数初始化代码如下。

```
model = torchvision.models.vgg16_bn(pretrained=True).cuda()
for param in model.parameters():
    param.requires_grad = False
model.classifier[6] = torch.nn.Sequential(torch.nn.Linear(4096,20))
for param in model.classifier[6].parameters():
    param.requires_grad = True
```

7.6.2　基准模型训练

接下来对两个教师模型和学生模型进行单独训练，获得后续用于知识蒸馏学习比较的基准模型性能指标。

1．数据相关训练参数

训练时进行了随机裁剪缩放、随机水平翻转、随机旋转、随机颜色扰动等数据增强方法，测试时采用了统一尺寸缩放与中心裁剪的方法，缩放尺寸为 256，裁剪尺寸，即模型输入尺寸为 224，训练的 batchsize 大小是 32，测试的 batchsize 大小是 4。

具体的配置如下。

```
image_size = 256 #图像缩放大小
crop_size = 224 #图像裁剪大小
#数据预处理与增强方法定义
data_transforms = {
        'train': transforms.Compose([
            transforms.RandomSizedCrop(crop_size,scale=(0.8,1.0)),
            transforms.RandomHorizontalFlip(),
            transforms.RandomRotation(15),
            transforms.ColorJitter(brightness=0.1, contrast=0.1, saturation=0.1, hue=0.1),
            transforms.ToTensor(),
            transforms.Normalize([0.5,0.5,0.5], [0.5,0.5,0.5])
        ]),
        'val': transforms.Compose([
            transforms.Scale(image_size),
            transforms.CenterCrop(crop_size),
            transforms.ToTensor(),
            transforms.Normalize([0.5,0.5,0.5], [0.5,0.5,0.5])
        ]),
    }
```

2．模型训练

学生模型需要从头进行训练，因此需要较多的迭代轮数才能达到较高精度，我们对 Simpleconv5_12 和 Simpleconv5_32 采用相同的训练策略。优化方法采用基于动量法的 SGD

优化算法，Momentum 因子取值为 0.9，采用逐步（Step）学习率变化策略，初始学习率大小为 0.1，总学习轮数为 140，每 40 轮后将学习率降低为上一轮的 1/5，最终学习率为 0.0008。

对于 VGG16_BN 教师模型，我们采用了只对最后一个全连接层进行学习的训练策略，其大部分参数已经得到了很好的学习，因此只需要较少的迭代轮数就可以实现较高精度。优化方法采用基于动量法的 SGD 优化算法，Momentum 因子取值为 0.9，采用逐步学习率变化策略，初始学习率大小为 0.1，总学习轮数为 20，每 10 轮后将学习率降低为上一轮的 1/10。

图 7.11 展示了学生模型与教师模型的完整测试集精度比较，VGG_BN 模型达到了 0.98 的分类精度，Simpleconv5_12 模型的精度约为 0.92，Simpleconv5_32 模型的精度约为 0.935。

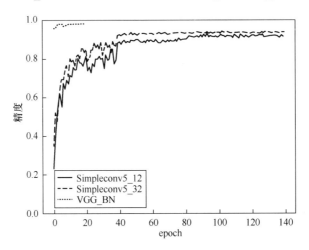

图 7.11　学生模型与教师模型的完整测试集精度比较

可以看出，VGG_BN 模型的性能明显强于 Simpleconv5_12 模型和 Simpleconv5_32，这不仅得益于其更多的参数量，也得益于其在大规模分类数据集 ImageNet1000 上进行过预训练。

7.6.3　知识蒸馏学习

接下来进行知识蒸馏学习，将教师模型参数固定，只对学生模型进行训练。相比于基准模型学习，知识蒸馏训练过程中增加了两个超参数：一个是损失权重，另一个是温度参数。学生模型通过 KL 散度损失来对教师模型的知识进行蒸馏，创建代码如下。

```
kd_fun = nn.KLDivLoss(reduce=True)
```

函数的完整接口为 kd_fun(x,y)，其中，x 表示经过 log 映射后的预测分布，y 表示没有经过 log 映射后的真实分布，即标签。

在进行前向传播时，计算两部分损失，其使用参考代码如下。

```
s_max = F.log_softmax(output_s / args.T, dim=1)
t_max = F.softmax(output_t / args.T, dim=1)
loss_kd = kd_fun(s_max, t_max) # KL 散度，实现为 logy-x，输入第一项是对数形式
loss_clc = F.cross_entropy(output_s, target) #分类 loss
loss = (1 - args.lamda) * loss_clc + args.lamda * args.T * args.T * loss_kd
```

其中，output_s 和 output_t 分别表示学生模型和教师模型的全连接层输出，output_s 经过 log_softmax 操作得到 s_max，output_t 经过 softmax 操作得到 t_max，然后将它们输入 kd_fun 损失函数。之所以 output_s 进行了 log 操作而 output_t 没有，是因为 output_t 的第 2 个参数会在内部进行 log 操作。args.lamda 表示交叉熵分类损失和 KL 散度损失的权重，args.T 表示蒸馏温度参数。

1. 不同蒸馏方案对比

首先比较不同的教师模型与学生模型的组合方案，将权重 args.lamda 设置为 0.5，温度参数设置为 5，不同蒸馏方案的测试集精度曲线如图 7.12 所示。

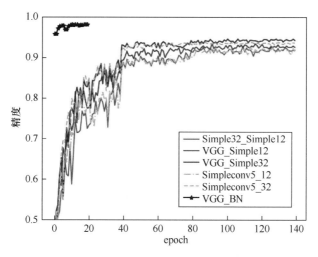

图 7.12　不同蒸馏方案的测试集精度曲线

其中，Simpleconv5_12、Simpleconv5_32、VGG_BN 是 7.6.2 节中的 3 个基准模型，Simple32_Simple12 表示将 Simpleconv5_32 作为教师模型，将 Simpleconv5_12 作为基准模型，VGG_Simple12 表示将 VGG_BN 作为教师模型，将 Simpleconv5_12 作为学生模型，VGG_Simple32 表示将 VGG_BN 作为教师模型，将 Simpleconv5_32 作为学生模型。

从图 7.12 中可以得到以下两个结论。

（1）知识蒸馏有利于提升学生模型的性能，VGG_Simple32 的精度高于 Simpleconv5_32，Simple32_Simple12 的精度高于 Simpleconv5_12。

（2）学生模型无法从太强的教师模型中进行蒸馏，VGG_Simple12 的精度并未高于 Simpleconv5_12，这是因为当教师模型和学生模型的性能差距太大时，学生模型学习会失败，此时还不如用性能相对较弱的模型去指导学生模型学习，这也是一些研究者在实验过程中多次发现的现象。

2. 不同温度蒸馏参数对比

知识蒸馏有一个重要的参数，即 Soft Softmax 中的温度参数 T，下面将温度参数分别设置为 3、5、10，查看其性能。

图 7.13 所示为以 Simpleconv5_32 为教师模型时不同温度参数下的精度对比，图 7.14 所示为以 VGG_BN 为教师模型时不同温度参数下的精度对比，两个图中的精度差异有不同的表现。

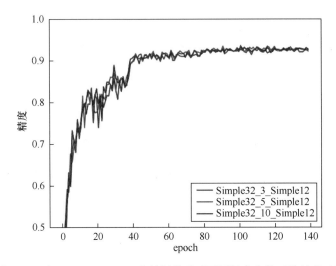

图 7.13　以 Simpleconv5_32 为教师模型时不同温度参数下的精度对比

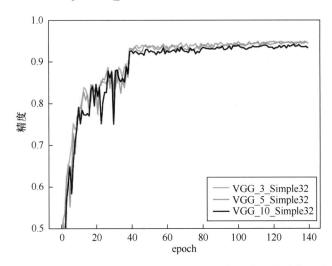

图 7.14　以 VGG_BN 为教师模型时不同温度参数下的精度对比

在图 7.13 中，温度参数越大，就需要学生模型的全连接层输出特征与教师模型的全连接层输出特征分布越接近，学习的难度越大。

在图 7.13 中，不同温度参数下模型的精度并没有明显差异，说明此时蒸馏损失对整个任务损失的贡献比较稳定，即学生模型的蒸馏学习比较稳定，这主要是因为教师模型 Simpleconv5_32 和学生模型 Simpleconv5_12 的性能差异较小，比较容易学习。在图 7.14 中，当温度参数为 10 时，相比于温度参数为 3 和 5 时，模型的精度明显下降，说明学生模型的学习更加困难，这主要是因为教师模型 VGG_BN 和学生模型 Simpleconv5_32 的性能差异较大。

　　结合图 7.12 中的实验结果，可以看出，在进行知识蒸馏时，不能一味地使用更强大的教师模型，而要考虑学生模型的学习能力，以免过犹不及，适得其反。

7.6.4　小结

　　本次我们选择的知识蒸馏框架是最经典的框架，它的核心思想是由担当教师模型的大模型来指导担当学生模型的小模型学习，约束两者的输出有相似的分布，使学习后的小模型精度高于单独训练的小模型。这是一个非常简单的知识蒸馏框架，虽然是比较早期的框架，但是训练简单，效果比较稳定，是值得读者掌握的内容。

第8章 自动化模型设计

传统的机器学习算法应用需要经历数据预处理、特征选择和算法选择等流程，深度学习则主要需要完成模型架构设计和训练，它们都对技术人员的机器学习专业能力有很高的要求，而各领域对机器学习算法日益增长的需求与有丰富经验的机器学习人才的缺失是相互矛盾的。

许多机器学习算法包含了大量的参数调优与模型设计工作，这不仅需要开发者有丰富的经验，也非常消耗时间，中间的反复迭代与试错过程甚至是略显无趣的。随着机器学习技术的发展，Google 在 2017 年推出了神经网络结构搜索（Neural Architecture Search）技术，随后引发了研究人员对自动化机器学习的研究热情。本章将重点介绍其中自动化模型设计的相关内容，同时简介自动化机器学习的其他内容。

8.1 自动化机器学习基础

本节介绍自动化机器学习相关技术的基础，包括相关概念、当前的 AutoML 平台及 AutoML 中用到的基本方法。

8.1.1 什么是 AutoML

在深度学习技术没有被大规模应用之前，对于传统的机器学习系统来说，特征工程是非常核心的工作。能否设计出有意义的特征，关系到模型能否完成任务的学习。以图像领域算法为例，研究人员花费了几十年的时间进行大量验证，提出了各种各样的颜色、形状和纹理特征，而且一般提取完的特征往往面临维度过高的问题，因此我们常常需要对特征进行分析和降维，这不仅在计算上能够降低成本，还能够让学习过程变得更加简单。以主成分分析（PCA）算法为例，它将特征从原始空间转换到新的特征空间，使得特征之间相互正交，并且按照对应特征值的排序可以判断一个特征的重要性。

然而，手动设计的特征表达能力有限，限制了它们在工业界的应用。而深度学习技术相比传统的机器学习算法发挥了巨大的优势。深度学习早期被称为特征学习，它利用 CNN 等架构，实现了特征选择的过程，通过算法自动解决了机器学习算法中的特征选择问题，让特征的学习来源于数据，而不是手动设计，节约了特征工程中的绝大部分时间。

如今，随着机器学习算法越来越复杂，为了减轻算法人员的负担，也为了让更多非专业人士更快上手使用机器学习算法，需要更加自动化的机器学习技术，即 AutoML（Automated Machine Learning，自动化机器学习）。

AutoML 包括从数据集与特征处理，到模型构建与部署的整个流程。AutoML 的高度自动化旨在允许非专业人士使用机器学习模型和技术。对于使用者来说，其流程可以极简化，如图 8.1 所示。只需要将数据输入黑箱中，就能得到最终结果。

图 8.1　AutoML 的简易流程

对于一个典型的 AutoML 系统,我们要做的主要工作是进行带标签数据集的准备和预测,然后就能得到一个充分训练且优化过的模型。

AutoML 的目标是让机器学习的整个流程的创建完全自动化,从应用领域来说,这通常要包括数据的使用、特征的选择、超参数的优化和模型架构的设计等。当前,在深度学习领域许多过去需要研究者花费多年时间设计完成的工作,都逐渐自动化了,比如模型结构单元的探索。

8.1.2　AutoML 在数据工程中的应用

智能系统与机器学习技术的发展,本身就伴随着对数据和特征工程流程优化的工作。在机器学习/深度学习领域,有一个很重要的问题,就是数据增强。在解决各类任务的过程中,常常没有足够多的数据,数据太少便意味着过拟合,因此数据增强技术至关重要。

一般来说,我们采用各种各样的几何变换、颜色变换策略来进行数据增强。随机裁剪、颜色扰动,都对提升模型的泛化能力起着至关重要的作用。如果让模型针对具体的任务自动学习数据增强,不仅可以减少算法人员的工作,而且可能获得更优的数据增强方案。这便是基于 AutoML 的数据增强技术,它主要用于自动学习数据增强策略。

AutoAugment 是 Google 提出的自动选择最优数据增强方案的技术,也是最早使用 AutoML 技术来搜索数据增强策略的技术。它的基本思路是使用强化学习从数据本身寻找最佳图像变换策略,对于不同的任务学习不同的增强方法,流程如下。

(1)准备 16 个常用的数据增强操作。

(2)从 16 个操作中选择 5 个,随机产生使用一个操作的概率和相应的幅度,将其称为一个 Sub-policy,一共产生 5 个 Sub-policy。

(3)对训练过程中每个 Batch 的图片,随机采用 5 个 Sub-policy 中的一个。

(4)通过模型在验证集上的泛化能力来反馈,使用的优化方法是增强学习方法。

(5)经过 80~100 个 epoch 后,网络开始学习到有效的 Sub-policy。

(6)串接这 5 个 Sub-policy,然后进行最后的训练。

总的来说,就是学习已有数据增强的组合策略,比如对于门牌数字识别等任务,研究表明,剪切和平移等几何变换能够获得最佳效果。

随着 AutoAugment 在图像分类任务中取得成功,其研究者又将该技术应用于目标检测任务。其核心方法没有太大的改变,搜索空间中共包含 22 种操作,分为以下几类。

(1)颜色操作:颜色扰动类,如调节亮度、对比度等。

(2)几何操作:旋转、剪切等。

(3)边界框操作:对框内的目标进行颜色和几何类操作。

其搜索策略和训练方法与 AutoAugment 在图像分类任务中的一致,在 COCO 数据集上的

mAP 提升超过 2 个点，并且可以直接迁移到其他目标检测数据集上。

由于 AutoAugment 计算成本高，随后伯克利 AI 研究院提出了 Population Based Augmentation 方法，它也可以学习到数据增强策略，但成本相比于 AutoAugment 要低很多（三个数量级）。

与 AutoAugment 的不同之处在于，Population Based Augmentation 方法学习的是策略的使用顺序而不是一组最优策略，当然所使用的 15 个策略都来自 AutoAugment。其核心思想如下。

（1）并行训练多个小模型，这些小模型组成了种群。

（2）种群中每个小模型都会学习到不同的候选超参数，周期性地将性能最佳的一些模型的参数迁移到性能较差的一些模型上，同时加上随机扰动操作。

最终得到的是一系列按照时间排序的增强操作，取得了与 AutoAugment 性能相当但训练代价小很多的效果。

8.1.3 AutoML 在超参数优化中的典型应用

传统的机器学习模型结构比较简单，而以卷积神经网络为代表的深度学习模型则比较复杂，有大量结构单元及优化相关的超参数，比如学习率、动量项、激活函数、标准化方法、池化方法、优化器类型及优化器的参数等。

经过数十年的研究，这些基本结构单元本身也发展出了各类变种，比如各种各样的激活函数与标准化方法，如何选择更加合适的组合，是否有更好的设计，都需要研究者经过大量实验验证。近几年，AutoML 思路与相关技术的成熟，使得研究者开始研究如何自动化进行超参数选择。下面介绍几个具有代表性的研究。

1. 自动化激活函数搜索

激活函数是一个网络非线性表达能力的来源，早期研究人员已经设计了不少激活函数，包括 S 形函数（Sigmoid 函数、Tanh 函数）和 ReLU 系列函数。

随着 AutoML 技术的发展，现在研究人员开始使用搜索技术来实现更优的激活函数。

Google Brain 的研究人员在由一系列一元函数和二元函数组成的搜索空间中，进行了比较细致的组合搜索实验。其搜索到一些比 ReLU 函数表现更好的函数，最好的一个函数是 $x \cdot \sigma(\beta x)$，称为 Swish 函数。当 $\beta \to \infty$ 时，该激活函数就是 ReLU 函数；当 $\beta = 1$ 时，该激活函数则是强化学习中使用的 Sigmoid-weighted Linear Unit 函数。与 ReLU 函数相比，Swish 函数在 0 处可导，并且负区间没有被完全截断。

后来研究者验证了 Swish 函数甚至在很多 NLP 任务中都非常有效，这使其成了一种流行的激活函数。

2. 自动化标准化方法搜索

使用经过归一化和标准化的数据可以加快梯度下降法的求解速度，这是批标准化方法（Batch Normalization，BN）等数据标准化技术非常流行的原因，它使得我们可以使用更大的学习率学习，甚至能增加网络的泛化能力。

大多数时候，我们在每个网络层中都使用同样的标准化方法，但这不一定是最优的配置，因为实际应用中，对于不同的问题，最合适的归一化操作也不同。比如对于 RNN 等时序模型，有时同一个批次内部的训练实例长度不一（不同长度的句子），则不同的时态下需要保存不同的统计量，无法正确使用 BN 层，只能使用层标准化方法（Layer Normalization，LN）。对于图像生成及风格迁移类应用，使用实例标准化方法（Instance Normalization，IN）更加合适。对于 Batch 比较小的情况，组标准化方法（Group Normalization，GN）是一个替换的方案。

可切换的标准化（Switchable Normalization）方法关注如何让不同的网络层学习到最适合该层的标准化方法。其在包含 BN、IN、LN、GN 标准化方法的池中进行搜索选择，然后以精度为依据进行择优。

对于分类、检测任务的主干模型，BN 更有效；对于 LSTM 任务，LN 更有效；对于 Image Style Transfer 任务，IN 更有效。

众所周知，批次大小的变化对 BN 是有影响的，批次大小过小，均值和方差统计量的估计噪声就过大，就会影响模型的泛化性能。IN、LN 和 GN 计算统计量时虽然与批次大小无关，却也失去了 BN 带来的正则化能力，因此更容易产生明显的过拟合。可切换的标准化方法在任务中自适应地学习出最佳配置，从而使模型对 Minibatch 更加不敏感。

具体来说，批次大小越大，BN 所占比例就越大，IN 和 LN 所占比例就越小；批次大小越小，BN 越不稳定，且所占比例越小，IN 和 LN 所占比例越大。

各标准化方法的不同在于用于计算归一化的参数集合不同，所以其之后的发展可能集中在如何选择用于归一化的集合，以及针对具体任务学习均值和方差，感兴趣的读者可以关注。

3．自动化最优化方法搜索

最优化方法是一个很成熟的领域，绝大多数使用者只需要知道使用方法和合适的参数配置技巧，并不需要关注实现细节，也没有能力对其进行根本改进。如今，自动化最优化方法开始被研究。

Neural Optimizer Search 是一个自动搜索最合适的最优化方法的框架，搜索空间中包含 Sgd、RMSProp、Adam 等优化方法。它使用由强化学习方法设计的 RNN 结构控制器进行学习，该控制器在每步中给优化器生成权重更新方程，从而实现最大化模型准确率。

Neural Optimizer Search 并不是率先对自动优化器的设计进行学习的框架。20 世纪，Bengio S 和 Bengio Y 等研究人员就在思考如何让算法自我学习，自动寻找更好的算法，他们在论文 *Learning To Optimize* 中提出了可以获得更好的更新规则的方法。Neural Optimizer Search 搜索的是函数的组合而不是具体的数值更新，原理更加清晰且有更好的泛化能力。如今，Meta Learning 等是学术界比较有潜力的自动化最优化方法，感兴趣的读者可以自行深入学习。

8.1.4　现有的 AutoML 系统

自从 Google 提出 AutoML 系统的概念以来，工业界和学术界迅速跟进并各自展开了研究。经过了几年的发展，现在工业界有了一些比较有影响力的 AutoML 平台。

1．Google Cloud AutoML

Google Cloud AutoML 是当前最早也是最成熟的 AutoML 平台，覆盖了图像分类、文本分类及机器翻译三大领域，也上线了测试版的视频相关服务，支持迁移学习、模型结构搜索及超参数搜索。

Google Cloud AutoML 提供了 API 调用和图形界面。以视觉任务为例，当我们想要使用一个服务时，只需要以下三步。

（1）上传图片到 Google Cloud Storage。

（2）创建一个图片和对应标签的 CSV 文件。

（3）使用 AutoML Vision 格式化数据集，然后训练和部署模型。

2. EasyDL

作为国内 AI 技术积累最雄厚的企业之一，百度也不甘落后地搭建了自家的 AutoML 平台，即 EasyDL。目前 EasyDL 包含经典版、专业版和零售版，支持迁移学习和模型结构搜索。EasyDL 支持的任务类型包括图像分类、物体检测、图像分割、文本分类、视频分类、声音分类。

EasyDL 的使用流程包含以下四步。

（1）数据上传与数据标注。

（2）训练任务配置及调参。

（3）模型效果评估。

（4）模型部署。

3. 阿里云 PAI

阿里云机器学习平台 PAI（Platform of Artificial Intelligence）是阿里巴巴推出的机器学习服务平台，包含三个子产品，分别是机器学习可视化开发工具 PAI-STUDIO、云端交互式代码开发工具 PAI-DSW 和模型在线服务 PAI-EAS，提供了从数据处理、模型训练、服务部署到预测的一站式服务，业务范围包括文本分类、金融风控和商品推荐等。

4. Azure Machine Learning

Azure Machine Learning 是微软推出的 AutoML 平台，支持模型结构搜索和超参数搜索。Azure Machine Learning 支持众多深度学习框架，再配合上微软的众多开发工具，使用非常方便。

5. 一些创业公司

除了有雄厚研究实力的大公司，许多创业公司也涌入 AutoML 领域，开发了一些框架，国外的典型代表是 H2O Driverless AI、r2.ai 等，国内的典型代表是第四范式公司的 AI Prophet AutoML 等。

有了 AutoML 技术后，各个领域的专家便能够低门槛地使用机器学习技术，而不用完全依赖经验丰富的机器学习专家。

8.2 神经网络结构搜索基础

一直以来，网络结构的设计是一个非常需要经验且具有挑战性的工作，研究人员往往从设计功能更加强大和更加高效的模型两个方向进行研究。随着各类经典网络设计思想的完善，如今要手工设计出更强大的模型已经很难。

　　神经网络结构搜索（Neural Architecture Search，NAS）为神经网络结构的探索提供了新的研究思路，虽然 NAS 也需要对模型参数进行学习，但其核心是新的模型拓扑结构的搜索。

8.2.1　什么是 NAS

　　Google 首次提出了 NAS 的思想，利用强化学习进行最佳架构的搜索。其基本思想是从一个定义空间中选取网络组件，以网络的准确率为指导指标，使用强化学习进行学习。使用强化学习搜索出来的网络结构如图 8.2 所示。

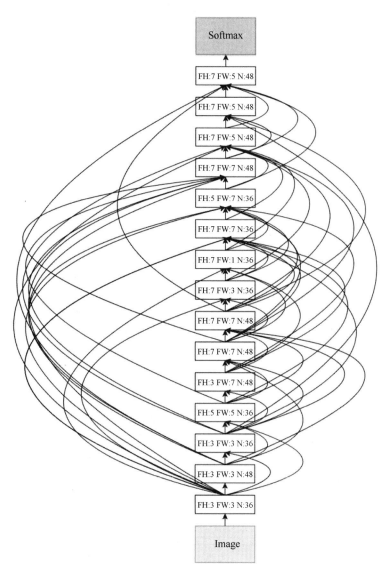

图 8.2　使用强化学习搜索出来的网络结构

从图 8.2 中可以看出，该结构有以下特点。

（1）跨层的连接非常多，说明信息融合非常重要。

（2）单个通道数不大，这是通道使用更加高效的表现。

关于 NAS 的研究催生了 Google Cloud AutoML，并在 2018 年 1 月被 Google 发布，AutoML 技术的研究随后进入高潮，成为机器学习/深度学习的大热门。

下面介绍 NAS 的两个关键性问题，即搜索空间和搜索策略。

8.2.2　NAS 的搜索空间

我们需要知道 NAS 的搜索空间，即到底可以针对什么样的元素进行搜索。搜索空间决定了可以找到的神经网络结构的类型。根据粒度的不同，目前搜索空间主要可以对细粒度的网络层进行搜索和对粗粒度的网络模块进行搜索。

1．细粒度的网络层

图 8.3 展示了一个简单的链式结构和包含多分支的结构。许多早期的经典卷积神经网络模型，比如 LeNet5、AlexNet、VGGNet 都属于链式结构，可以表示成一个 n 层的序列，即 $A = L_n \circ L_{n-1} \circ \cdots L_1 \circ L_0$，第 i 层的输入就是第 $i-1$ 层的输出。

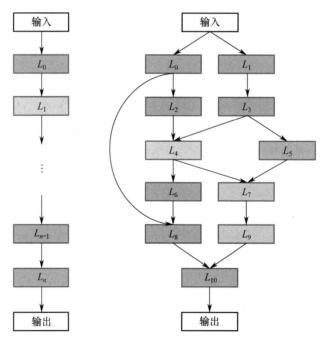

图 8.3　简单链式结构和包含多分支的结构

对于链式结构来说，搜索空间就是以下参数的组合：①网络层数；②每层的基本结构类型，常见的包括各类卷积层、池化层、激活层、标准化层等；③每层的超参数，如卷积层的卷积核尺寸、步长、特征通道数或者全连接层的神经元数等，它们取决于基本结构类型，因此是条件化的参数。

不过，随着深度学习技术的发展，简单的链式结构已经不能满足一些更复杂应用的需求，因此研发人员开发了存在跳层连接的模型及多分支模型，如 ResNet 与 InceptionNet。从简单的链式结构到包含多分支的结构，可以增加模型的特征表达能力，而需要搜索的参数也进一步增加，如跳层的数量、分支的数量等。

2. 粗粒度的网络模块

由于从细粒度的网络层开始对整个网络进行搜索的代价是巨大的，严重影响了 NAS 的实用性。如果可以根据一些特定的先验知识，或者结合已有的模型结构来减小搜索空间的规模，将有利于解决该问题。当前主流的以 ResNet 为代表的模型，可以看作由许多相似的模块拼接组合起来，这些模块本身由更加细粒度的基本结构组成，比如基本的残差模块包含若干卷积层和跳层。

图 8.4（a）中展示了两个当前模型中常见的多分支模块，我们将上面那个模块称为正常单元（Normal Cell），将下面那个模块称为约简单元（Reduction Cell），它们的主要区别是前者输出特征的分辨率不降低，而后者会降低，图 8.4（b）是由两个正常单元和一个约简单元搭建而成的复杂结构。由图 8.4（a）中的两类模块就可以搭建当下主流模型中的核心模块，比如残差模块与 Inception 模块。ResNet 模型就由不降低特征分辨率的残差模块和降低分辨率的残差模块堆叠而成，InceptionNet 模型由不降低特征分辨率的 Inception 模块和降低分辨率的 Inception 模块堆叠而成。

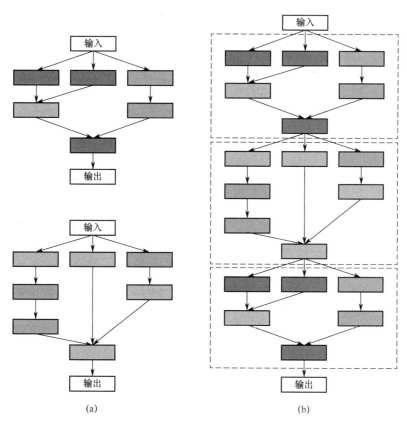

图 8.4　模块与基于模块堆叠的模型

如果我们预先定义好模块的拼接方式，即宏观的结构，然后将这些模块当作搜索对象，就可以将网络搜索问题简化。相比于直接搜索整个模型结构，这样不仅效率更高，而且搜索出来的模型的可迁移性也更强。比如通过调整约简单元的数量，可以很快将模型应用于采用不同分辨率输入的任务。

因此，很多更新的研究工作致力于搜索更好的单元结构，以及将这些单元结构组合，得到层级更高的所谓的元结构。

8.2.3　NAS 的搜索策略

AutoML 本质上是对参数进行自动搜索，所以其中最核心的技术是搜索策略，以便快速、准确地找到最优值。目前主要的搜索方法有以下几种。

（1）随机搜索。随机搜索就是随机选择参数，这自然是最简单但也最不可靠的方法。

（2）强化学习。强化学习是一类很经典的算法，著名的 AlphaGo 就使用了强化学习进行训练。

（3）进化算法。进化算法是一类算法的总称，当前很多 AutoML 框架都使用进化算法进行训练，它的核心思想是随机生成一个种群，然后进行选择、交叉、变异，直到优化完成，重点是如何更有效率地在一个搜索空间中进行随机搜索。在 NAS 任务中，进化算法的交叉算子和任务结合比较紧，被定义为一些类似添加、删除层的操作，而非简单地更改某一位编码。进化算法是一种无梯度的优化算法（Derivative Free Optimization Algorithm），优点是可能会得到全局最优解，缺点是效率相对较低，一些企业在用进化算法优化网络结构的同时，还使用基于梯度的方法（BP 算法）来优化权重。

（4）贝叶斯优化。贝叶斯优化是基于高斯过程（Gaussian Processes）的超参数搜索算法，重点是通过概率代码模型来指导超参数优化的调试方向，通常被用于中低维度的优化问题。

8.2.4　NAS 的评估

深度学习模型的评估是非常成熟的，尤其是对于有监督的学习任务，然而，一次模型的评估是非常耗时的，需要等待模型训练结束后才能得出精度等指标。NAS 的搜索空间非常大，如果对于每次搜索都经历完整的训练后再进行评估，显然在实际应用中是不现实的。如何更有效地对 NAS 搜索出的模型性能进行评估和比较，是一个非常关键也极具挑战性的问题，许多最新的研究都在探索解决这个问题的方法。

一些比较典型的方法是不进行完整的训练的，比如采取减少训练次数、在数据子集上进行训练、使用更低分辨率的图像、每层用更少的滤波器等方法来加速模型的训练和评估，不过它们必然会引入偏差，好在我们选择最优的架构时也并不需要绝对的精度值，只需要根据相对精度值就可以对模型进行排序选优了。

有的方法通过代理来进行评估，比如根据刚开始的学习曲线，通过插值来预测最终性能，从而提前终止性能较差的曲线，这类方法的关键是选择尽量少的点进行准确预测。

有的方法则基于迁移学习，通过已训练网络的权重来初始化新网络结构的权重，这样可以大大提高搜索效率。

总的来说，如何更高效率地评估模型并减少偏差，仍然是一个未来需要大量研究的重要方向。

8.3　基于栅格搜索的 NAS

栅格搜索是最简单的参数搜索策略。所谓栅格搜索，即通过一定的步长在离散空间遍历所有的参数，可以在参数空间较小的情况下进行检索。常见的参数包括网络的深度、宽度、卷积核大小等基本配置参数。

8.3.1　网络基础参数搜索

对于简单的模型来说，模型深度、模型宽度、输入分辨率是最基础的参数，EfficientNet是一个非常简单且具有鲁棒性的基准模型，它对模型结构中的深度、宽度、分辨率参数进行了有效搜索。图 8.5（a）～图 8.5（e）分别展示了基准模型，基于宽度因子变换的更宽的模型、基于深度因子变换的更深的模型、基于特征图分辨率因子变换的模型及将各种因子组合变换的模型。

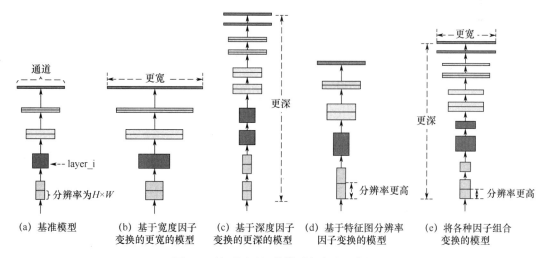

(a) 基准模型　　(b) 基于宽度因子　　(c) 基于深度因子　　(d) 基于特征图分辨率　　(e) 将各种因子组合
　　　　　　　　变换的更宽的模型　　变换的更深的模型　　因子变换的模型　　　　变换的模型

图 8.5　基于因子调整模型复杂度示意图

模型的深度、宽度和分辨率对模型计算量的关系分别为线性关系、平方关系和平方关系。当我们需要在固定模型计算量的情况下搜索参数时，可以将要解决的问题表达如下：

$$\text{depth}:d=\alpha^{\phi},\text{width}:\omega=\beta^{\phi},\text{resolution}:r=\gamma^{\phi},\text{s.t.}\,\alpha\cdot\beta^{2}\cdot\gamma^{2}\approx2,\alpha\geqslant1,\beta\geqslant1,\gamma\geqslant1$$

式中，α,β,γ 是可以通过栅格搜索确定的常量；ϕ 是一个与模型复杂度有关的参数，它由用户指定，表示有多少可以增加的资源。

在 $\alpha\cdot\beta^{2}\cdot\gamma^{2}\approx2$ 的条件约束下，对于任何新的参数 ϕ，复杂度会变为原来的 2^{ϕ}，因此可以通过 ϕ 的设置来获得拥有不同计算量和性能的模型，并调整模型的深度、宽度及分辨率。具体的学习过程分为以下两个步骤。

（1）固定 $\phi=1$，约束 $\alpha \cdot \beta^2 \cdot \gamma^2 \approx 2$，对 α、β、γ 进行小范围的栅格搜索，得到 $\alpha=1.2$，$\beta=1.1$，$\gamma=1.15$，从而获得一个基准模型，称为 EfficientNet-B0。

（2）固定 α、β、γ，不断增加 ϕ，得到一系列基准模型，随着模型参数越来越大，模型性能也越来越强。

8.3.2 网络拓扑结构搜索

第 4 章中介绍了许多轻量级模型设计技巧，如分组卷积，其也包含了一些参数，比如分组的配置规则、不同分组通道的卷积核大小，可以使用参数搜索技术来获得更优的配置。

MobileNet 模型在每个分组中使用的都是 3×3 大小的卷积核，研究表明，使用更大的卷积核在一定程度上可以提升模型的表达能力，比如从 3×3 增加到 7×7 之后，分类精度更高。不过，这是以参数量增加为代价的，而且如果卷积核大小继续增加到 9×9，模型性能反而会下降。这说明虽然更大的卷积核带来了更大的感受野，但也不是一味增加感受野就可以提升性能。

以 Inception 为代表的多分支结构，在不同分支采用了不同大小的卷积核进行学习，不同分支具有不同的感受野，被证明有利于获得更加丰富的特征。

MixNet 提出在 MobileNet 的基础上，混合使用 3×3、5×5、7×7、9×9、11×11 等卷积核，在维持了较少参数的基础上，相比于 MobileNet 进一步提升了分组模型的性能。

以 3×3、5×5、7×7、9×9 四种卷积核为例，如何配置它们的通道数呢？最简单的方法就是均匀划分。当然，为了获得更好的性能，我们也可以学习所使用的卷积核的种类数和通道划分方案。MixNet 的提出者以 MobileNet V2 为基准模型，对卷积核的种类数进行了搜索，不同大小的卷积核分组通道数则采取了平均分配的方式。

以 MixNet-S 为例，图 8.6 展示了学习后各卷积层的配置。可以发现，在网络浅层，所使用的卷积核以 3×3 为主，这更有利于提取精细的底层特征。而在网络深层，则需要更多更大的卷积核，以提取更多多尺度和抽象的特征。

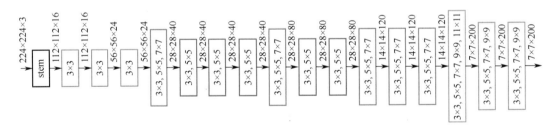

图 8.6 MixNet-S 学习后各卷积层的配置

8.4 基于强化学习的 NAS

强化学习是机器学习的一个分支，可以用于自动学习最优决策，在机器人与游戏领域应用非常广泛。大名鼎鼎的 AlphaGo 背后的核心技术之一就是强化学习。强化学习在策略搜索和学习上具有优良的性能，非常适合用于自动化模型结构搜索。本节介绍强化学习的相关知识。

8.4.1 强化学习基础

如果想完整地介绍强化学习方法，所需篇幅远超本章的篇幅，因此我们在本节并不打算过多介绍算法的原理和细节，但仍然要介绍一些基本概念，以供对强化学习并不熟悉的读者快速了解。如果读者想要真正掌握强化学习方法，可以参考专门介绍强化学习方法的书籍。

1. 强化学习与有监督学习、无监督学习的区别

在机器学习算法中，常见的方法包括有监督学习、无监督学习和强化学习等。

有监督学习方法：利用一组标记好的样本来调整模型的参数，使其达到所要求的性能。有监督学习方法最常见的应用任务是分类和回归。

分类任务：将输入的数据分成多个不同的指定类别，比如大家熟悉的 ImageNet 1000 图像分类竞赛，就是要将输入图像分类为 1000 个类别中的 1 个。更多常见的机器学习领域的分类方法包括线性判别分析（LDA）、逻辑回归、贝叶斯分类器、K 近邻方法、感知器、决策树、随机森林、支撑向量机（SVM）和 Adaboost 等。

回归任务：将输入的数据拟合成某个连续的输出结果，比如大家熟悉的目标检测问题，就是要将输入图像中的目标坐标与尺寸估计出来。更多常见的机器学习领域的回归方法包括线性回归、K 近邻回归、岭回归、支撑向量回归（SVR）和多项式回归等。

图像分类与目标检测任务如图 8.7 所示。

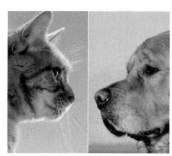 

(a) 图像分类任务   (b) 目标检测任务

图 8.7 图像分类与目标检测任务

无监督学习方法：根据类别未知（没有被标记）的训练样本解决模式识别中的各种问题，无监督学习方法最常见的应用任务是聚类和降维。

聚类任务：将输入的数据分成由类似的对象组成的多个类。更多常见的机器学习领域的聚类方法包括 KMeans、Fuzzy C-means、层次聚类（Hierarchical Clustering）、DBSCAN 和谱聚类（Spectral Clustering）等。

降维任务：采用某种映射方法，将原高维空间中的数据点映射到低维度空间中。更多常见的机器学习领域的降维方法包括 PCA、核 PCA、LDA、局部线性嵌入、SNE 和 tSNE 等。

聚类与降维任务如图 8.8 所示。

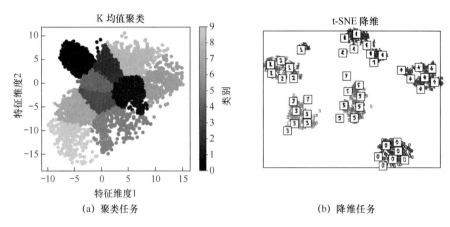

图 8.8　聚类与降维任务

可以看出，有监督学习方法通过标签提供了标准答案，因此可以非常精确地评估模型学习后的性能，而无监督学习方法则完全依靠模型从数据集中挖掘数据自有的规律，其评估相对更加宽松，也没有唯一的标准。

强化学习则介于有监督学习方法和无监督学习方法之间，常被称为评价学习或增强学习。它用于描述和解决智能体在与环境的交互过程中通过学习策略达成回报最大化或实现特定目标的问题。强化学习流程如图 8.9 所示。

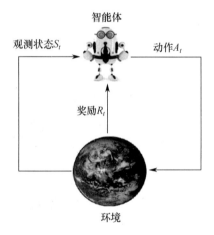

图 8.9　强化学习流程

在强化学习中，一个智能体（Agent）从某一个观测状态开始，选择某些动作，而评估动作选择的好坏，要通过奖励来反馈。如果选择了好的动作，比如下了一步好棋，则给予正面反馈，反之则给予负面反馈。在不同的动作选择和反馈中，智能体逐渐学习如何采取动作以获取最大奖励。因此，强化学习虽然没有像有监督学习方法那样，由外部唯一的正确答案来指导学习，但也不像无监督学习方法那样完全需要模型自身来评价学习的好坏。

2．强化学习中的重要概念

下面介绍强化学习中的一些必不可少的概念，包括智能体、动作（Action）、环境（Environment）、观测状态（State）、搜索空间（Search Space）、策略函数（Policy）、奖励指标

（Reward），我们以 AlphaGo 为例来介绍其中的一些概念。

智能体，是执行指定动作，进行观察，获取奖励，与环境进行交互的人或物，对于 AlphaGo 来说，就是神经网络程序。

动作，即智能体可以做的事情，对于 AlphaGo 来说，每个动作就是一次棋盘上的落子。

环境，是执行指定的动作的地方，对于 AlphaGo 来说，就是指棋盘，智能体在棋盘上执行下棋动作，并获取奖励与惩罚。

观测状态，是环境为智能体提供的信息，对于 AlphaGo 来说，就是指棋盘上的落子情况，具体来说，其实就是一张图片，它会被输入 CNN 模型用于提取特征。

搜索空间，即动作可以采取的种类，对于 AlphaGo 来说，就是棋盘上未被落子的所有格子。

奖励指标，即怎么评估某一个动作带来的收益，这需要对整个局势进行判断，可能是局部的也可能是全局的，对于 AlphaGo 来说，一步落子会对未来局势产生什么影响，与落子的阶段有关，也与下棋人的经验有关。

3. 强化学习方法

目前有多种强化学习方法，常用的包括近似策略优化（Proximal Policy Optimization，PPO）、Q-learning。不同强化学习方法的差异主要体现在表示智能体的策略及优化上。

8.4.2 基本方法

Google 在 2017 年利用强化学习进行最佳模型架构的搜索，引发了 NAS 的研究热潮。神经网络结构的生成被看作智能体的动作，其动作空间就是搜索空间，智能体的奖励就是模型在验证集上的性能估计。基于强化学习的流程如图 8.10 所示。

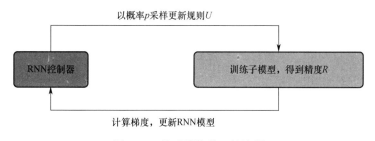

图 8.10 基于强化学习的流程

NAS 的基本原理是将网络结构和连接看作一个可变长的字符串，使用 RNN 作为控制器，即通过策略函数产生该字符串，终止条件是达到一定的层数。该字符串产生的网络称为 Child Network，其在验证集上的精度作为奖励信号。

策略函数使用的 RNN 是一个两层的 LSTM，每个隐藏层的单元数为 35。通过计算策略梯度来更新 RNN 控制器，则下一次该控制器有更高概率获得更高精度。

搜索空间就是网络组件，以只包含卷积层的前向网络为例，每层需要预测的参数包括滤波器数量、卷积核高、卷积核宽、卷积核滑动步长高、卷积核滑动步长宽，预测流程如图 8.11 所示。

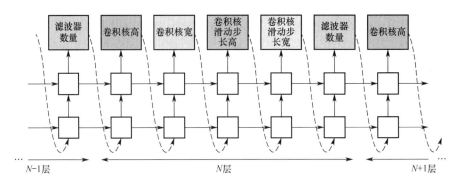

图 8.11　只包含卷积层的前向网络预测流程

每个参数的预测使用 Softmax 分类器实现。具体来说，滤波器的宽与高的搜索范围是 [1, 3, 5, 7]，步长的搜索范围是[1, 2, 3]，滤波器数量的搜索范围是[24, 36, 48, 64]。

当然，为了组成完整的模型，每层卷积层后使用 ReLU 作为激活层，使用 BN 作为标准化层。

当前，许多经典模型如 InceptionNet、ResNet、DenseNet 都包含了多分支与跳层连接，因此我们需要对某一层进行跳层预测，相应的预测网络如图 8.12 所示。需要在每层记录一个锚点（Anchor Point）的位置。以第 N 层为例，从第 1 层到第 N−1 层，有 N−1 个可能的跳层会连接到第 N 层的锚点，使用 Sigmoid 函数来预测每个跳层存在的概率。如果存在多个跳层，则将它们在通道维度进行拼接后得到该层的特征。

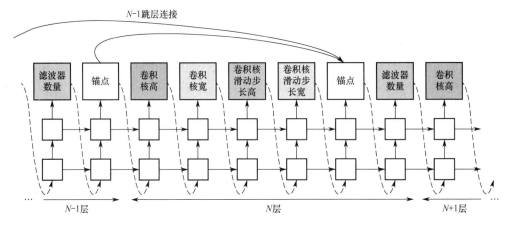

图 8.12　包含跳层连接的前向网络

当然，这里会出现一些细节问题，需要采取对应的处理方法。

其一，如果某一层没有被连接到任何输入层，那么图像就作为输入层。

其二，在最后一层，将所有没有连接到任何层的输出拼接，作为最终的特征输出，然后送入分类器。

其三，如果用于拼接的输入层有不同的空间分辨率，则对小的特征图进行零填充。

奖励指标使用的是验证集上的测试准确率，如下：

$$J(\theta_c) = E_{P(a_{1:T};\theta_c)}[R] \tag{8.1}$$

式中，$a_{1:T}$ 表示一系列动作；θ_c 表示 RNN 的参数空间；R 表示奖励。

因为上述目标不可微分，对其微分近似如下：

$$\frac{1}{m}\sum_{k=1}^{m}\sum_{t=1}^{T}\nabla_{\theta_c}\log_{10}P(a_t \mid a_{(t-1):1};\theta_c)R_k \tag{8.2}$$

式中，m 是每个 Batch 采样的结构种类；T 是需要预测的超参数量；k 是网络序号；R_k 是验证集精度。

搜索出来的网络结构如图 8.2 所示，强化学习方法的搜索空间非常大，使用了 800 个 GPU 训练了 28 天。

8.4.3　NASNet

前面介绍了基于强化学习进行模型搜索的相关工作，其主要缺点是搜索空间巨大，因此研究者只在 CIFAR10 数据集上做了实验，其模型没有办法在更好的基准 ImageNet 上得到验证。为了研究更高效的网络设计方法，研究者在上述工作的基础上进行了改进，将对网络的每个基础操作进行搜索的思路，改成了对粒度更大的网络模块单元（称为 Cell）进行搜索的思路，搜索出来的模型称为 NASNet。

NASNet 搜索的对象是两类基本单元，即不降低分辨率的正常单元（Normal Cell）和降低分辨率的约简单元（Reduction Cell）。每当特征图的空间分辨率大小减小一半时，就将输出滤波器的数量加倍，这与当前模型设计的主流思想是一致的，即保持前后两层有相当的容量。

对于不同的数据集来说，它们所需要的模型可以由不同数量的正常单元和约简单元组成，但拥有类似的拓扑结构，如图 8.13 所示。

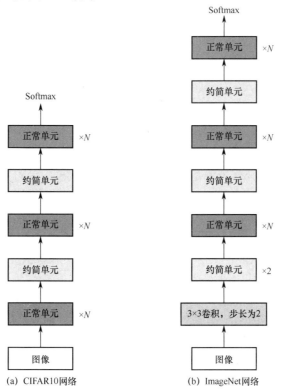

图 8.13　由单元组成的 CIFAR10 网络和 ImageNet 网络

　　由于正常单元和约简单元是独立的单元，因此，基于某一个简单数据集学习的模型，可以便捷地迁移到更复杂的数据集上。我们可以在 CIFAR10 数据集上进行网络检索，然后将学习到的正常单元和约简单元迁移到 ImageNet 数据集上。相比于直接在 ImageNet 数据集上进行学习，这样有更小的搜索空间，模型训练效率也更高。

　　为了让网络具有足够强的表达能力，NASNet 中的每个单元包含了若干个模块（Block），每个模块由两个隐藏状态、两个对应的操作，以及组合操作组成，如图 8.14 所示。

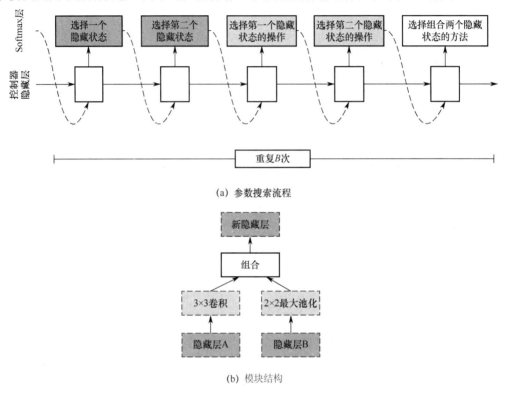

(a) 参数搜索流程

(b) 模块结构

图 8.14　NASNet 中的模块及其组合方式

　　图 8.14 中，深灰色部分代表的是状态，浅灰色部分代表的是对应状态的操作。从图中可以看出，控制器的步骤包含 5 步。第 1 步和第 2 步是从上一个模块的输出中选择两个隐藏状态。第 3 步和第 4 步是选择对第 1 步和第 2 步得到的隐藏状态的操作，操作从以下空间选择：恒等映射，1×7 卷积加 7×1 卷积，3×3 平均池化，5×5 最大池化，1×1 卷积，3×3 深度可分离卷积，7×7 深度可分离卷积，1×3 卷积加 3×1 卷积，3×3 膨胀卷积，3×3 最大池化，7×7 最大池化，3×3 卷积，5×5 深度可分离卷积。

　　第 5 步是选择对第 3 步和第 4 步输出状态的组合操作，可以选择像素加或者通道拼接操作。最后将所有没有用到的隐藏操作在通道维度进行拼接，得到最终单元的输出。

　　控制器的每个动作都使用 Softmax 分类器进行预测，5 个动作组合起来成为一个模块，搜索出 B 个这样的模块就可以组成一个单元。如果考虑同时预测正常单元和约简单元，则每次有 $2×5B$ 个预测。

　　图 8.15 展示了 NASNet 搜索到的由 5 个模块组成的单元。

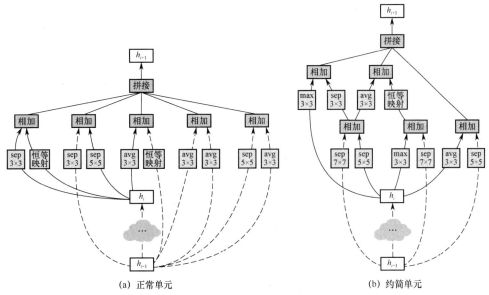

(a) 正常单元　　　　　　　　　　(b) 约简单元

注：sep 表示深度可分离卷积；avg 表示平均池化；max 表示最大池化。

图 8.15　NASNet 搜索到的由 5 个模块组成的单元

有了单元之后，只需要定义好重复次数 N 和初始卷积滤波器的数量就可以得到最终的网络结构，这也是当前大部分模型的搭建思路。上述两个值可以用经验值来设定，比如 4@64，表示初始通道数为 64，采用 4 个重复单元。

8.4.4　MNASNet

虽然从理论上来说，NASNet 拥有较低的复杂度，但是在实际的硬件平台上运行时，并不具有完全一致的结论。MNASNet 没有使用复杂度作为评估指标，而是使用更真实的在硬件上的运行时间作为评估指标，其目标是在延迟小于一定阈值的情况下，最大化模型精度。

MNASNet 与 NASNet 相比的不同之处如下。

其一，增加了推理延迟作为优化目标，它来自手机的实际运算结果。

其二，使用了新的分层搜索空间，它允许不同层在架构上不同。

MNASNet 的搜索空间如图 8.16 所示。

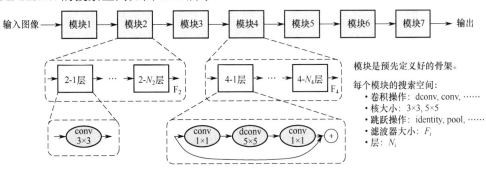

图 8.16　MNASNet 的搜索空间

图 8.16 中，不同模块代表不同的微结构，即所说的分层结构。每个模块都包含了若干层，每层的结构完全相同，只有当该模块需要降低分辨率的时候，第一层步长为 2，其他层步长都是 1。

一个微结构的搜索空间由以下选择组成：层数、输出特征图大小、跳层连接、卷积核类型与大小。假如有 B 个微结构，每个微结构的搜索空间大小为 S，那么整体搜索复杂度为 S^B。由于同一个微结构内的层配置相同，相比于独立地搜索各层，这样的搜索空间要小很多。

MNASNet 的总体拓扑结构基于 MobileNet V2，图 8.17 展示了 MNASNet 的模型结构。其中，相同颜色的单元表示一个微结构，该微结构与 MobileNet V2 的纺锤形通道可分离卷积模块相同，即首先由 1×1 卷积进行通道升维，再使用通道分组卷积，最后使用 1×1 卷积进行通道降维。

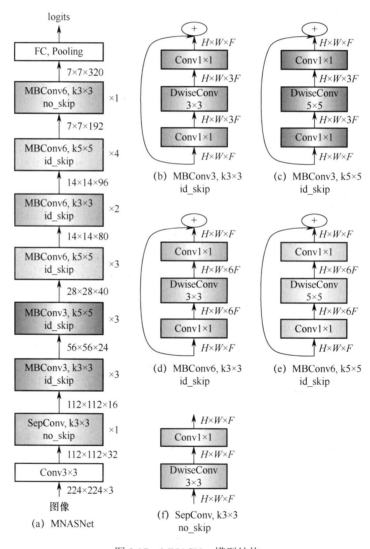

图 8.17　MNASNet 模型结构

从图 8.17 中可以看出，MNASNet 结构有较多的由 5×5 卷积组成的通道可分离卷积模块，这与当前大部分人工设计的结构不同。对于输入特征图尺寸为 HWM、输出特征图尺寸为 HWN 的通道可分离卷积，5×5 通道可分离卷积的计算量为 $C_{5\times5} = H \times W \times M \times (25 + N)$，3×3 通道可分离卷积的计算量为 $C_{3\times3} = H \times W \times M \times (9 + N)$。当 $N > 7$ 时，$C_{5\times5} < 2 \times C_{3\times3}$。可见在同样感受野的情况下，当网络宽度超过 7 时，一个 5×5 通道可分离卷积比两个 3×3 通道可分离卷积效率更高。

在 ImageNet 数据集上，精度相当（top5 为 92.5%）的情况下，MNASNet 比 MobileNet V2 速度更快（76ms VS 143ms）；在精度相当（top1 为 74%）的情况下，MNASNet 比 NASNet 速度更快（76ms VS 183ms）。另外，研究者还对模型宽度缩放因子和不同大小的输入做了相关实验，并且与 MobileNet V2 进行了对比，实验结果表明，MNASNet 的性能持续优于 MobileNet V2。

8.5 基于进化算法的 NAS

本节介绍基于进化算法的 NAS 技术。最早的进化算法只用于对固定结构的网络中的权重进行调整，后来 NEAT 算法被提出，它可以用于对模型中的节点增加连接，或者在已有连接中插入节点，从而使进化算法被逐渐用于网络结构的搜索。本节我们只关注网络结构搜索相关的内容，而不关注对权重的搜索，因为后者已经基本上采用基于反向传播的方法来学习了。

8.5.1 进化算法简介

进化算法是一类算法的统称，是模拟自然选择和遗传等生物进化机制的一种搜索算法，其中我们较熟悉的一类是遗传算法。

各类进化算法本质上都是迭代算法，其中涉及几个最基本的概念和流程，介绍如下。

（1）种群。所谓种群，就是解空间中的一个子集，对于网络搜索任务来说，它就是若干个模型。

（2）个体。所谓个体，对于网络搜索问题来说，就是某一个模型。

（3）编码。所谓编码，就是将搜索对象用计算机语言描述，比如将网络结构用固定长度的二进制字符串或者图表示。

进化算法的迭代过程如图 8.18 所示。

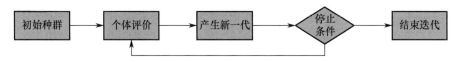

图 8.18　进化算法的迭代过程

在以上迭代过程中，每次迭代操作就是从一组解得到更好的一组解，它要解决的最核心的问题是如何产生新一代。

每次产生下一代需要 3 个步骤，即选择、交叉和变异。

选择过程：要实现从群体中选择更优的对象，比如精度更高的模型。

交叉过程：要实现不同优秀对象的信息交换，比如两个好模型的子模块交换。

变异过程：是对个体的微小改变，相对于交叉过程，能引入更多的随机性，有助于跳出局部最优解。

不同进化算法的区别主要体现在采样父本、更新种群及生成后代上。关于进化算法的具体细节和种类，已经超出了本书的内容，读者可以阅读相关资料来继续学习。

8.5.2 Genetic CNN 算法

要使用进化算法进行网络搜索，最关键的一步是表示网络，即将网络编码成种群，之后才能进行种群的迭代。下面以 Genetic CNN 算法为例介绍如何实现网络编码和种群迭代，其关心的是模块级别的搜索。

1. 网络编码

网络编码就是将模型结构用二进制编码，其中最简单的方式是用固定长度的字符串来表示。

下面只考虑卷积拓扑结构本身。当前的许多经典模型都可以由一些模块堆叠起来，如同 NASNet 中的正常单元和约简单元。经典的 ResNet 模型就由不降低空间分辨率的残差模块和降低空间分辨率的残差模块串接而成。

我们将不改变特征图空间分辨率，并且由多个具有相同的卷积核和通道数的卷积操作组成的模块称为一个 Stage，Stage 与 Stage 之间使用池化方式连接。

假如一个网络包括 S 个 Stage，其中每个 Stage 包括 K_s 个节点，那么节点之间总共有 $1+2+\cdots+(K_s-1)$ 个连接，每个连接都使用 1bit 表示，用于表达的字符串长度为

$$L = \frac{1}{2}\sum_s K_s(K_s-1) \tag{8.3}$$

总的搜索空间大小为 2^L。研究者在 CIFAR10 数据集上进行实验时，设置 $S=3$，$(K_1, K_2, K_3) = (3, 4, 5)$，$L=19$，总共有 524888 个模型结构可供搜索。

如图 8.19 中 Stage 1，中间灰色区域有 4 个节点，则总共需要 6bit 表示，其中，1 表示 A_2 与 A_1 之间有连接，00 表示 A_3 与 A_1、A_2 之间没有连接，111 表示 A_4 与 A_1、A_2、A_3 都有连接。为了简化模型结构，节点之间的连接只能从前至后，如只能从 A_1 到 A_2，不能反过来进行连接。

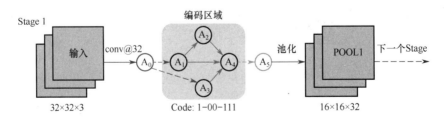

图 8.19 节点连接编码示意图

图 8.20 展示了 $K=4$ 时，VGGNet、ResNet、DenseNet 的网络结构及其编码向量，使用网络编码可以表示主流的 CNN 模型架构。

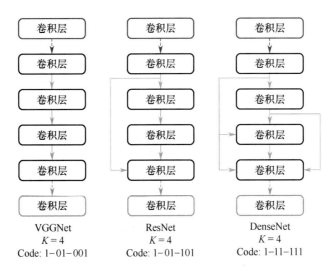

图 8.20　VGGNet、ResNet、DenseNet 网络结构及其编码向量

值得注意的是，Genetic CNN 算法只对模型结构进行搜索，其他参数如卷积核大小、通道数都是预先设置的。

2．种群迭代

对网络进行有效编码后，接下来就可以进行种群迭代，具体来说就是实现 3 个步骤：选择、交叉与变异。用 T 表示迭代次数，N 表示产生的个体数。

初始时，每个 bit 都从伯努利分布中进行独立的随机采样初始化，并计算初始识别精度，不同的初始化方法对结果影响不明显，即使是全零初始化也是如此。

选择：在每次迭代中，首先使用俄罗斯转盘选择法选择其中精度较高的模型，被采样的概率与该模型和第一个被采样的模型的精度差呈正相关。

交叉：从被选择的模型集合中选择两个模块进行配对，为了保证拓扑结构，交叉的最小单元是 Stage。

变异：最后对没有交叉的个体进行变异，即每个编码位按照一定的概率进行翻转，由 0 变成 1 或者反之。变异概率比较小，使其不至于对模型性能造成太大的改变。

评估精度后再进行下一次迭代，最终的输出结果是一系列个体和识别精度。

由于以上训练过程中的计算量非常大，因此训练时首先在较小的数据集（如 MNIST、CIFAR10）上训练，再迁移到更大的数据集（如 ImageNet）上。

图 8.21 展示了 Genetic CNN 算法学习到的两个网络模型，其特点是，网络浅层的结构类似于 AlexNet 和 VGGNet，网络中间层的结构类似于 GoogLeNet，网络深层的结构类似于 Deep ResNet。

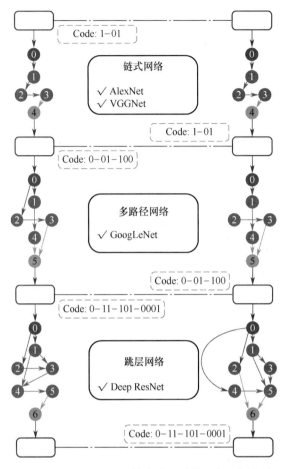

图 8.21　Genetic CNN 算法学习到的两个网络模型

Genetic CNN 算法具有一定局限性，比如每层内的卷积核大小和通道数是固定的，这是后续可以改进的地方。

基于进化算法的网络搜索方法的主要不同之处在于网络编码方法，本节介绍的将网络表示成固定字符串的方法是比较主流的方法。

8.5.3　与 NASNet 的结合

Genetic CNN 算法的搜索对象是细粒度的网络层，其搜索空间非常大，计算效率较低。Google 的研究者参考 NASNet 对基本强化学习方法的改进，将 NASNet 的搜索空间作为进化算法的搜索空间，即通过搜索单元来提高进化算法的学习效率，提出了 AmoebaNet。

AmoebaNet 对进化算法进行了改进，提出了基于年龄的进化算法，其基本流程如下。

步骤 1：随机初始化 P 个神经网络，将其加入队列中，形成一个种群，并进行训练。

步骤 2：对种群进行采样，得到 S 个神经网络，选择其中准确率最高的神经网络作为父母，对其进行演化（变异）操作，获得新的神经网络结构，训练该网络，将其加入种群中，即位于队列的最右侧。去除种群中年龄"最大"的神经网络，即队列最左侧的元素。

步骤 3：回到步骤 2，循环一定次数。

在这个过程中，只有两个超参数 P 和 S，因此，AmoebaNet 相比于基于强化学习的 NASNet 更为简单。

变异过程是产生新模型的核心操作，它包含两种变异，分别是隐藏状态变异和操作算子变异，如图 8.22 所示。

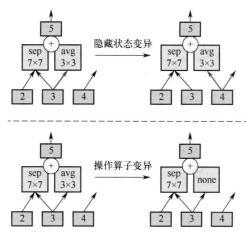

图 8.22　AmoebaNet 变异过程

隐藏状态变异，即将一个节点的隐藏状态输入随机修改为同一个单元的另一个隐藏状态。操作算子变异，即随机替换算子类型，比如从 7×1 卷积变成 3×3 平均池化。

实验结果表明，进化算法更加关注模型的架构而不是特定高精度的模型，因为对于某个高精度模型，只有让自己的后代不断保持较高的准确率，该类模型才能长期存在于种群中，否则它迟早会被从队列中删除。这在一定程度上可以抵抗训练噪声，获得正则化效果。与 NASNet 相比，AmoebaNet 在相当的精度上有更小的参数量。

8.6　可微分 NAS

基于强化学习与进化算法的 NAS，都是在离散空间中进行搜索，需要训练数以千计的模型，并从中挑选最优结果，计算代价非常大。为了提高 NAS 的实用性，研究人员开始研究 One-shot NAS，即通过一次训练完成模型搜索。本节介绍其中的一个典型代表——可微分的网络搜索（Differentiable Architecture Search，DARTS），其搜索空间是连续的，相比于强化学习与进化算法，具有非常明显的计算优势。

所谓的可微分，指的是候选的网络结构单元，或者说搜索空间不是离散的，而是连续的，带来的好处就是可以通过梯度下降算法直接优化。这样一来，就不需要强化学习中用于产生结构单元的 RNN 控制器了，也不需要一些框架中的代理模型了。

DARTS 的搜索对象是网络结构单元，首先基于经验进行以下约束。

（1）一个单元必须由输入节点、中间节点、输出节点和边构成，并且 DARTS 规定了输入节点有两个，输出节点有一个。之所以将输入节点设计为两个，是为了兼容 CNN 和 RNN。

对于 CNN 来说，两个输入节点对应前两层的输出；对于 RNN 来说，两个输入节点对应输入层和隐藏层状态。

（2）输出节点是所有中间节点通道拼接的结果。

DARTS 原理示意如图 8.23 所示。

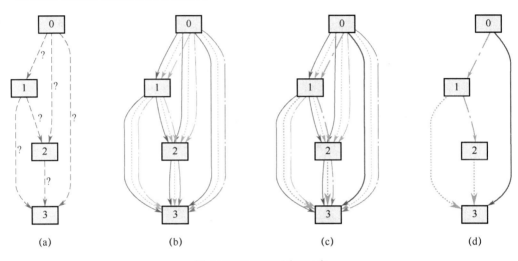

   (a)   (b)   (c)   (d)

图 8.23 DARTS 原理示意

  图 8.22（a）是一个未经初始化的结构，其中没有展示两个输入节点，输入节点会一起输入到节点 0，1 和 2 都是中间节点，3 是输出节点。图 8.22（b）中两个节点之间不同类型的线表示不同的转换操作，它们一起用加权的方式从输入到输出产生结果，如式（8.4）所示。

$$x^{(i)} = \sum_{j<i} o^{(i,j)}(x^{(j)}) \tag{8.4}$$

式中，o 表示不同操作；i 表示当前节点；j 表示序号小于 i 的所有节点。每个操作被选中的概率用不同操作的 Softmax 概率加权表示，如下：

$$\overline{o}^{(i,j)}(x) = \sum_{o \in O} \frac{\exp(\alpha_o^{(i,j)})}{\sum_{o' \in O} \exp(\alpha_{o'}^{(i,j)})} o(x) \tag{8.5}$$

  如此一来，选择不同操作及其概率就是一个连续的过程，α 是要优化的参数，它和连接权重矩阵一样可以用梯度下降算法进行优化。

  上面已经构建好了单元结构及需要搜索的连续参数空间，接下来进行优化，需要学习的参数包括优化结构参数 α 和连接权重参数 ω。这是一个双层优化问题，可以分两个步骤进行，优化目标如下：

$$\min_\alpha \mathcal{L}_{val}(W^*(\alpha), \alpha), \text{s.t.} W^*(\alpha) = \text{argmin}_W \mathcal{L}_{train}(W, \alpha) \tag{8.6}$$

具体步骤如下。

（1）使用训练集训练，固定 α 矩阵，基于梯度下降算法学习网络连接权重 W。

（2）使用验证集训练，固定 W 权重矩阵，基于梯度下降算法学习 α。

如此循环迭代，直到满足终止条件。

值得注意的是，在学习过程中，训练集和验证集大小比例为 1:1，这与大部分任务设置不同，因为训练集和验证集都会用于参数更新。

在学习完 α 参数矩阵后，只保留其中概率值最大的操作，就得到了最终的结构单元，如图 8.23（c）和图 8.23（d）所示的过程。

基于强化学习和进化学习的方法，只能在 CIFAR10 这样的小数据集上进行搜索，再将搜索的模块迁移到大数据集上。而 DARTS 的搜索效率高，一些研究者将其直接用于在 ImageNet 数据集上进行搜索，可以获得更高的精度和效率。

8.7　NAS 与其他模型压缩方法结合

在前面几章中，除了直接设计轻量级模型，我们还介绍了模型剪枝、模型量化、模型蒸馏等相关方法，那么是否也可以使用 AutoML 技术优化这些方法呢？本节通过案例来介绍 AutoML 技术与模型剪枝、模型量化、模型蒸馏方法的结合，与前面介绍的自动化模型搜索方法相比，这样做的好处是，搜索空间被限制为一个预先训练好的大模型，因此不需要从头进行搜索，实现效率会更高，也更好地利用了成熟的模型设计技术。

8.7.1　自动化模型剪枝

AutoML for Model Compression（AMC）是一个自动化模型剪枝框架，使用强化学习让每层都学习到了适合该层的剪枝率。

在一般的剪枝算法中，通常遵循一些基本策略：比如在提取低级特征的参数较少的第一层中剪掉更少的参数，在冗余性更高的 FC 层中剪掉更多的参数。然而，由于深度神经网络中的层不是孤立的，这些基于规则的剪枝策略并不一定是最优的，也不能从一个模型迁移到另一个模型。

AMC 便是在该背景下产生的，其利用强化学习自动搜索并提高模型压缩的质量。该框架对每层进行独立压缩，前一层压缩完后再往后层进行传播。对第 k 层进行压缩时，智能体接受该层的输入特征，输出稀疏比率 a_t，按照 a_t 对该层进行压缩后，智能体移动到下一层，使用验证集精度作为评估。

研究者对两类场景进行了实验。第一类是受延迟影响较大的应用，如移动 App，使用的是资源受限的压缩，这样就可以在满足低 FLOPs 和低时延、小模型的情况下实现最高的准确率。这一类场景通过限制搜索空间来实现，在搜索空间中，动作空间（剪枝率）受到限制，使得被智能体压缩的模型总是低于资源预算的。

第二类是追求精度的应用，如 Google Photos，需要在保证准确率的情况下压缩得到更小的模型。对于这一类场景，AMC 的提出者定义了一个奖励，它是准确率和硬件资源的函数。基于这个奖励函数，智能体在不损害模型准确率的前提下探索压缩极限。

每层的状态空间定义如下：

$$O_k = (k, c_{in}, c_{out}, h, w, s_{kernel}, s_{stride}, FLOPs[k], reduced, rest, a_{k-1}) \tag{8.7}$$

式中，k 是层指数；输入参数维度是 $c_{in} \times c_{out} \times s_{kernel} \times s_{kernel}$；输入特征图大小是 $c_{in} \times h \times w$；

reduced 是前一层减掉的 FLOPs；rest 是剩下的 FLOPs，这些值在被送入智能体之前，会被归一化到 0～1。

因为剪枝对通道数特别敏感，所以这里不再使用离散的空间，如{128,256}，而是使用连续的空间，使用 Deep Deterministic Policy Gradient（DDPG）方法来控制压缩比。对于细粒度的剪枝，使用权重的幅度作为重要性因子，按照剪枝率依次剪掉幅度小的连接。对于通道级别的剪枝，使用通道最大响应值作为重要性因子，按照剪枝率依次剪掉幅度小的通道。

对于追求资源利用率的移动端场景，在谷歌 Pixel-1 CPU 和 MobileNet 模型上，AMC 实现了 1.95 倍的加速，批大小为 1，节省了 34%的内存。

对于追求高精度的服务端场景，在英伟达 Titan XP GPU 上，AMC 实现了 1.53 倍的加速，批大小为 50。

8.7.2　自动化模型量化

HAQ（Hardware-Aware Automated Quantization with Mixed Precision）是一个自动化的混合精度量化框架，使用强化学习让每层都学习到了适合该层的量化位宽。

不同的网络层有不同的冗余性，因此对于精度的要求也不同，当前已经有许多芯片开始支持混合精度，比如 Apple 的 A12 Bionic、NVIDIA 的 Turing GPU。通常来说，浅层特征提取需要更高的精度，卷积层比全连接层需要更高的精度。手动搜索每层的位宽肯定是不现实的，因此需要采用自动搜索策略。

一般使用 FLOPs、模型大小等代理指标来评估模型压缩的好坏，然而，不同的平台表现出来的差异可能很大，因此 HAQ 使用芯片的延迟和功耗指标来直接进行评估。

代理接收各层配置和统计信息作为观察，然后输出动作行为，即各层的权重和激活值位宽。其中一些概念如下。

（1）观测值：即状态空间，这是一个 10 维的变量，定义如式（8.8）所示。

$$O_k = (k, c_{\text{in}}, c_{\text{out}}, s_{\text{kernel}}, s_{\text{stride}}, s_{\text{feat}}, n_{\text{params}}, i_{\text{dw}}, i_{w/a}, a_{k-1}) \tag{8.8}$$

式中，括号中的参数对应层数、输入通道数、输出通道数、卷积核大小、步长、特征图大小、参数量、通道分离卷积量化指示器、权重与激活值量化指示器、上一个时间的动作。

（2）动作空间：使用了连续函数来决定位宽，如式（8.9）所示。

$$b_k = \text{round}(b_{\text{min}} - 0.5 + a_k \times (b_{\text{max}} - b_{\text{min}} + 1)) \tag{8.9}$$

（3）反馈：利用硬件加速器来获取延迟和能量作为反馈信号，以指导智能体满足资源约束。

（4）量化算法：直接使用基于截断的线性量化算法，与第 6 章中介绍的 TensorRT 框架使用的对称量化算法相同，只是具体的位宽不同。

（5）奖励函数：在所有层被量化过后，再进行 1 个 epoch 的微调，并将重训练后的验证精度作为奖励信号，如式（8.10）所示。

$$R = \lambda \times (\text{acc}_{\text{quant}} - \text{acc}_{\text{origin}}) \tag{8.10}$$

在延迟约束下，与固定的 8bit 量化算法相比，在精度不下降的情况下，MobileNet-V1 模型在边缘端和云端设备上分别取得了 1.4 倍和 1.95 倍的加速。

从量化结果来看，在边缘端设备 Xilinx Zynq-7020 FPGA 和云端设备 Xilinx VU9P 上，MobileNet-V1 各个网络层的最优量化策略不同。对于激活值量化，在边缘端设备上，depthwise 卷积相比于 pointwise 卷积被赋予更少的比特，而在云端设备上两者相当。对于权重量化，在边缘端设备上，depthwise 卷积和 pointwise 卷积被赋予的比特相当，而在云端设备上，前者比后者获得了更多的比特。

这是因为 depthwise 是内存受限的操作，pointwise 是计算受限的操作，云端设备相比于边缘端设备具有更大的内存带宽和更高的并行性，因此边缘端设备对于内存更敏感，云端设备对于参数更敏感。对于云端设备来说，depthwise 卷积可以使用更多的比特用于维持精度，同时具有较少的参数量，而边缘端设备需要使用更少的比特来平衡内存效率与参数量。

8.7.3　自动化模型蒸馏

N2N-learning 是一个自动化的知识蒸馏框架，它使用强化学习算法来从教师模型中逐渐蒸馏出学生模型。该框架基于一个假设：一个教师模型转化成学生模型的过程可以看作马尔可夫决策过程（Markov Decision Process，MDP），当前的步骤只和有限的之前几步有关系，使用强化学习来进行优化。一些基本概念如下。

状态 S：将网络的架构作为状态，对于任何一个大的网络，会有很多比它小的网络，所以状态空间非常大。

动作 A 与状态转换 T：包括层的缩减及移除操作。这个过程通过双向 LSTM 来实现，它会观察某一层与前后层的关系，学习到是否进行约减或删除。

奖励 R：模型压缩的目标是在保证精度的同时尽可能压缩模型，因此奖励与压缩率和精度都有关系。

N2N-learning 原理示意如图 8.24 所示。

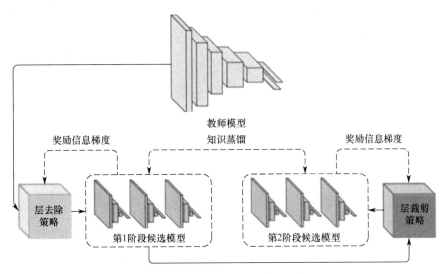

图 8.24　N2N-learning 原理示意

图 8.24 中包含了两个动作，实际优化时它们是依次进行的。

首先，采用一个双向的 LSTM 学习一组动作，用来判断当前层的去留。同时，考虑前向和反向的中间状态。

其次，采用一个单向的 LSTM 学习一组动作，用来决定剩下每层的裁剪程度。

奖励计算公式如下：

$$R = R_c \times R_a = C(2 - C) \cdot \frac{A}{A_{\text{teacher}}} \tag{8.11}$$

式中，C 表示压缩率；A 表示学生模型的准确率；A_{teacher} 表示教师模型的准确率。

损失函数包括两项，分别是学生模型的分类损失及蒸馏损失，其中蒸馏损失形式为学生模型与教师模型输出预测的 L2 距离。

8.8 当前 NAS 的一些问题

虽然 NAS 的相关研究展现了自动化模型设计的一些成果，但是现阶段还存在非常多的问题待解决。

其一，巨大的搜索空间问题。巨大的搜索空间使当前大部分方法只能在 CIFAR10 这样的小数据集上进行搜索，而无法直接在 ImageNet 等大数据集上进行搜索，只能将在小数据集上搜索到的模块，通过重复堆叠的方式构建成模型，用于大数据集，这并非最优解，限制了在大数据集上搜索更优模型结构的可能。因此，一些研究聚焦于提高搜索效率，其中参数共享等技术被广泛使用，如 Google 团队的工作可以将搜索时间降低到其原来工作的 1/1000 以下，使用单个 NVIDIA GTX1080Ti GPU 在 16 个小时内完成 CIFAR10 数据集上的模型搜索；MIT 团队可以在 200 个 A100 GPU 的时间单位内直接在 ImageNet 数据集上完成搜索。

其二，如何搜索真正高效率的模型。虽然我们可以限制模型的参数量和计算量，但搜索出来的模型在实际硬件平台上的表现未必具有理论上的高效率。因此，许多研究将硬件上的时延、能量消耗等指标直接添加到优化目标中，不过这带来的新问题是如何让其成为连续可微分的行为，从而可以使用梯度下降算法进行学习。

其三，如何迁移到更多的任务上。当前，绝大部分研究都聚焦于分类任务，这是最基础的任务，如何将 NAS 拓展到更多更有挑战性的任务上，如图像分割、GAN，也是提升 NAS 技术实用性的关键。

第9章 模型优化与部署工具

深度学习模型必须要部署到实际的生产环境中才能产生真正的应用价值。在各类落地场景中，有的是服务端应用，它需要模型有更高的精度、更复杂的功能；有的是嵌入式平台应用，诸如手机等各类移动端设备与车载设备，它需要模型具有体积小、低时延的特性。因此，我们在进行模型设计与部署的时候，需要根据应用场景选择不同的模型和工具。当前模型优化和部署的工具非常多，常见的包括 TensorRT、NCNN 等；当前的硬件计算芯片也非常多，包括 CPU、GPU、NPU、FPGA 等。本章将介绍一些主流的模型优化和部署框架，并进行典型的案例实践。

9.1 模型优化工具

随着模型优化相关技术的成熟，不少公司、学术组织和个人研究者都推出了相关的工具，以供使用者更快地将前沿研究应用于模型优化，加快模型落地部署的进程，减少重复开发工具的工作量。下面介绍一些具有代表性的工具。

9.1.1 TensorFlow 和 PocketFlow 框架

作为使用人群最多的框架，TensorFlow 及其生态有成熟的模型优化工具，这里主要介绍 Google 官方维护的工具，以及腾讯维护的 PocketFlow 工具。

TensorFlow Model Optimization Toolkit 是 TensorFlow 社区维护的一个单独的模型优化工具，该项目需要 TensorFlow 1.14 以上或者 TensorFlow 2.x 版本的支持，使用 tf.keras 接口，支持 Sequential 和 Functional 模型。目前该优化包中包含了模型剪枝和量化两种 API。其中剪枝算法为 Google 提出的基于权重幅度大小的细粒度连接剪枝算法，可以在模型训练的过程中迭代地进行剪枝。该工具包支持的量化算法包括训练后量化算法与训练中量化算法。

不过由于 TensorFlow Model Optimization Toolkit 需要额外安装，我们也可以使用已经稳定集成到 TensorFlow 中的剪枝和量化模块。TensorFlow 在 1.14 版本之后的 tf.contrib 模块中集成了 model_pruning 模块，它实现了细粒度连接剪枝算法。

当我们想要对卷积层和全连接层进行剪枝时，只需要将一般的卷积层类和全连接层类定义替换为 masked_conv2d 类和 masked_fully_connected 类即可，剪枝结果通过与权重矩阵大小相同的掩模矩阵表示，可以通过 get_masks 函数获取。

TensorFlow 在 2.0 版本中提供了量化的完整 API，即 tf.quantization，其中包含了 quantize 和 de_quantize 函数，支持任意位宽的训练后量化。

PocketFlow 是腾讯推出的基于 TensorFlow 的模型优化工具。PocketFlow 实现了 Google 提

出的基于权重连接幅度大小的细粒度连接剪枝算法、旷视科技提出的通道模型剪枝算法、腾讯 AILab 提出的通道模型剪枝算法、Google 提出的 8bit 模型量化算法，以及韩松等人提出的 Deep Compression 非均匀模型量化算法。

9.1.2　PaddlePaddle 框架

PaddleSlim 是百度推出的模型优化包，提供模型量化、知识蒸馏、稀疏化和神经网络结构搜索等模型压缩算法，它也被包含在 PaddlePaddle 框架中。

1．模型剪枝功能

PaddleSlim 支持的非结构化剪枝算法包括 Google 提出的基于权重连接幅度大小的算法。

PaddleSlim 支持的结构化剪枝算法包括基于 L1 范数和 L2 范数的滤波器剪枝、基于 BN 层缩放系数的滤波器剪枝、基于几何中位数（FPGM）的滤波器剪枝等算法，并且根据各层是否采用不同的剪枝率，提供了通道均匀剪枝、基于敏感度的剪枝和基于进化算法的自动剪枝等不同的策略。

通道均匀剪枝（Uniform Pruning）算法的特点是每层裁剪掉相同比例的卷积核数量，而裁剪的基准就是对每一层的卷积核按照 L1 范数大小进行排序，依次裁剪幅度小的连接。

基于敏感度的剪枝算法中的敏感度有两种计算策略，分别是基于裁剪掉不同比例的卷积核数量带来的精度损失和计算量的降低。在对某一层进行敏感度分析后，一个典型的结果案例为{"weight_0":{0.1:0.22,0.2:0.33}}。其中，0.1 表示当前层连接的裁剪率；0.22 表示裁剪带来的精度损失。

基于进化算法的自动剪枝算法使用模拟退火算法搜索得到一组裁剪率，按搜索到的这组裁剪率对网络进行基于幅度的裁剪，裁剪后的网络可以进行少量训练以恢复性能。

2．模型量化功能

PaddleSlim 支持量化感知训练（Quant Aware Training，QAT）、动态离线量化（Post Training Quantization Dynamic，PTQ Dynamic）、静态离线量化（Post Training Quantization Static，PTQ Static）、参数化裁剪激活值（Parameterized Clipping Activation，PACT）量化。

除此之外，PaddleSlim 还有一种对嵌入层量化的方法，其将网络中嵌入层的层参数从 FP32 类型量化到 INT8 类型，可以降低嵌入层参数的体积。

3．其他功能

除了剪枝和量化，PaddlePaddle 也提供了对模型蒸馏和自动化 NAS 的支持。

PaddleSlim 支持若干知识蒸馏算法，包括标准的知识蒸馏算法、FSP 算法、Deep Mutual Learning 算法。PaddleSlim 支持基于强化学习的 NAS 算法、DARTS 算法、SANAS（Simulated Annealing Neural Architecture Search）算法、OFA（Once-For-All）算法、Hardware-aware Search 算法。

DARTS 算法基于梯度的方式进行神经网络结构搜索，可以大大缩短搜索时长。

SANAS 算法基于模拟退火算法进行神经网络结构搜索，在机器资源不多的情况下，该算法相比基于强化学习的算法能得到更好的模型。

OFA 算法是一种基于 One-Shot NAS 的压缩方案。这种方式比较高效，其优势是只需要训练一个超网络就可以从中选择满足不同时延要求的子模型。

Hardware-aware Search 算法是基于硬件指标进行神经网络结构搜索的方法，其目标是减少理论和实际部署的差异。

9.1.3 PyTorch 和 Distiller 框架

PyTorch 是目前学术界最流行的深度学习框架，PyTorch 及其生态有丰富的模型优化工具，这里主要介绍 PyTorch 本身及 Intel 维护的 Distiller 工具。

1. PyTorch 模型优化功能

PyTorch 主要支持的是模型剪枝及量化功能。

PyTorch 中与模型剪枝有关的接口封装在 torch.nn.utils.prune 中，支持的模型剪枝方式有三种：局部剪枝、全局剪枝、自定义剪枝。

局部剪枝就是基于权重的非结构化模型剪枝，通过指定某一层的剪枝率，基于权重大小进行剪枝。

全局剪枝（Global Pruning）是通过指定整体网络参数的剪枝率来进行裁剪，不同的层被剪掉的百分比可以不同。

PyTorch 从 1.3 版本开始支持量化功能，底层算法基于 QNNPACK（Quantized Neural Network Package）实现，支持训练后量化、动态离线量化和量化感知训练等技术。QNNPACK 是 Facebook 于 2018 年发布的用于手机端神经网络计算加速的 8bit 量化低精度、高性能开源框架。

2. Distiller 模型优化功能

Distiller 是 Intel 开源的基于 PyTorch 的模型优化工具，Distiller 提供了非常丰富的模型优化算法，包括权重正则化、模型剪枝、模型量化、条件计算、低秩分解和知识蒸馏。

Distiller 中的模型剪枝模块实现了超过 10 种算法，支持连接剪枝、卷积核剪枝和通道级别的剪枝。

连接剪枝的算法主要是基于连接权重的 L1 范数来进行重要性排序，在阈值的选择上，可以采取固定的预设阈值（Magnitude Pruning）、基于正态分布先验的敏感度因子计算出的阈值（Sensitivity Pruning）及根据预设稀疏率得到的阈值（Level Pruning），并且实现了 Network Surgery 算法。

结构化剪枝实现了常见的基于 L1 范数的滤波器剪枝和基于零激活值分布统计特性的滤波器剪枝。

Distiller 中的模型量化模块包括训练后量化和训练中量化两大类算法。其中，训练后量化包括对称量化和非对称量化，支持层级及通道级量化。训练中量化包括 DoReFa-Net、PACT、Wide Reduced-Precision Networks（WRPN）等算法。

9.1.4　NNI 框架

NNI（Neural Network Intelligence）是微软推出的自动化机器学习的工具包，虽然与上述介绍的几个框架一样也支持模型剪枝和量化等算法，但其更侧重于自动化机器学习相关的算法。

NNI 支持自动化特征工程（Feature Engineering）、神经网络结构搜索、超参数调优（Hyperparameter Tuning）等重要的自动化机器学习方向。NNI 不仅支持 PyTorch、TensorFlow、MxNet 等深度学习框架，也支持 XGBoost、Scikit-learn、LightGBM 等经典机器学习框架。

对于超参数调优，NNI 支持最基本的穷举搜索法（包括栅格搜索和随机搜索）、启发式搜索法（模拟退火法和进化算法等）、贝叶斯优化法（GP 和 BOHB 等）。

对于神经网络结构搜索，NNI 支持栅格搜索算法、强化学习算法、进化算法（Regularized Evolution、ENAS、ProxylessNAS）和 DARTS 算法等。

NNI 虽然主要是定位于自动化机器学习，但也支持经典的模型剪枝与模型量化算法。对于模型剪枝，NNI 支持主流的非结构化剪枝算法和结构化剪枝算法，包括基于 L1/L2 范数的算法、基于零激活值统计分布的算法、基于 BN 层缩放因子的算法、自动化模型剪枝算法等。对于模型量化，NNI 支持离线 8bit 量化与 8bit 量化训练、DoReFa 量化算法、BNN 量化算法。

9.1.5　小结

前面介绍了一些具有代表性的模型优化框架，其中大多数都由科技公司官方团队进行维护，它们对主流的模型剪枝及量化算法等提供了支持，不过每个工具都有不同的侧重点。

对于模型剪枝，以上框架大多支持非结构化的细粒度剪枝算法及结构化的粗粒度剪枝算法。其中细粒度剪枝算法以 Google 提出的渐进式剪枝算法为代表，基本上所有框架都对其提供了支持。结构化的粗粒度剪枝算法非常多，每个框架支持的算法略有差异，不过都对经典的基于范数大小的算法提供了支持。PaddleSlim 和 Distiller 支持较多的模型剪枝算法，并且在剪枝率的策略上也提供了非常多的选择，值得读者多加使用。

对于模型量化，大部分框架都支持离线和在线的 8bit 量化，这也是在工业界使用比较多的量化技术。更低的如 1bit 量化，除了 NNI 框架，其他框架都未提供支持。这主要是因为 1bit 量化对模型精度的损害较大，还无法在工业界大规模使用。

9.2　模型部署工具

当我们要在实际产品中使用深度学习模型，比如将其部署到嵌入式设备中时，之前介绍的用于训练的框架就不能直接使用了，因为训练框架本身功能非常丰富，如果直接用于推理，将会存在较多的冗余代码和计算，影响模型推理效率。我们需要使用专门的模型部署工具来在实际产品中使用深度学习模型，目前国内外各大公司纷纷开源自家的推理框架，本节介绍一些典型工具。

9.2.1　模型部署基础

当我们进行模型部署时，可以选择的方法有以下几种。

第一种，采用原始的训练框架部署，比如使用 PyTorch 框架部署 PyTorch 格式的模型，这一类方法存在几个明显的缺陷，比如需要安装整个框架，而这会包含很多部署时不需要的冗余功能，同时会占据内存空间，推理性能因此也会较差。

第二种，采用训练框架对应的部署引擎，比如使用 TensorFlow Lite 部署 TensorFlow 格式的模型，其主要问题是只支持本框架训练的模型，支持的硬件和算子有限。

第三种，手动进行模型重构，从头编写 C/C++代码，实现计算图并导入权重数据，这需要对模型有充分的了解，有较高的技术难度，对于大部分使用者来说，该方法效率太低。

第四种，采用高性能神经网络推理引擎（移动端推理框架），如 NCNN、MNN、Tengine 等，这是当下最主流的方法，它们支持大部分训练框架的模型。这些框架大多只依赖最底层的 C/C++库，支持 Android/Linux 等环境，提供了 Python/C/C++等 API 来方便不同语言调用。

另外，根据业务的使用场景不同，我们可以将模型的部署分为两大类：一类是精度优先的服务端部署；另一类是速度优先的移动端部署。

针对服务端的部署，一般我们会将模型部署到云端设备。在实际使用时，将业务数据从终端发送到云端设备处理完后，再将结果传送回终端设备进行展示或进一步处理。这一类应用一般对时延不敏感，比如自然语言处理大模型、搜索大模型等，其需要强大的计算能力，一般会采用 GPU 进行计算，常用的部署框架是 TensorRT。

针对移动端的部署，尤其是对于时延特别敏感，甚至数据必须保密的场景，我们会将模型部署到本地嵌入式设备中，所有的计算都在本地离线进行，要求具有小的模型体积与高帧率的计算速度，采用 GPU 或 CPU 进行计算，常用的部署框架是更加轻量级的移动端部署框架，比如 NCNN 等。

接下来，我们对模型部署中常用的模型标准格式、服务于 NVIDIA GPU 平台的 TensorRT 部署框架、服务于手机嵌入式设备的 NCNN 等进行介绍。

9.2.2　ONNX 标准

ONNX（Open Neural Network Exchange）是微软和 Facebook 发布的一个深度学习开发工具生态系统，已经是事实意义上的跨平台深度学习模型部署标准。

1. 基本特性

在深度学习技术发展的早期，各类深度学习训练框架层出不穷，迄今仍然被广泛使用的框架包括 TensorFlow、PyTorch、PaddlePaddle、Caffe 等。不同的框架虽然大体上功能差不多，但各有侧重，导致不同的开发团队及个人开发者都有自己习惯使用的框架。然而，在一个框架上训练的神经网络模型，无法直接在另一个框架上用，比如我们无法直接使用 PyTorch 框架对 TensorFlow 训练的模型进行推理。因此，不同的开发团队及个人开发者在进行合作或实验验证时，需要耗费大量时间精力把模型从一种格式转换为另一种格式。如何更加方便和标准地实现不同框架之间的模型转换成了关键问题，这也是 ONNX 致力于解决的问题。

ONNX 的工作原理是通过实时跟踪某个神经网络如何在框架上生成，使用这些信息创建一个符合 ONNX 标准的通用计算图。

目前 ONNX 已经支持几乎所有的主流训练框架，许多框架如 PyTorch 都提供了标准的 ONNX 格式的模型导出接口。

2. ONNX 模型推理

ONNXRuntime 是微软推出的一个推理框架，它是对 ONNX 模型最原生的支持，下面是一个基于 ONNXRuntime 进行模型推理的简单案例。

```
#coding:utf8
import numpy as np
import onnx
import onnxruntime as ort

#读取图片并进行预处理
image = cv2.imread("image.jpg")
image = np.expand_dims(image, axis=0)

#加载模型
onnx_model = onnx.load_model("resnet50.onnx")
sess = ort.InferenceSession(onnx_model.SerializeToString())
sess.set_providers(['CPUExecutionProvider'])
input_name = sess.get_inputs()[0].name
output_name = sess.get_outputs()[0].name

output = sess.run([output_name], {input_name : image_data})
prob = np.squeeze(output[0])
print("predicting label:", np.argmax(prob))
```

以上推理代码可以分为几个步骤：图片读取、会话构造、模型加载与初始化、运行。

9.2.3 NVIDIA GPU 推理框架 TensorRT

TensorRT 是 NVIDIA 推出的一款高性能深度学习推理框架，它包含深度学习推理优化器和运行环境，可为深度学习推理应用提供低时延和高吞吐量。

1. 简介

TensorRT 为所有支持平台提供了 C++实现，以及在 X86、AArch64 和 ppc64le 平台上提供了 Python 支持。

TensorRT 的使用主要包含模型编译和模型使用两大阶段，如图 9.1 和图 9.2 所示。

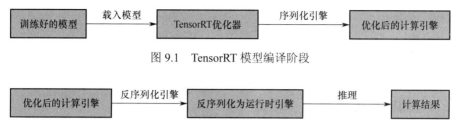

图 9.1　TensorRT 模型编译阶段

图 9.2　TensorRT 模型使用阶段

模型编译（Build Phase）阶段包括模型定义、模型优化、创建推理引擎等步骤，这个阶段可能耗费相当多的时间，尤其在嵌入式平台中运行时。

模型定义：可以使用常见的深度学习框架（如 TensorFlow、PyTorch 等）定义模型，然后统一以 ONNX 格式引入，也可以使用 C++或 Python API 来直接实例化各层以定义模型。

模型优化：使用 TensorRT 进行特定平台的模型优化，这一步可以配置使用包括层融合、剪枝、量化、深度缩减等优化技术，以达到加速和减小模型大小的目的。

创建推理引擎：将优化后的模型转化为 TensorRT 推理引擎（Inference Engine）。推理引擎包括计算图、内存分配和网络优化等信息，可以根据需要将其序列化到 Plan 格式的文件中，以供后续使用。需要注意的是，生成的 Plan 格式的文件并不能够跨平台及在多个 TensorRT 版本之间移植。

在模型使用阶段，需要进行反序列化得到运行时引擎，创建执行上下文（Execution Context），输入数据进行推理。

反序列化：从 Plan 格式的文件中进行反序列化得到运行时引擎，接着将输入数据加载到内存中，进行归一化、裁剪、缩放和格式转换等预处理操作，再将预处理后的数据输入到 TensorRT 执行引擎中进行推理计算得到结果，然后对结果进行格式转换、解码和可视化等操作，最后根据需要将处理后的输出结果输出到文件、数据库、网络等存储介质中。

2. 特性

TensorRT 作为一个高效率的推理引擎，主要包含以下特性。

权重与激活值精度校准：除了常规的 FP32 精度，还支持 TF32 精度、FP16 精度及 INT8 量化，可以在保证准确率的情况下显著提升模型执行速度，其中 TF32 精度使用与 FP16 精度相同的 10 位尾数，采用与 FP32 相同的 8 位指数，相比于 FP32 精度计算速度更快。

层与张量结合：即算子组合，通过组合一些计算操作或去掉多余计算操作来减少数据流通次数及频繁的开辟与释放显存操作，进而提速、优化 GPU 内存和带宽使用。具体来说，包含消除输出未被使用的层，消除等价于 no-op 的运算，将卷积层、偏差和 ReLU 操作进行组合，聚合具有足够相似参数和相同目标张量的操作（例如，Inception 模块的 1×1 卷积分支被合并到 3×3 卷积分支），合并拼接层等。

内核自动调整：基于目标 GPU 平台选择最优数据层和算法，具体来说，它会根据不同的显卡构架、SM（流处理多处理器）数量和内核频率等，选择不同的优化策略及计算方式，以寻找最适合当前架构的计算方式。

动态张量显存：显存的开辟和释放是比较耗时的，通过调整一些策略可以减少模型中这些操作的次数，最小化内存占用并有效地重新使用张量内存，从而可以减少模型运行的时间。

多数据流执行：使用 CUDA 中的 stream 技术来最大化实现并行操作，并行处理多个输入流。

9.2.4 专用模型推理框架

本节介绍特定框架专用的模型推理框架，包括 PyTorch 生态相关的 Caffe2 与 PyTorch-mobile、TensorFlow 生态相关的 TensorFlow Lite、PaddlePaddle 生态相关的 Paddle-mobile。

1．TensorFlow Lite

TensorFlow Lite 是 Google 在 2017 年 I/O 开发者大会上开源的面向嵌入式设备的推理框架，它可以将 TensorFlow 训练好的模型迁移到 Android App。虽然 TensorFlow Lite 可以作为 TensorFlow 的一个模块，但其实与 TensorFlow 是完全独立的两个项目，基本上没有代码共享，TensorFlow Lite 编译后的体积小于 300KB。

TensorFlow Lite 使用 Android Neural Networks API，默认调用 CPU，但也支持 GPU，一些特性如下。

（1）TensorFlow Lite 有一整套核心算子，而且都支持浮点型和量化数据，算子包括了预置的激活函数。

（2）定制了 FlatBuffers 的模型文件格式，文件扩展名为 tflite，这是一种类似于 protobuf 的开源跨平台序列库，不需要在访问数据前对数据进行任何解析或者接报，数据格式一般与内存对齐，代码量比 protobuf 更小。

（3）TensorFlow Lite 不仅支持传统的 ARM Neon 指令集加速，也为 Android Neural Networks API 提供了支持。对于 Android 8.1（API27）以上的版本，可以使用 Android 自带加速 API 加快执行速度。

（4）提供了模型转换工具。

（5）支持 Java 和 C++ API。其中，Android 平台可以在应用层直接调用 Java API。C++ API 则用于装载模型文件构造调用解释器，可以同时用于 Android 和 iOS。

2．Caffe2 与 PyTorch-mobile

Caffe2 是 Facebook 在 2017 年发布的一个跨平台的框架，它是在 Caffe 的基础上，专为移动生产环境而开发的框架。Caffe 是一个纯 C++框架，在早期不仅是非常流行的训练框架，也是非常流行的推理框架，而 Caffe2 则是对 Caffe 精简后得到的推理框架。

PyTorch-mobile 本身并非一个完全独立的框架，而是 PyTorch 对 Android 和 iOS 提供的插件支持。在部署时，我们不需要在部署平台上安装完整的 PyTorch 库，但需要安装对应的移动端的库，比如 Android 平台需要安装的库为 PyTorch_android_lite，模型格式为 ptl，它使用 torch.jit.trace 从 PyTorch 训练的原生 pth 模型格式进行转换。需要注意的是，PyTorch_android_lite 版本和转化模型用的版本要一致。

PyTorch-mobile 分别通过 XNNPACK 库支持浮点型和 QNNPACK 库支持 8bit 模型，支持逐通道量化。对于 Android 平台，通过 Vulkan 提供对 GPU 的支持，通过 Google NNAPI 提供

对 DSP 和 NPU 的支持；对于 iOS 平台，通过 Metal 提供对 GPU 的支持。

3. Paddle-mobile

Paddle-mobile 是百度 PaddlePaddle 于 2017 年开源的移动端深度学习框架。支持 Android 和 iOS 平台，支持 CPU 和 GPU，提供量化工具。Paddle-mobile 可以直接使用 Paddle Fluid 训练好的模型，也可以将 Caffe 模型转化，或者使用 ONNX 格式的模型。

9.2.5　通用移动端模型推理框架

由于模型训练框架众多，不同开发团队与个人开发者都有自己偏爱的框架，为了实现更好的协作，通用的模型格式 ONNX 被开发出来以提升效率。类似地，通用的移动端推理框架也被广泛使用，这样可以非常方便地兼容各类训练框架的原生格式，常用的包括 NCNN、MACE、MNN 等。

NCNN 是腾讯优图实验室于 2017 年开源的移动端框架，NCNN 已经被用于腾讯生态中的多款产品，包括微信、天天 P 图等。

Tengine 是 OPEN AI LAB（开放智能）于 2017 年推出的 AI 推理框架，致力于解决 AIoT 应用场景下多厂家、多种类的边缘 AI 芯片与多样的训练框架、算法模型之间的兼容适配问题。

MACE 是小米于 2018 年开源的移动端框架，它以 OpenCL 和汇编作为底层算子，提供了异构加速，便于在不同的硬件上运行模型，同时支持各种框架的模型转换。

MNN 是阿里巴巴于 2019 年开源的移动端框架，不依赖第三方计算库，使用汇编实现核心运算。作为后起之秀，它吸取了前面开源的这些移动端推理框架的所有优点。MNN 被用于阿里巴巴的淘宝、优酷等多个应用，覆盖短视频、搜索推荐等场景。

Core ML 是 Apple 于 2017 年在 WWDC 上与 iOS 11 同时发布的移动端机器学习框架，底层使用 Accelerate 和 Metal 分别调用 CPU 和 GPU。在 2018 年 WWDC 上，Apple 发布了 Core ML2 和 iOS 12，增加了对 16 位和 8 位模型的支持，允许开发人员使用 MLCustomLayer 定制自己的 Core ML 模型。由于 CoreML 是专用于 Apple iOS 生态的工具，与以上介绍的其他框架不同，其使用的编程语言为 Swift，读者可以在 CoreML 官网学习其 API 和使用方法。

9.2.6　小结

随着深度学习技术发展至今，模型部署工具也经过了数年的迭代而不断趋于完善，本节中介绍的模型部署工具基本上都支持主流的服务端操作系统，包括 Windows、Linux、MacOS，以及主流的移动端操作系统，包括 Android、iOS（除极少数特例外，比如 CoreML 是专门用于 iOS 的工具）。

如今许多移动端设备都有 GPU 芯片，在 GPU 上运行深度学习模型相比于 CPU 有更快的速度。以上介绍的模型部署工具基本都同时支持 CPU 和 GPU 推理，部分还支持其他深度学习硬件，如 NPU 和 TPU。

大多数模型部署框架最常用的接口语言是 Python，而实际负责执行的则是 C++，使用 C++ 进行推理的速度往往高于 Python。大部分框架都支持模型量化等优化功能，以 TensorRT 为代表的推理框架还支持混合精度量化。

9.3 基于 NCNN 的模型优化部署实战

本节使用移动端 NCNN 框架及嵌入式硬件 EAIDK-610 来介绍典型的移动端模型部署流程，包括模型格式转换、模型量化、基于 C++的模型推理部署。

9.3.1 软硬件平台介绍

本次我们选择的部署框架是 NCNN，它是一个在工业界被广泛使用的框架，具有非常好的性能。

NCNN 是一个纯 C++实现的框架，无任何第三方库依赖，不依赖 BLAS/NNPACK 等计算框架，提供了 ARM NEON 汇编级优化，计算速度极快。NCNN 提供了对所有主流操作系统的支持，如图 9.3 所示。

System	CPU (32bit)	CPU (64bit)	GPU (32bit)	GPU (64bit)
Linux (GCC)	build passing	build passing	—	build passing
Linux (Clang)	build passing	build passing	—	build passing
Linux (ARM)	build passing	build passing	—	—
Linux (MIPS)	build passing	build passing	—	—
Linux (RISC-V)	—	build passing	—	—
Windows (VS2015)	build passing	build passing	—	—
Windows (VS2017)	build passing	build passing	—	build passing
Windows (VS2019)	build passing	build passing	—	build passing
macOS	—	build passing	—	build passing
macOS (ARM)	—	build passing	—	build passing
Android	build passing	build passing	build passing	build passing
Android-X86	build passing	build passing	build passing	build passing
iOS	build passing	build passing	—	build passing
iOS Simulator	build passing	build passing	—	—
WebAssembly	build passing	—	—	—
RISC-V GCC/Newlib	build passing	build passing	—	—

图 9.3　NCNN 支持的操作系统

NCNN 支持 PaddlePaddle/PyTorch/TensorFlow/Caffe/MXNet/DarkNet/OneFlow/ONNX 等深度学习框架文件格式，支持 CNN、GAN 等常用网络结构。

NCNN 支持 Intel 架构的 CPU 与 GPU、AMD 架构的 CPU 与 GPU、ARM 架构的 CPU 与 GPU、高通架构的 CPU 与 GPU、Apple 架构的 CPU 与 GPU，其中对高通的 CPU、ARM 的

CPU 及 Apple 的 CPU 提供了非常高效的优化加速。

NCNN 支持 FP32/FP16/INT8/UINT8 等多种运算精度。

NCNN 支持 C/C++/Python API。

NCNN 支持直接内存零复制引用加载网络模型，可通过注册自定义层实现并扩展。

要使用 NCNN，首先需要下载源代码进行编译安装，相关代码命令如下：

```
git clone https://github.com/Tencent/ncnn
cd ncnn
mkdir build && cd build
cmake ..
make -j
make install
```

安装完之后，就可以在 build/install 目录下看到生成的一系列可执行文件和需要的库文件，它们分别存储于 bin 子目录和 include 子目录。

本次使用的硬件是 EAIDK-610 开发板，如图 9.4 所示。

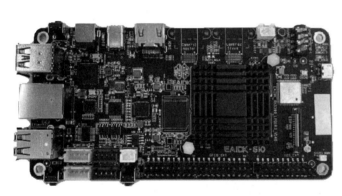

图 9.4　EAIDK-610 开发板

EAIDK-610 开发板使用 Red Hat 8.1.1-1 系统，使用瑞芯微电子公司的 Rockchip RK3399 处理器，采用的是 Dual Cortex-A72 和 Quad Cortex-A53 的设计模式，包含 8 个 64 位的 CPU。

9.3.2　模型格式转换

在进行部署之前，需要对模型格式进行转换，相关工具在 NCNN 根目录/build/install/bin 目录下，包括：

caffe2ncnn：Caffe 模型转换工具。

darknet2ncnn：MXNet 模型转换工具。

mxnet2ncnn：MXNet 模型转换工具。

onnx2ncnn：ONNX 模型转换工具。

ncnn2table, ncnn2int8：模型量化工具。

ncnn2mem：模型加密可执行文件。

ncnnoptimize：模型优化可执行文件。

ncnnmerge：模型合并可执行文件。

完整的模型量化流程可以分为三步，以 ONNX 格式为例：

第一步，将 ONNX 格式的模型转换为 NCNN 格式的模型，所使用的模型是 6.7.3 节中 TensorRT 实战使用的 simpleconv5 模型。

```
onnx2ncnn simpleconv5.onnx simpleconv5.param simpleconv5.bin
```

生成的 NCNN 格式的模型包括两个文件：simpleconv5.param 是网络的配置文件；simpleconv5.bin 是网络的权重文件。

第二步，生成 INT8 量化所需要的校准表。

```
ncnn2table models/simpleconv5.param models/simpleconv5.bin images.txt simpleconv5.table mean= [127.5, 127.5, 127.5] norm=[0.00784,0.00784,0.00784] shape=[224,224,3] pixel=RGB
```

其中，ncnn2table 工具默认使用基于 KL 散度的 8bit 量化算法，它输入模型文件 simpleconv5.param 和 simpleconv5.bin、校准表图片路径 images.txt、预处理均值 mean 和标准化 norm 值、输入图片尺寸、RGB 图片的格式，输出 simpleconv5.table，即校准表。pixel=RGB 表示输入网络的图片是 RGB 格式，我们使用 OpenCV 进行图片读取得到的是 BGR 格式，两者需要区分开。由于 NCNN 框架读取的图片数据像素值范围是 0 到 255，而模型训练时采用的预处理操作包括除以 255 进行归一化，再减去均值向量[0.5,0.5,0.5]，除以方差向量[0.5,0.5,0.5]，因此这里对应的预处理操作需要将归一化操作合并到减均值操作和除以方差操作中，mean=255.0×[0.5,0.5,0.5]=[127.5,127.5,127.5]，norm=1.0/255.0/[0.5,0.5,0.5]=[0.00784, 0.00784, 0.00784]。

第三步，基于校准表进行量化。

```
ncnn2int8  models/simpleconv5.param  models/simpleconv5.bin  models/simpleconv5_int8.param  models/simpleconv5_int8.bin simpleconv5.table
```

量化前模型大小为 6.4MB，量化后模型大小为 1.6MB，8bit 模型大小为 FP32 模型大小的 1/4，减少了存储空间。

9.3.3 模型部署测试

接下来我们使用 C++接口对模型进行部署测试，并比较量化前后的模型精度是否受到严重影响，测试的核心 C++功能函数代码如下。

```
#include "net.h"

#include <algorithm>
#if defined(USE_NCNN_SIMPLEOCV)
#include "simpleocv.h"
#else
#include <opencv2/core/core.hpp>
```

```
#include <opencv2/highgui/highgui.hpp>
#include <opencv2/imgproc/imgproc.hpp>
#endif
#include <stdio.h>
#include <vector>
#include <cmath>
//推理函数
static int detect_simpleconv5net(const ncnn::Net &simpleconv5net,const cv::Mat& bgr, std::vector<float>& cls_scores)
{
    ncnn::Mat in = ncnn::Mat::from_pixels_resize(bgr.data, ncnn::Mat::PIXEL_BGR2RGB, bgr.cols, bgr.rows,
    224, 224); //读取图片数据
    const float mean_vals[3] = {0.5f*255.f, 0.5f*255.f, 0.5f*255.f};
    const float norm_vals[3] = {1/0.5f/255.f, 1/0.5f/255.f, 1/0.5f/255.f};

    in.substract_mean_normalize(mean_vals, norm_vals); //预处理

    ncnn::Extractor ex = simpleconv5net.create_extractor(); //创建推理引擎

    ex.input("input.1", in); //填充数据

    ncnn::Mat out;
    float start_time = cv::getTickCount(); //计算模型推理时间
    ex.extract("59", out); //获得模型推理结果
    float end_time = cv::getTickCount();
    fprintf(stderr, "%s = %f %s\n", "inference time = ", (end_time-start_time)/cv::getTickFrequency()*1000, " ms");

    cls_scores.resize(out.w); //取 Softmax 分类概率结果，指数减去固定值防止溢出
    float maxscore = 0.0;
    for (int j = 0; j < out.w; j++)
    {
        if(out[j] >= maxscore) maxscore = out[j];
        cls_scores[j] = out[j];
    }
    float sum = 0.0;

    for (int j = 0; j < out.w; j++)
    {
        cls_scores[j] = std::exp(cls_scores[j]-maxscore);
        sum += cls_scores[j];
    }
    for (int j = 0; j < out.w; j++)
    {
        cls_scores[j] = cls_scores[j] / sum;
    }
    return 0;
}

int main(int argc, char** argv)
```

```
{
    if (argc != 5)
    {
        fprintf(stderr, "Usage: %s%s%s [modelparam modelbin imagepath resultpath]\n", argv[0], argv[1],
argv[2], argv[3]);
        return -1;
    }

    const char* modelparam = argv[1];
    const char* modelbin = argv[2];
    const char* imagepath = argv[3];
    const char* resultpath = argv[4];

    //初始化模型
    ncnn::Net simpleconv5net;
    simpleconv5net.opt.use_vulkan_compute = true;
    simpleconv5net.load_param(modelparam);
    simpleconv5net.load_model(modelbin);

    cv::Mat image = cv::imread(imagepath, 1);

    if (image.empty())
    {
        fprintf(stderr, "cv::imread %s failed\n", imagepath);
        return -1;
    }

    //获得 topk 的分类概率
    std::vector<float> cls_scores;
    detect_simpleconv5net(simpleconv5net, image, cls_scores);
    int topk = 1;
    int size = cls_scores.size();
    std::vector<std::pair<float, int> > vec;
    vec.resize(size);
    for (int i = 0; i < size; i++)
    {
        vec[i] = std::make_pair(cls_scores[i], i);
    }

    std::partial_sort(vec.begin(), vec.begin() + topk, vec.end(),
                std::greater<std::pair<float, int> >());

    for (int i = 0; i < topk; i++)
    {
        float score = vec[i].first;
        int index = vec[i].second;
        fprintf(stderr, "%d = %f\n", index, score);
    }
```

```
//绘制结果
std::string text;
std::string label = "c="+std::to_string(vec[0].second);
std::string prob = "prob="+std::to_string(vec[0].first);
text.assign(label+"    ");
text.append(prob);

int font_face = cv::FONT_HERSHEY_COMPLEX;
double font_scale = 0.75;
int thickness = 2;

//将文本框居中绘制
cv::Mat showimage = image.clone();
cv::resize(showimage,showimage,cv::Size(256,256));
cv::Point origin;
origin.x = showimage.cols / 20;
origin.y = showimage.rows / 2;
cv::putText(showimage, text, origin, font_face, font_scale, cv::Scalar(0, 255, 255), thickness, 8, 0);
cv::namedWindow("image",0);
cv::imshow("image",showimage);
//cv::waitKey(0);
cv::imwrite(resultpath,showimage);

return 0;
}
```

NCNN 中每层的数据被保存为自定义的 Mat 类型数据，它使用 from_pixels_resize 函数转换 OpenCV 读取的 Mat 矩阵数据，由于计算使用了汇编，非常高效。网络定义为一个 ncnn::Net 类，格式与 Caffe 中的 Net 类非常相似，包含了 layers 和 blobs 成员变量。其中，layers 存储了每层的信息，blobs 存储了网络的中间数据。

在进行推理时，首先根据 net 实例化一个 ncnn::Extractor 类对象 extractor，extractor 中的 net 会被转为 const 类。我们可以给 extractor 的任意一层送入数据，如 extractor.input("data", in)就是给输入数据层赋值。通过 extractor.extract 函数可以取出任意层的数据，extract 方法会调用 forward_layer 方法递归地遍历网络。

1. 可视化结果

图 9.5 展示了一张图片的可视化推理结果，这是来自验证集中类别为 0 的样本，使用的是量化后的模型。图中，c=0 表示预测类别是第 0 类，prob=0.9995 表示经过 Softmax 映射后的概率为 0.9995，可以看出，模型以很高的置信度对该样本进行了正确分类。

图 9.5　可视化推理结果

2. 量化前模型与量化后模型对比

我们对 20 类的每一类随机选取一张图片进行测试，比较量化前的模型推理结果和量化后的模型推理结果。图 9.6 展示了每一张图片的预测类别及经过 Softmax 映射后的概率，其中奇数行为量化前的模型推理结果，偶数行为量化后的模型推理结果。

从图 9.6 中样本的预测结果可以看出，量化前后模型的预测概率是有差异的，但是差异非常小，大多在 1% 以内，所选测试图片的预测结果都是正确的，说明该模型经过量化后没有精度损失。

图 9.6　量化前后模型预测结果对比

图 9.6　量化前后模型预测结果对比（续）

图 9.7（a）和图 9.7（b）分别展示了量化前和量化后的模型推理时间，每一张图片的推理时间是通过重复 100 次推理后计算出来的平均值，这是为了让推理时间的计算更加稳定。可以看出，对于大部分样本，量化前模型的推理时间约为 30ms，量化后模型的推理时间约为 20ms，量化后模型的推理速度约为量化前模型的 1.5 倍，验证了模型量化的加速效果。

(a) 量化前模型推理时间　　　　　　　　　(b) 量化后模型推理时间

图 9.7　量化前后模型 100 次平均推理时间对比

9.3.4 小结

模型优化的最终目标就是进行部署，所以很多模型部署工具都内置了一些模型优化的功能，比如网络层合并、模型量化等。本节我们使用工业界广泛使用的 NCNN 工具，介绍了其模型格式转换、模型量化及基于 C++的模型推理，使读者了解了工业级模型部署的核心步骤，从而为以后学习更多的模型部署框架打下良好的基础。